Muglad 盆地油气地质与勘探

张光亚　刘计国　等著

石油工业出版社

内容提要

苏丹—南苏丹油气区是中国重要的海外油气合作基地，Muglad 盆地是其中勘探程度较高的重要含油气盆地。本书重点阐述了 Muglad 盆地近年来在油气地质特征、油气富集规律、勘探新领域研究及勘探实践方面的进展，总结了如何通过勘探理念创新、勘探理论技术进步等实现高效勘探的经验，以期对非洲其他探区或海外其他类似地区油气地质综合评价和勘探工作及勘探区块的获取提供参考和借鉴。

本书可供从事盆地油气地质勘探和研究人员及高等院校相关师生参考使用。

图书在版编目（CIP）数据

Muglad 盆地油气地质与勘探 / 张光亚等著 . —北京：
石油工业出版社，2023.1
ISBN 978-7-5183-6006-2

Ⅰ. ① M… Ⅱ. ①张… Ⅲ. ①含油气盆地－石油天然气地质－研究－非洲 ②含油气盆地－油气勘探－研究－非洲 Ⅳ. ① P618.130.2

中国国家版本馆 CIP 数据核字（2023）第 087120 号

出版发行：石油工业出版社
　　　　（北京安定门外安华里 2 区 1 号　　100011）
　　　　网　　址：www.petropub.com
　　　　编辑部：（010）64523708
　　　　图书营销中心：（010）64523633
经　　销：全国新华书店
印　　刷：北京中石油彩色印刷有限责任公司

2023 年 1 月第 1 版　　2023 年 1 月第 1 次印刷
787×1092 毫米　开本：1/16　印张：17.25
字数：420 千字

定价：160.00 元
（如出现印装质量问题，我社图书营销中心负责调换）

《Muglad 盆地油气地质与勘探》
撰写人员

张光亚	刘计国	余朝华	程顶胜	刘爱香	黄彤飞
客伟利	赵　健	陈忠民	李早红	郑凤云	邹　荃
秦雁群	李　娟	赵　宁	苏玉平	李剑平	刘　邦
刘明星	陈志刚	黄　亮	马　辉	南征兵	王彦奇
聂　刚	谢明贤	杨　雨	张　斌	刘　红	喻志骅

随着我国国民经济的持续快速发展，油气供需矛盾日益突出，油气对外依存度不断攀升，给国民经济可持续发展和国家能源安全带来了重大影响。因此，加强国外油气资源的勘探、开发和利用是迫切而现实的艰巨任务。

非洲是我国实施"走出去"战略最早的地区之一，苏丹—南苏丹油气区是中国石油重要的海外油气合作基地，勘探开发取得了辉煌的成果。Muglad 盆地是苏丹—南苏丹重要的含油气盆地，主体包括苏丹 1/2/4 区块和苏丹 6 区块。中国石油于 1995 年独资获得苏丹 6 区块，1997 年联合其他伙伴中标苏丹 1/2/4 区块。2020 年是中苏石油合作 25 周年，中苏双方在石油勘探开发领域的合作取得重大成功。与此同时，Muglad 盆地作为一个勘探程度较高的含油气盆地，面临着勘探对象日益复杂、勘探技术要求更高的挑战，需要利用新思路、新理论、新方法，开展有针对性的科技攻关，深化盆地油气地质认识，寻找新领域，指导精细勘探，提高勘探成功率，实现油气储量稳步增长，并为项目剩余潜力评价与经营策略研究提供技术储备。基于此，2015 年中国石油天然气集团公司设立了《苏丹Muglad 盆地精细勘探领域评价与目标优选》课题，取得了系列理论技术成果并及时指导了勘探实践。本书是该课题部分研究成果的总结。

编写本书的目的在于深化 Muglad 盆地油气地质规律认识，系统总结如何通过勘探理念创新、理论技术进步等实现高效勘探的经验，以期对非洲其他探区或海外其他地区的勘探工作及勘探区块的获取提供参考和借鉴。

全书共 9 章。第一章简述了 Muglad 盆地区域构造演化阶段及地层发育和分布特征，重点对 Abu Gabra 组（后续均简称 AG 组）进行了多重地层细分，建立了全盆地统一地层格架，为下一步在该层系岩性地层油气藏勘探奠定了基础。第二章在划分 Muglad 盆地构造单元基础上，分析了盆地结构及主要断裂特征、发育期次、发育级次、断裂形成动力学和盆地构造样式等，对盆地重要演化阶段的原型盆地进行了恢复，划分出三类叠加凹陷。第三章基于钻井、测井响应和地震波组反射特征等，识别层序界面，对比建立了层序地层格架；分析了 AG 组不同层序沉积相类型及其分布，建立了不同构造背景下的沉积相模式，可有效指导储层预测。第四章分析对比了盆地内烃源岩及其生成原油的主要地球化学特征，明确了主力烃源岩形成环境及分布。第五章首先对盆地的成藏组合进行了划分和评价，其次分析了油气藏类型及其形成和空间分布，最后讨论了油气富集主控因素，明确了盆地主要勘探领域。第六章分析了不同成藏组合内复杂断块油气藏形成条件，介绍了复杂断块精细勘探技术，明确了有利勘探区带。第七章探讨了 Muglad 盆地岩性地层油气藏形成条件、成藏模式，介绍了重点勘探技术，预测了有利的勘探方向。第八章探讨了基岩油气藏成藏条件及成藏模式，预测了苏丹 6 区的有利勘探区带。第九章研究了研究区低阻油层测井响应特征和成因机理，介绍了低阻油层识别技术及其应用效果。

本书编写分工如下：前言由张光亚执笔；第一章和第二章由张光亚、刘计国、余朝华、黄彤飞、王彦奇、喻志骅、刘红执笔；第三章和第七章由客伟利、秦雁群、邹荃、李娟、赵宁执笔；第四章由程顶胜、刘邦执笔；第五章由刘计国、张光亚执笔；第六章由刘爱香、苏玉平、郑凤云、谢明贤、张斌执笔；第八章由陈忠民、赵健、南征兵、陈志刚、马辉、聂刚、杨雨执笔；第九章由李早红、刘明星、李剑平、黄亮执笔；全书由张光亚统一审定。

本书编写期间，得到了中国石油天然气集团有限公司科技管理部、中国石油国际勘探开发有限公司、中国石油尼罗河公司、中国石油勘探开发研究院等单位和相关领导、专家的大力支持和指导，在此一并表示衷心的感谢。

由于笔者水平有限，书中难免存在不当之处，敬请广大读者批评指正。

CONTENTS

目录

第一章　区域地质特征 ……………………………………………………… 1

　第一节　概况 ……………………………………………………………… 1

　第二节　盆地构造演化 …………………………………………………… 4

　第三节　地层划分与对比 ………………………………………………… 9

　本章小结 ………………………………………………………………… 20

第二章　构造特征与原型盆地 ……………………………………………… 22

　第一节　构造单元 ……………………………………………………… 22

　第二节　构造特征 ……………………………………………………… 29

　第三节　原型盆地及其演化 …………………………………………… 42

　本章小结 ………………………………………………………………… 45

第三章　沉积体系与沉积相 ………………………………………………… 47

　第一节　盆地沉积特征概述 …………………………………………… 47

　第二节　层序地层格架及地层分布 …………………………………… 48

　第三节　沉积相类型 …………………………………………………… 52

　第四节　沉积相类型及分布特征 ……………………………………… 75

　本章小结 ………………………………………………………………… 83

第四章　烃源岩与油气地球化学 …………………………………………… 84

　第一节　烃源岩评价基础 ……………………………………………… 84

　第二节　主要暗色泥岩段地球化学剖面 ……………………………… 86

　第三节　AG 组 /Baraka 组烃源岩地球化学特征对比 ……………… 101

　第四节　原油地球化学特征 …………………………………………… 107

　第五节　油源对比 ……………………………………………………… 111

　第六节　Muglad 盆地主力烃源岩分布及评价 ……………………… 114

　本章小结 ………………………………………………………………… 123

第五章　成藏组合评价与勘探领域 ……………………………………… 124

　第一节　成藏组合划分与评价 ………………………………………… 124

　第二节　油气藏类型与分布 …………………………………………… 133

　第三节　资源潜力与勘探领域 ………………………………………… 150

　本章小结 ………………………………………………………………… 153

第六章　复杂断块油气藏勘探领域 ……………………………………………… 154

　第一节　勘探现状 ………………………………………………………… 154

　第二节　复杂断块精细勘探技术 ………………………………………… 158

　第三节　勘探有利区 ……………………………………………………… 176

　本章小结 …………………………………………………………………… 193

第七章　岩性地层油气藏成藏条件分析与评价 ………………………………… 194

　第一节　岩性地层油气藏形成条件分析 ………………………………… 194

　第二节　岩性地层油气藏成藏模式 ……………………………………… 198

　第三节　岩性地层油气藏勘探技术 ……………………………………… 201

　第四节　有利区带评价与勘探方向 ……………………………………… 211

　本章小结 …………………………………………………………………… 215

第八章　基岩油气藏勘探领域 …………………………………………………… 216

　第一节　成藏条件 ………………………………………………………… 217

　第二节　勘探方向 ………………………………………………………… 221

　本章小结 …………………………………………………………………… 228

第九章　低阻油层评价 …………………………………………………………… 230

　第一节　低阻油层测井响应特征 ………………………………………… 230

　第二节　低阻油层成因机理 ……………………………………………… 233

　第三节　低阻油层识别技术 ……………………………………………… 240

　第四节　低阻油层分布 …………………………………………………… 256

　第五节　技术应用 ………………………………………………………… 257

　本章小结 …………………………………………………………………… 260

结语 ………………………………………………………………………………… 261

参考文献 …………………………………………………………………………… 263

第一章 区域地质特征

Muglad 盆地是受中西非剪切带影响而发育的中生代—新生代裂谷盆地，长约 800km，宽约 200km，面积超过 120000km²，最大沉积厚度超过 15km，北西—南东走向，向西北散开并终止于中非剪切带，向南逐步收敛（图 1-1）。地理位置上横跨苏丹和南苏丹共和国。

Muglad 盆地经历了近半个世纪油气勘探，取得了一系列油气发现，是苏丹—南苏丹地区重要的含油气盆地和油气产区，同时也是迄今为止中西非裂谷系油气发现最多的盆地。

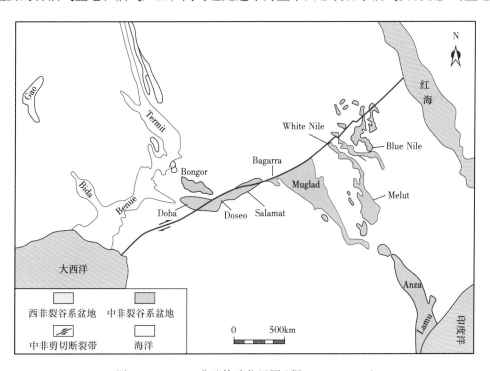

图 1-1 Muglad 盆地构造位置图（据 Genik，1993）

第一节 概况

Muglad 盆地位于中非剪切带东端南侧，与苏丹、南苏丹境内的 Melut、Ruat、Khartoum、Blue Nile、White Nile、Atabare 等盆地，以及乍得南部边境 Doba、Doseo、Salamat 等盆地（坳陷）同属于中非裂谷系盆地群，与中非剪切带的形成和演化紧密相关，是在非洲板块周边重大构造事件的影响下，发育在前寒武系结晶基底之上的大型中—新生代陆内被动裂谷盆地（Guiraud et al.，1992；童晓光等，2004）。

1

Muglad 盆地内的油气勘探始于 20 世纪 70 年代。1995 年之前，主要由雪佛龙公司（Chevron Corporation，下文均简称雪佛龙）进行勘探作业；1995 年之后，中国石油天然气集团有限公司（下文均简称中国石油）和其他外国石油公司组成的联合体纷纷进入盆地进行勘探作业。截至 2018 年，Muglad 盆地被分成多个区块，分别被不同公司和苏丹及南苏丹政府所持有（图 1-2），中国石油在 Muglad 盆地内主要拥有苏丹 1/2/4 区、苏丹 6 区和南苏丹 1/2/4 区三个区块的权益，其中苏丹 1/2/4 区与南苏丹 1/2/4 区是在 2011 年南苏丹独立时由原 1/2/4 区拆分而成。

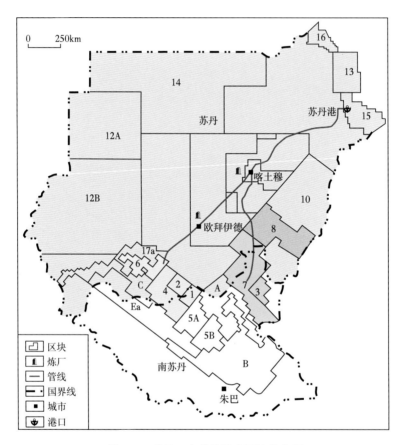

图 1-2　苏丹—南苏丹境内区块分布图

一、Muglad 盆地在中国石油介入前的勘探开发情况

20 世纪 70 年代初期，雪佛龙等公司在对 80000km 的航磁资料分析基础上，开始了广泛的重力勘探，1976 年早期开始地震采集，1977 年开始钻探，1979 年在 Abu Gabra 地区获首个油气发现，即 Abu Gabra-1 井。

20 世纪 80 年代，Muglad 盆地的主要勘探活动是在前 5 年进行的。1980 年，Muglad 盆地有 2 个油气发现，即 Unity 区块和 Sharaf 区块，其中 Unity 区块是迄今在 Muglad 盆地获得的最大油气发现，储层为上阿尔布阶—塞诺曼阶—森诺阶砂岩。1981—1983 年在 Muglad 盆地完成了 26 口探井，获得 8 个油气发现，最重要的是 Heglig 油田，它是 Muglad 盆地内迄今发现的第二大油田。1982—1984 年是二维地震勘探高峰期，约获得 3344km 的二维地震勘探数据，钻探 8 口探井，6 口为干井。

20 世纪 80 年代后 5 年至 90 年代前 5 年，勘探及钻井活动基本停滞。

二、Muglad 盆地在中国石油介入后的勘探开发情况

中国石油 1995 年进入位于 Muglad 盆地北部 6 区，跨南科尔多凡，北科尔多凡和南达尔富尔、北达尔富尔四个州，距喀土穆约 750km，合同签订于 1995 年 9 月，其中，中国石油占股 95%，苏丹国有公司（Sudapet）占股 5%。原始合同面积为 59583km²，截至 2021 年底仍保留的面积为 17875km²。合同勘探期为 1996 年至 2004 年共 9 年，后 2002 年的补充协议 SPSA（supplemental production sharing agreement，补充产品分成协议）将勘探期视为不受限制。开发期为 2003 年至 2027 年共 25 年，另外可延长 5 年。6 区共有三维地震勘探面积 4164km²，二维地震测线长度为 3593km，探井 197 口。经过 20 多年勘探，截至 2021 年底 6 区共发现油田 12 个（图 1-3），探明 EV 地质储量超过 20×10^8bbl。油气发现分布不均匀，其中东部（Fula 凹陷）共发现 7 个油田，地质储量 18.18×10^8bbl，占全区地质储量 79%，可采储量 3.75×10^8bbl，占全区可采储量 76%；中西部发现 5 个油田，地质储量 5.1×10^8bbl，两个已投入开发，油田储量规模小，分散复杂，距离现有设施远（60~105km）。

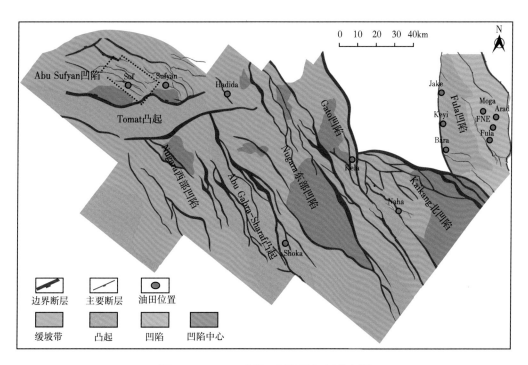

图 1-3 Muglad 盆地 6 区块油气田分布图

1996 年中国石油进入原 1/2/4 区，原始面积 48914km²（图 1-4），主要由 1A 区、2A 区、4 区、1B 区、2B 区组成，合同期始于 1996 年 11 月 29 日，其中 1B 区、2B 区开发

合同区的基本期为20年，后获得5年的延长期。1A区、2A区、4区的勘探合同区的基本期为25年，后获得5年的延长期。根据合同分成比例为：中国石油占40%，马来西亚国家石油公司（PCSB）占30%，印度石油天然气总公司（ONGC）占25%，苏丹国有公司（Sudapet）占5%。中国石油主导的1/2/4区在过去20多年勘探中，共计部署三维地震勘探面积5517km²；二维地震测线43788km，部署探井221口，评价井94余口。该区块累计发现EV地质储量超60×10⁸bbl。在1999年进入商业性开发，2004—2005年连续两年产量突破1500×10⁴t，是中国石油在海外第一个千万吨级的油田项目。

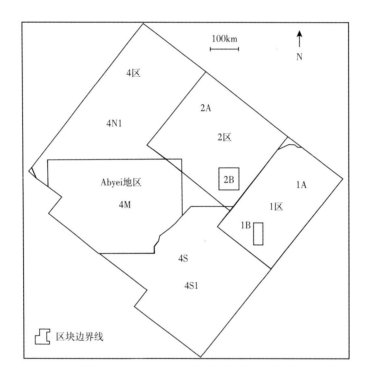

图1-4 苏丹—南苏丹 Muglad 盆地 1/2/4/ 区块分布图

之后，原1/2/4区被拆分为苏丹1/2/4区与南苏丹1/2/4区，具体划分情况如图1-4所示，苏丹1/2/4区包括图1-4中所示的2区、4区，南苏丹1/2/4区由1区及4S区所组成，4M区所表示的 Abyei 地区在归属问题上有争议。

第二节 盆地构造演化

盆地在不同地质历史时期的构造、沉积及油气地质条件通常具有差别，盆地的时空变化与盆地所在的区域构造演化历史密切相关，因而研究盆地自身及其周缘的构造演化历史对于揭示盆地构造特征、沉积体系演化及油气勘探均具有十分重要意义。

Muglad 盆地位于非洲大陆内部的苏丹—南苏丹境内，构造位置处于中非剪切带东端南侧，与乍得南部边境 Doba、Doseo、Salamat 等盆地同属于中非裂谷系盆地群。Muglad 盆地同中非裂谷系盆地的形成和演化紧密相关，是在周边重大构造事件的影响下，发育在前寒武纪结晶基底之上的大型中生代—新生代陆内被动裂谷盆地（Guiraud et al.，1992；Genik，1993；童晓光等，2004）。

在周边板块运动的影响下，中非裂谷系盆地的构造演化历史可划分为 4 个不同时期：前寒武纪—晚侏罗世前裂谷期；早白垩世早期—晚白垩世晚期同裂谷期；晚白垩世（圣通期）构造挤压反转时期；古近纪至今后裂谷期。晚白垩世圣通期的挤压对 Muglad 盆地影响很小（余朝华等，2018），其形成和演化主要经历了前裂谷期、裂谷期和后裂谷期三个演化阶段。

一、前裂谷期

泛非构造运动是非洲大陆经历的最广泛的一次构造运动，众多地块发生碰撞、拼合，形成了以非洲陆块为核心的冈瓦纳超级大陆。Muglad 盆地和其他中西非裂谷盆地都形成于不同块体的结合部，为块体间相对薄弱的拼合带。

这次构造运动使得非洲板块受到了不同程度的混合岩化和花岗岩化作用。不同变质程度的变质岩构成了非洲大陆前寒武纪结晶基底，比如在 Muglad 盆地的东北部和西南部的露头区、Melut 盆地西部的露头区，岩性主要为前寒武纪片岩、片麻岩、花岗岩、结晶花岗岩及花岗闪长岩和橄榄斑晶玄武岩（潘校华等，2006）。

古生代二叠纪晚期众多地块的拼合形成了全球范围的超级大陆—联合古陆（潘基亚大陆）（图 1-5）。该大陆在三叠纪早期达到全盛，在三叠纪晚期—早侏罗世，联合大陆开始解体，导致了劳亚大陆和冈瓦纳大陆的分离，非洲板块的演化与冈瓦纳大陆裂解及大西洋的分段张开的演化密切相关。从泛非构造运动到冈瓦纳大陆解体之前，非洲板块整体处于稳定地台沉积阶段，局部地区可能有陆相碎屑岩沉积，而大部分地区以风化剥蚀为主，沉积岩与断裂系统均不发育。

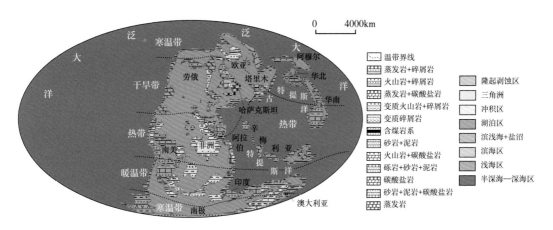

图 1-5　二叠纪全球岩相古地理复原图（据张光亚等，2019a）

二、同裂谷期

该演化阶段主要与大西洋分段演化、印度洋的快速张开等构造事件相关。伴随冈瓦纳大陆在晚三叠世—早侏罗世的解体（熊利平等，2005），大西洋开始了分段演化（图 1-6、

图 1-7)。北大西洋的裂开开始于中侏罗世并向南发展，而南大西洋的裂开则是在早白垩世早期并向北发展。由于北大西洋裂开的速度比南大西洋快，在早白垩世巴雷姆期中非剪切断裂带以北的块体发生大规模地相对向东运动，中非剪切断裂带开始了右行走滑（魏永佩等，2003），并在非洲中部形成了区域的伸展构造背景，形成了一系列的正断层及其控制的沉积盆地，如断裂带内部 Doba 盆地、Doseo 盆地和 Salamat 盆地及断裂带两侧的一系列沉积盆地，如尼日利亚的 Benue 盆地、尼日尔的 Termit 盆地、乍得的 Bongor 盆地及南苏丹的 Melut 盆地和肯尼亚的 Anza 盆地等（窦立荣等，2006）。

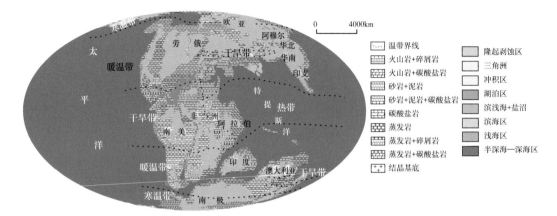

图 1-6　早白垩世全球岩相古地理复原图（据张光亚等，2019b）

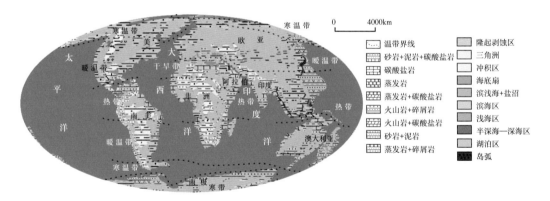

图 1-7　新生代新近纪全球岩相古地理复原图（据张光亚等，2019b）

土伦期之后，南大西洋与非洲板块完全分离，之后大西洋对中非剪切带的影响不再明显（图 1-8）。这一时期，非洲板块主要受印度洋快速张开的影响，印度块体的快速北移，在非洲中部形成了自东向西减弱的伸展应力场（孙海涛等，2010；李江海等，2014）。受这一时期伸展应力场产生和消失的影响，中非裂谷盆地经历进一步演化。

在这一构造背景下，Muglad 盆地经历了三期断—坳旋回：早白垩世，中非剪切断裂带以北的块体发生大规模地相对东向运动，中非剪切断裂带开始了右行走滑，Muglad 盆地等中西非裂谷盆地开始形成，盆地内发育一系列正断层，这些断层控制了盆地内的初始沉积，随着这一期裂谷的开始和减弱，Muglad 盆地发生了第一期断—坳旋回，盆地内充填了厚层的 Abu Gabra 组（简称 AG 组）和 Bentiu 组（图 1-9）；晚白垩世，南大西洋与非洲板块完全分离，之后大西洋对中非剪切带的影响不再明显，非洲板块主要受印度洋快速张开的影响，印度块体的快速北移，在非洲中部形成了伸展应力场（图 1-8）。受这一时期伸展应力场产生和消失的影响，中非裂谷系盆地经历第二期断—坳演化阶段，Muglad 盆地内充填沉积了 Darfur 群（Aradeiba 组、Zarqa 组、Ghazal 组、Baraka 组）和 Amal 组（图 1-9）；古近纪以来中西非裂谷系盆地主要受到红海裂谷形成的构造事件影响。晚渐新世，红海裂谷开始形成（图 1-8），非洲大陆中部产生了伸展应力场，这期裂谷作用相对较弱，各盆地伸展断陷程度不强、地层发育厚度比较薄，Muglad 盆地内充填了 Nayil 组、Tendi 组和 Adok 组（图 1-9）。

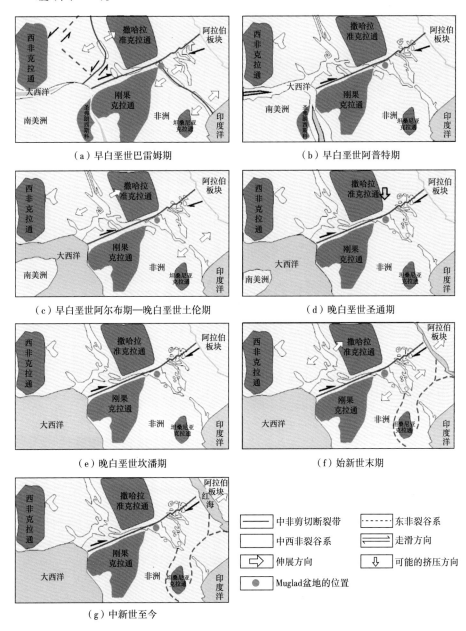

图 1-8　中西非裂谷系盆地构造演化（据 Genik，1993）

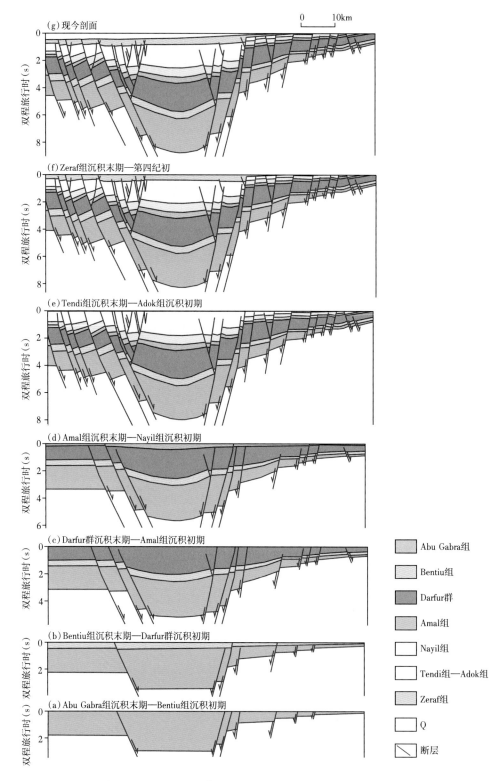

图 1-9　Muglad 盆地典型构造演化剖面（据张光亚等，2019c）

晚白垩世圣通（Santonian）期的构造反转和挤压来源于非洲板块与欧亚板块之间近南北向的碰撞（Dewey，1989；Mazzoli et al.，1994；Rosenbaum et al.，2002），这一碰撞在非洲板块内部产生了近南北向的挤压应力。由于 Muglad 盆地整体近北西—南东走向，盆地的主控断层与挤压应力场呈大角度斜交，挤压应力大部分消减在断层面之下，对盆地的挤压作用非常微弱，Muglad 盆地整体继续沉降（图 1-9），只在盆地边缘有部分 Darfur 群上部的剥蚀，与中非裂谷系其他盆地不同，Muglad 盆地未经历强烈挤压反转。

三、后裂谷期

第四纪以来，中非裂谷系盆地构造相对稳定，各盆地伸展断陷程度不强，地层发育厚度比较薄，整体处于后裂谷期。Muglad 盆地内断裂活动不发育，以整体沉降为主，沉积了厚度为 400~500m 的第四纪地层（图 1-9）。

Muglad 盆地的形成和演化主要受到大西洋分段张开、中非剪切带走滑运动及印度洋的快速北移、非洲板块与欧亚板块碰撞、红海张裂等事件的影响，该盆地经历了前裂谷期、裂谷期和后裂谷期三个构造演化阶段，其中裂谷期又经历了三期完整的断—坳旋回。

第三节　地层划分与对比

沉积地层是在盆地形成演化过程中，随着盆地基底下陷、可容纳空间增加，外来沉积物进入盆地或在盆地内演化过程中再次迁移和重新分配后经成岩作用而成。盆地内沉积地层的厚度、产状和分布是盆地构造演化历史的反映；同时，对于含油气盆地而言，地层是盆地中油气生成、运移和聚集的载体和场所，开展沉积盆地地层的划分和对比对盆地油气地质特征和成藏规律的认识具有重大意义。

在前寒武系基底上，Muglad 盆地沉积了一套厚达 10~15km 的白垩系—第四系陆相沉积盖层（图 1-10）。沉积地层以白垩系为主，新生界整体相对较薄，在 Kaikang 坳陷由于古近纪断陷活动比较强烈，才沉积了厚度巨大的新生界。

一、盆地地层系统

（一）基底

Muglad 盆地内有数十口井钻遇基底，对基底岩性、矿物组成和形成年代均有一定程度揭示。通过对基岩样品锆石 LA-ICP-MS 和 U-Th-Pb 同位素定年，基岩主要形成于 600Ma 年前泛非期，部分侵入岩活动在 227—200Ma，即晚三叠世卡尼期。野外样品薄片鉴定表明，基岩岩性以中性侵入岩（闪长岩、正长岩、二长岩）和酸性侵入岩（花岗岩、碱长花岗岩、碱性花岗岩、花岗斑岩、正长斑岩、花斑岩、流纹岩）为主，岩石中长石为碱性长石，局部见片麻岩、片岩和动力变质作用糜棱岩、碎裂岩。关于基岩的论述详见第八章。

（二）Abu Gabra 组（AG 组）

AG 组是盆地初始裂陷期沉积的一套泥岩页岩和砂岩间互、局部夹粉砂岩地层。泥岩以灰色—黑色为主偶见灰红色，不含钙质，局部含粉砂质和碳质，该套地层已证实是盆地的主要烃源岩。AG 组在全盆地不同构造单元厚度和岩性组合存在一定变化，盆地西部和北部地区揭露较全剖面显示该组下部灰色地层中有棕褐色、红色泥岩、砂岩。盆地中部主要为灰色泥岩夹少量砂岩，上部岩性较粗，砂岩发育。AG 组整体表现为中—高 GR 值、低声波时差，曲线以指状交互为主要特征（图 1-11）。Azraq NE-1 井钻穿 1916m 厚的 AG 组，由于处于构造高部位则以砂岩为主夹少量泥岩。该组顶部为强烈剥蚀面，全区残留厚度为 660~3300m，是裂谷断陷期深水相或半深水亚相沉积，与基底呈角度不整合接触。

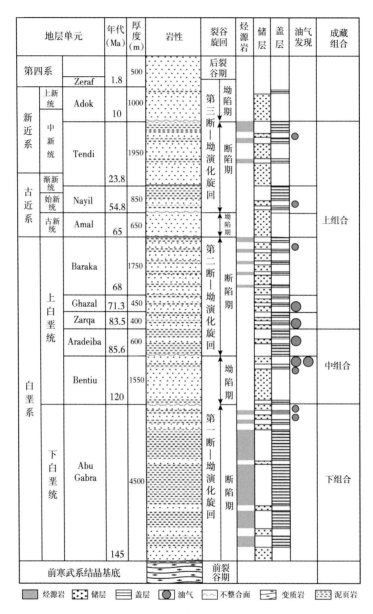

地层单元		年代 (Ma)	厚度 (m)	岩性	裂谷旋回	烃源岩	储层	盖层	油气发现	成藏组合
第四系			500		后裂谷期					
	Zeraf	1.8			第三断—坳演化旋回 / 坳陷期					
新近系	上新统 Adok	10	1000							
	中新统 Tendi		1950		断陷期				●	
古近系	渐新统	23.8								
	始新统 Nayil	54.8	850		坳陷期				●	上组合
	古新统 Amal	65	650						●	
白垩系	上白垩统 Baraka	68	1750		第二断—坳演化旋回 / 断陷期				●	
	Ghazal	71.3	450						●	
	Zarqa	83.5	400						●	
	Aradeiba	85.6	600						●	
	Bentiu	120	1550		坳陷期				●●	中组合
	下白垩统 Abu Gabra		4500		第一断—坳演化旋回 / 断陷期				●●	下组合
		145								
前寒武系结晶基底					前裂谷期					

图例：烃源岩　储层　盖层　● 油气　～ 不整合面　变质岩　泥页岩

图 1-10　Muglad 盆地地层综合柱状图（据张光亚等，2019c）

（三）Bentiu 组

Bentiu 组为第一裂谷期坳陷阶段沉积的一套河流相砂岩，主要为大套砂岩组合，砂岩通常呈块状夹薄层粉砂岩和泥岩。砂岩粒级从细到粗，变化范围很大，偶见砾石。颜色为白色、黄灰色、棕灰色等杂色。本组砂岩在全盆地广泛分布，厚度达 200~2500m，属浅水

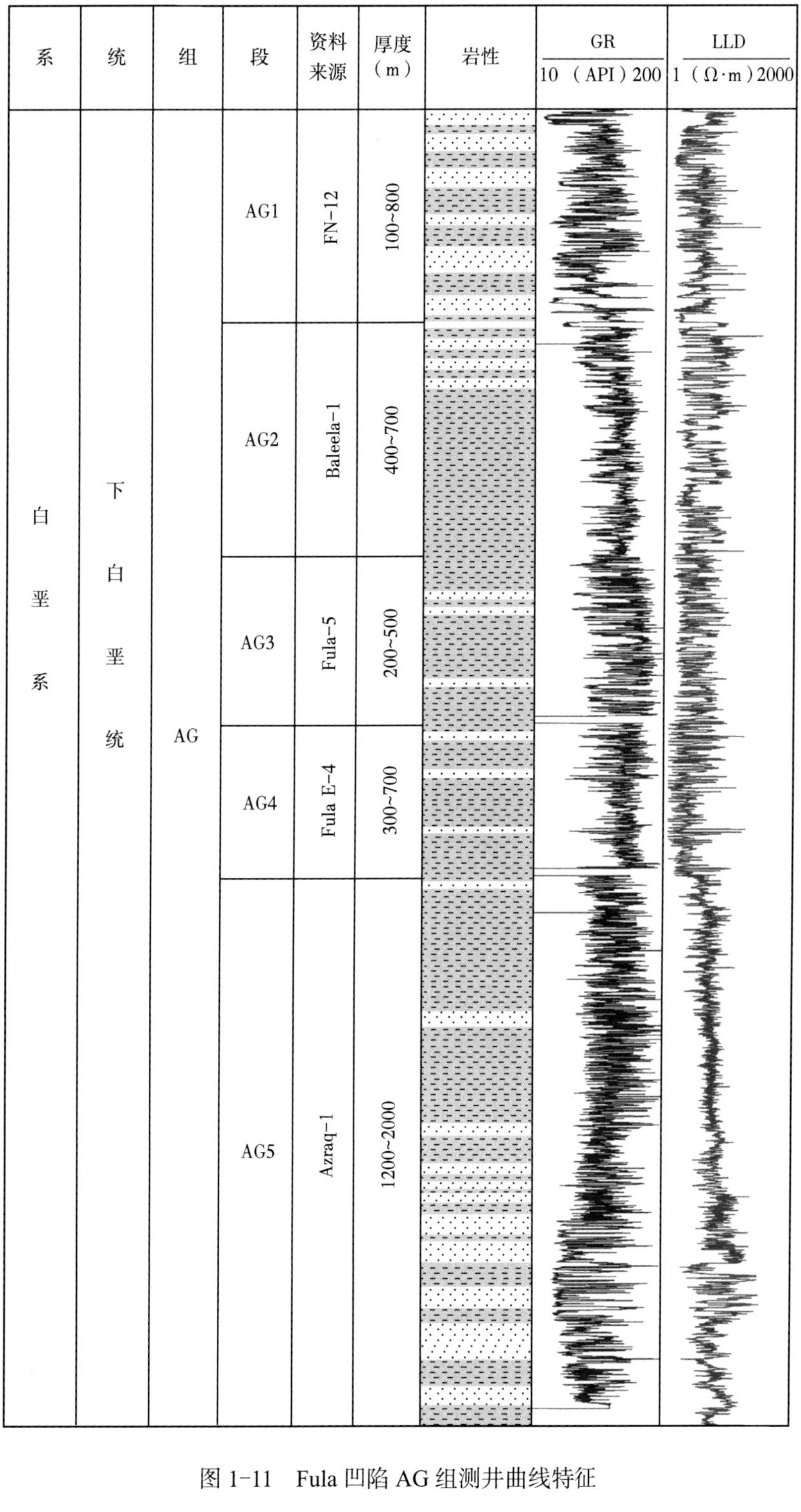

系	统	组	段	资料来源	厚度（m）	岩性	GR 10（API）200	LLD 1（Ω·m）2000
白垩系	下白垩统	AG	AG1	FN-12	100~800			
			AG2	Baleela-1	400~700			
			AG3	Fula-5	200~500			
			AG4	Fula E-4	300~700			
			AG5	Azraq-1	1200~2000			

图 1-11 Fula 凹陷 AG 组测井曲线特征

和河流沉积，是目前的主要储层。该地层与下伏地层呈角度不整合接触。Bentiu 组整体表现为低 GR 值、低声波时差、高电阻率，曲线以箱形为主要特征（图 1-12）。Unity-1 井钻

11

井揭示 Bentiu 组厚达 1543.51m，Kanga-1 井揭示 Bentiu 组厚度为 1328.02m，Shammam-1 井揭示 Bentiu 组厚度 1350m，位于盆地边缘的 Abu Lkri-1 井揭穿厚度 220.50m，推测该组砂岩沿盆地边缘斜坡已延伸至地表露头。Bentiu 组的沉积范围可能是盆地中最大的。

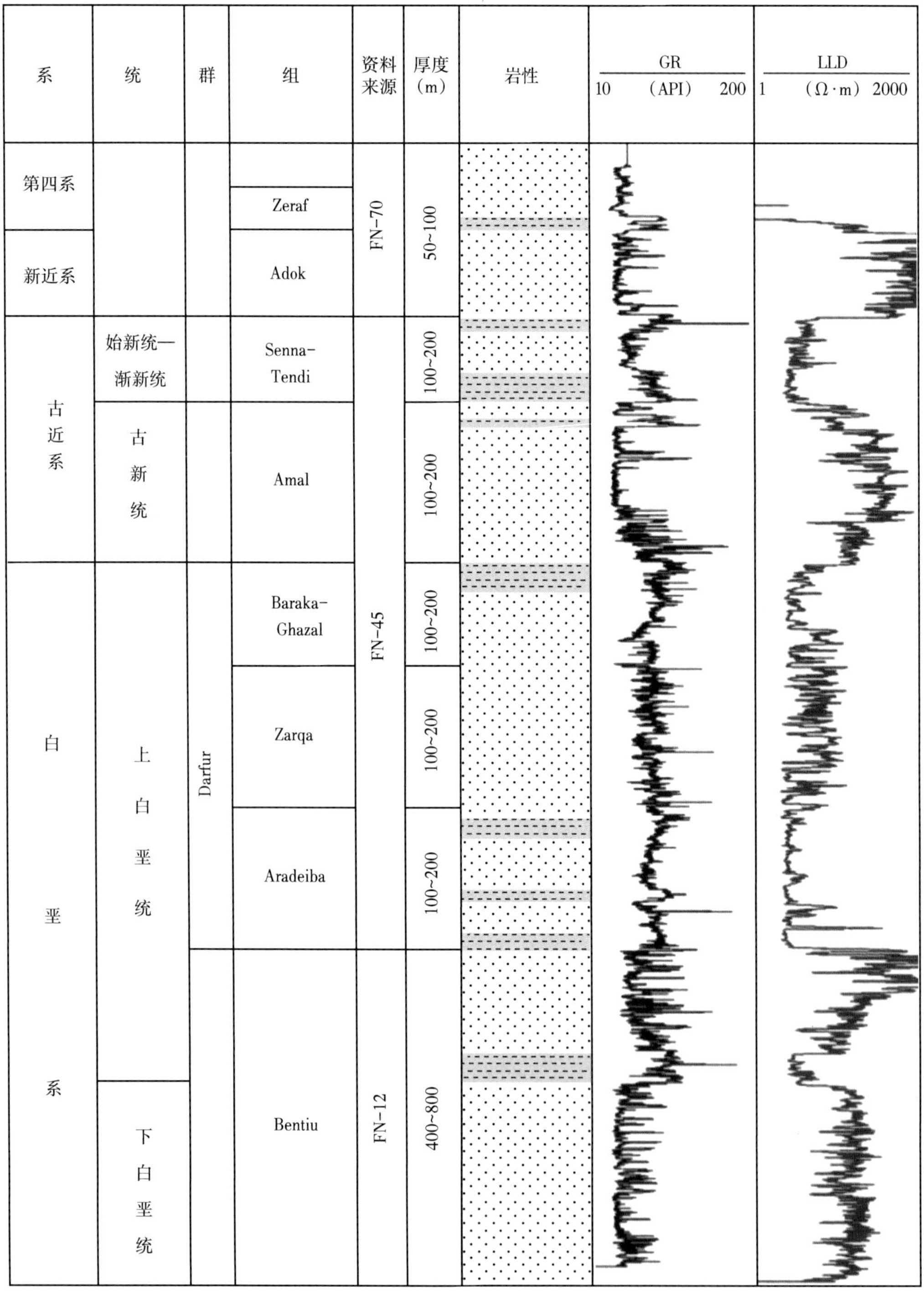

系	统	群	组	资料来源	厚度(m)	岩性	GR 10 (API) 200	LLD 1 (Ω·m) 2000
第四系			Zeraf	FN-70	50~100			
新近系			Adok					
古近系	始新统—渐新统		Senna-Tendi		100~200			
	古新统		Amal		100~200			
白垩系	上白垩统	Darfur	Baraka-Ghazal	FN-45	100~200			
			Zarqa		100~200			
			Aradeiba		100~200			
	下白垩统		Bentiu	FN-12	400~800			

图 1-12 Fula 凹陷典型井地层测井曲线特征

（四）Darfur 群

1.Aradeiba 组

Aradeiba 组是 Darfur 群中底部的富含泥质地层，主要为灰色—红色的粉砂质泥岩，不含钙质，局部为泥质粉砂岩，偶尔见云母，在一些井中可见到微量的煤屑或碳质碎片。Aradeiba 组厚度在 180~700m 之间，紧随 Bentiu 组砂岩分布稳定，是盆地的区域盖层。Aradeiba 组整体表现为中—高 GR 值、中—高声波时差、低电阻率，曲线整体以指状为主要特征（图 1-12）。Unity-16 井钻遇 Aradeiba 组 386m，Garaad-1 井钻遇 Aradeiba 组 423m，Shammam-1 井钻遇 Aradeiba 组 182m，盆地西部和北部 Aradeiba 组厚度在 1000m 以上，与下伏 Bentiu 组呈角度不整合或假整合接触。

2.Zarqa 组

Zarqa 组岩性主要为砂岩、粉砂岩和泥岩间互，砂岩通常为无色或灰黄色，粒级中—极粗，泥岩通常为浅灰色和灰红色。Zarqa 组是盆地内 Unity 油田的主要储层。Zarqa 组整体表现为中—高 GR 值、中—高声波时差、低电阻率，曲线整体以指状为主要特征（图 1-12）。Zarqa 组厚度在 45~400m 之间，Toma South-3 井钻遇 Zarqa 组 315m，Garaad-1 井钻遇 Zarqa 组 193.5m，Shammam-1 井钻遇 Zarqa 组 408m。Zarqa 组与下伏 Aradeiba 组呈整合接触。

3.Ghazal 组

Ghazal 组岩性主要为砂岩、粉砂岩和泥岩间互，类似下伏的 Zarqa 组，但含砂率增加。Ghazal 组整体表现为中—高 GR 值、中—高声波时差、低电阻率，曲线整体以指状为主要特征（图 1-12）。Ghazal 组厚度在 120~380m 之间，Toma South-2 井钻遇 Ghazal 组 331m，Kanga-1 井钻遇 Ghazal 组 317m，Shammam-1 井钻遇 Ghazal 组 308m。Ghazal 组与下伏 Zarqa 组呈整合接触。

4.Baraka 组

Baraka 组岩性主要为砂岩夹薄层粉砂质泥岩，砂岩粒径变化从粗到细，局部为泥质粉砂岩，最上部发育灰色泥质岩夹一些薄砂岩，被命名为上泥岩段。Baraka 组整体表现为中—高 GR 值、中—高声波时差、低电阻率，曲线整体以指状为主要特征（图 1-12）。该组厚度变化很大（95~1300m），Grantiya-1 井钻遇 Baraka 组 1025m，Idian-1 井钻遇 Baraka 组 633m，Kaikang-1 井钻遇 Baraka 组 533m。Baraka 组与下伏 Ghazal 组呈整合接触。

（五）Amal 组

Amal 组岩性主要为灰色—黄色的大套块状砂岩，粒度以粗为主，局部很细到中等。Amal 组整体表现为中—低 GR 值，GR 测井曲线反映为平直段、中—高声波时差、中—高电阻率，曲线整体以箱形为主要特征（图 1-12）。Amal 组厚度在 240~760m 之间。El Nar-1 井钻遇 Amal 组 607m，Elmahafir-1 井钻遇 Amal 组 389m，Amal-1 井钻遇 Amal 组 607m。Amal 组与下伏 Baraka 组呈角度不整合接触。

（六）Nayil 组

Nayil 组岩性以大套泥岩为主，颜色灰白色、浅灰色—棕绿色，局部为不含钙粉砂岩和砂岩。Nayil 组整体表现为中—低 GR 值，高声波时差、低电阻率，曲线整体以指状交互为主要特征（图 1-12）。Nayil 组厚度在 0~3000m 之间，厚度变化比较大，盆地边部，如 Kaikang 坳陷两侧东、西斜坡带分布厚度薄，局部遭受剥蚀，在凹陷中心分布厚度大，Khairat-1 井钻遇 Nayil 组 358m，Elmahafir-1 井钻遇 Nayil 组 556m，May25-1 井钻遇 Nayil 组 829m。Nayil 组与下伏 Amal 组呈整合接触。

（七）Tendi 组

Tendi 组岩性是以黑灰和棕灰色泥质岩为主的沉积组合，局部为粉砂岩。Tendi 组厚度在 0~2800m 之间。Tendi 组整体表现为中—高 GR 值、高声波时差、低电阻率，曲线整体以指状交互为主要特征，局部以箱形为主（图 1-12）。与 Nayil 组类似，Tendi 组厚度变化较大，盆地边部，如 Kaikang 坳陷两侧东、西斜坡带厚度薄，局部遭受剥蚀，最大厚度主要分布于盆地中央的 Kaikang 坳陷中。该套地层是盆地又一期裂谷断陷沉积。Unity-10 井钻遇 Nayil 组 189m，May25-1 井钻遇 Nayil 组 2150m。Tendi 组与下伏 Nayil 组整合接触。

（八）Adok 组

Adok 组岩性以砂岩为主，粒度从细到粗，局部富含泥质，厚度为 120~910m。Adok 组整体表现为低 GR 值、高自然电位、高声波时差、低电阻率，曲线整体以指状交互为主要特征，局部以箱形为主（图 1-12）。与 Tendi 组和 Nayil 组类似，Adok 组厚度变化较大，在盆地边部遭受剥蚀，在凹陷中心厚度大，Unity-2 井钻遇 Adok 组 209m，Kaikang-1 井钻遇 Adok 组 760m。Adok 组与下伏 Tendi 组呈不整合接触。

（九）Zeraf 组

Zeraf 组是与 Adok 组类似的一套砂岩沉积组合，但普遍成岩性差，通常未固结。Zeraf 组整体表现为低 GR 值、高自然电位、高声波时差、低电阻率，曲线整体以指状交互为主要特征（图 1-12），厚度在 150~600m 之间，在盆地边部遭受剥蚀，在凹陷中心分布厚度大，Unity-8 井钻遇 Zeraf 组 328m，Barki-1 井钻遇 Zeraf 组 183m，Kaikang-1 井钻遇 Zeraf 组 402m。Zaraf 组与下伏 Adok 组呈不整合接触。

二、AG 组地层划分与对比

AG 组是盆地初始裂陷期沉积的一套地层，在盆地中广泛分布且厚度大，特别在盆地凹陷中心，沉积厚度达数千米，本次研究过程中，通过多年的勘探实践和研究成果的积累，明确了 AG 组可以进一步分成 5 个亚段，AG 组的进一步细分为下一步 AG 组开展地层—岩性油气藏勘探奠定了基础。

（一）多重地层划分标准

AG 组地层厚度大，每一层段沉积演化的差异使得在岩—电响应、地震反射、层序地层等方面特征各不相同，为 AG 组的进一步细分提供了依据。

1. 生物地层

根据前人研究成果，Muglad 盆地生物地层纵向上可以划分为 11 个带（图 1-13），每一个带都有一种或几种占优势地位的孢粉种属。其中 AG 组层段以优势的隐孔粉属、突肋纹孢、孢粉双手粉属、弱缝膜环孢属为主。由于 AG 组沉积时期，沉积环境相似，该套地层内的孢粉种属具有延续性和相似性，AG 组内孢粉种属总体变化不大。生物地层研究成果在地层的划分，特别是大套地层的划分方面可以起到一定的辅助作用，但是很难用以细分层。

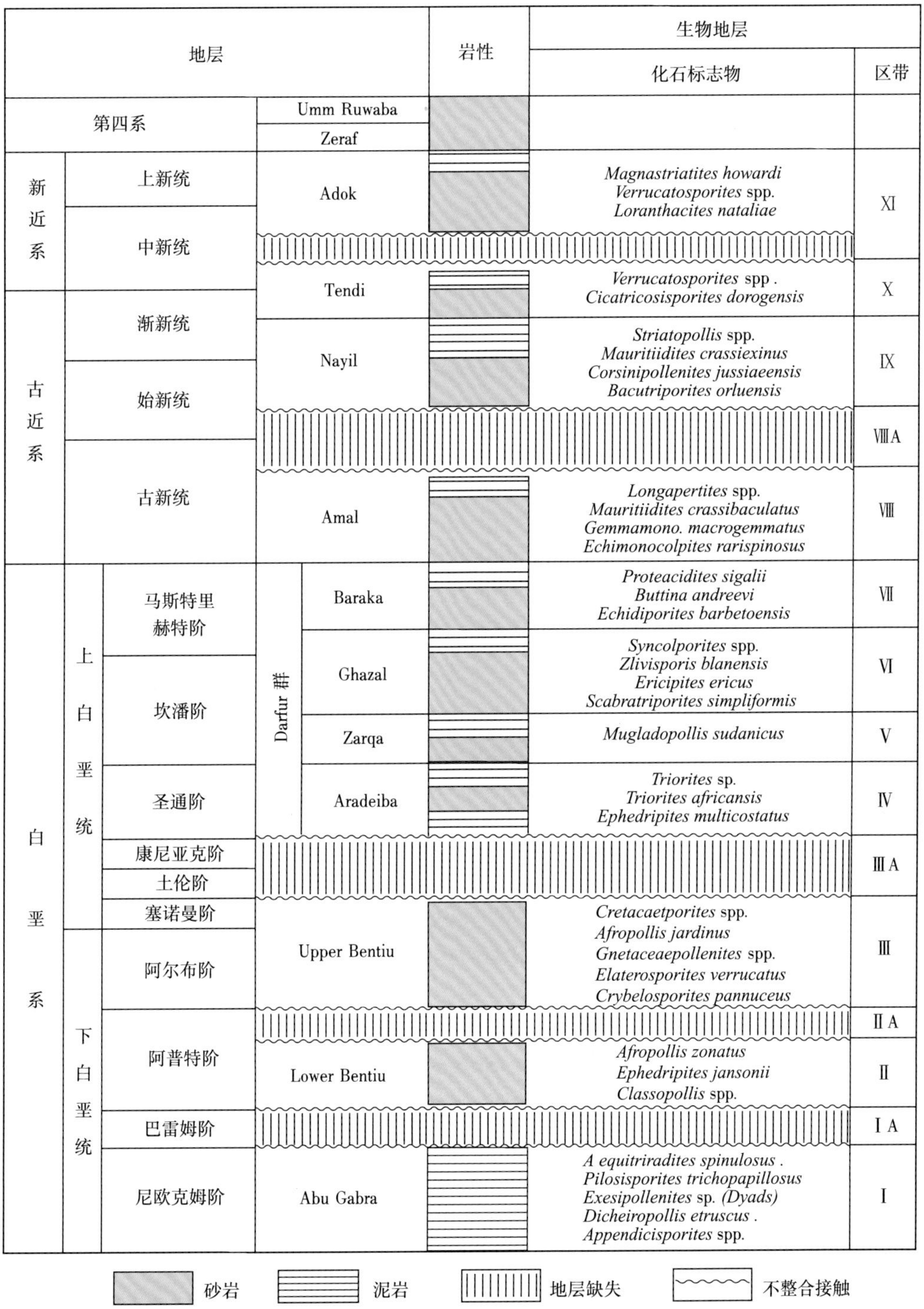

地层			岩性	生物地层	
				化石标志物	区带
第四系		Umm Ruwaba			
		Zeraf			
新近系	上新统	Adok		*Magnastriatites howardi* *Verrucatosporites* spp. *Loranthacites nataliae*	XI
	中新统				
古近系	渐新统	Tendi		*Verrucatosporites* spp. *Cicatricosisporites dorogensis*	X
		Nayil		*Striatopollis* spp. *Mauritiidites crassiexinus* *Corsinipollenites jussiaeensis* *Bacutriporites orluensis*	IX
	始新统				VIII A
	古新统	Amal		*Longapertites* spp. *Mauritiidites crassibaculatus* *Gemmamono. macrogemmatus* *Echimonocolpites rarispinosus*	VIII
白垩系	上白垩统	马斯特里赫特阶	Baraka	*Proteacidites sigalii* *Buttina andreevi* *Echidiporites barbetoensis*	VII
		坎潘阶	Ghazal	*Syncolporites* spp. *Zlivisporis blanensis* *Ericipites ericus* *Scabratriporites simpliformis*	VI
			Zarqa	*Mugladopollis sudanicus*	V
		圣通阶	Aradeiba	*Triorites* sp. *Triorites africansis* *Ephedripites multicostatus*	IV
		康尼亚克阶			III A
		土伦阶			
	下白垩统	塞诺曼阶	Upper Bentiu	*Cretacaetporites* spp. *Afropollis jardinus* *Gnetaceaepollenites* spp. *Elaterosporites verrucatus* *Crybelosporites pannuceus*	III
		阿尔布阶			
		阿普特阶	Lower Bentiu	*Afropollis zonatus* *Ephedripites jansonii* *Classopollis* spp.	II A
					II
		巴雷姆阶			I A
		尼欧克姆阶	Abu Gabra	*A equitriradites spinulosus.* *Pilosisporites trichopapillosus* *Exesipollenites* sp. (Dyads) *Dicheiropollis etruscus.* *Appendicisporites* spp.	I

（注：Darfur 群 跨 Baraka 至 Aradeiba 各组）

图例：砂岩　泥岩　地层缺失　不整合接触

图 1-13　Muglad 盆地生物地层对比图（据 Zayed Awad，1999）

2. 岩—电响应特征

Muglad 盆地面积大，且经过多期裂谷活动，形成垂向继承叠合、平面上隆坳相间、相对分割的构造格局。虽然地层岩性和测井响应特征在不同构造单元之间略有差异，但从全盆地的角度来看，AG 组的岩—电响应特征总体稳定。

AG1 段整体以砂泥岩交互为主，在测井响应上整体以中—低 GR 值、高自然电位、低声波时差为主要特征，测井响应曲线整体呈指状交错（图 1-11）；AG2 段整体以泥岩为主，在测井响应上以高 GR 值、高自然电位（基线值高于 AG 1 段）、中—高声波时差、低电阻率、中—高声波时差为主要特征，测井曲线整体呈箱形，局部指状交错（图 1-11）；AG3 段以砂泥岩互层为主，GR 值整体较 AG2 段降低，声波时差也明显低于 AG2 段，测井曲线整体呈指状交错（图 1-11）；AG4 段整体以泥岩为主，以发育高导泥岩为主要特征，测井曲线以高 GR 值、低自然电位、中—低声波时差和低电阻为主要特征，测井曲线整体呈指状交错（图 1-11）；AG5 段上部以泥岩为主，下段以砂岩为主，上半段 GR 值明显高于下半段，整体以低声波时差、低自然电位和高电阻率为主要特征（图 1-11）。

3. 地震反射特征

地层的地震反射特征除受到地层的岩性组成、埋藏深度和压实程度、断层是否发育及含油气性等地质特征的影响之外，还受地震采集和处理过程中设备、方法和技术参数的影响，因此，不同构造单元地震反射特征有一定的差异。

AG 组是盆地内初始裂陷期沉积的一套地层，目前在盆地绝大多数地区埋藏深度较大，在这些埋深大的地区，受地震波能力的衰减和分辨率的限制，AG 组整体反射较杂乱，地震反射轴连续性差（图 1-14）。

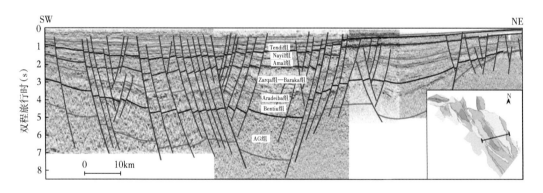

图 1-14 过 Kaikang 坳陷典型地震剖面

在 AG 组埋深相对较浅的区域，AG 组内部不同层段反射特征各有差异，如在 Heglig 地区，AG1 段基本被剥蚀，AG2 段整体表现为中—高频、强振幅、连续性好；AG3 段整体表现为中—高频、中等振幅、连续性较好；AG4 段整体表现为上部中—低频、中等振幅、连续，下部较杂乱；AG5 段由于整体埋深过大，整体连续性较差，反射相对杂乱。

4. 地层层序特征

综合利用自然电位（SP）、自然伽马（GR）、声波时差（DT）、冲洗带电阻率（RMSL）、浅电阻率（RS）和深电阻率（RD）共 6 条电测曲线开展层序划分；录井资料利用了岩性、岩石成分、岩石颜色、粒度、分选、磨圆度、自生矿物等。综合研究确定了 AG 组 5 分层序分层方案，将 AG 组自下而上划分为 SQa5、SQa4、SQa3、SQa2、SQa1 共 5 个三级层序，划分出了 SSBa、SBa4、SBa3、SBa2、SBa1、SSBb 六个层序界面。关于 AG 组层序划分方案、各层序的层序界面识别及各层序地震剖面特征将在第三章中详细论述。

（二）区域地层格架

在地层对比和划分的基础上，在整个 Muglad 盆地内开展了区域地层格架的搭建，建立了区域地震格架剖面，统一各区 AG 组的五分方案，建立了整个盆地地层格架，为后续 AG 组深入研究奠定了基础（图 1-15、图 1-16）。

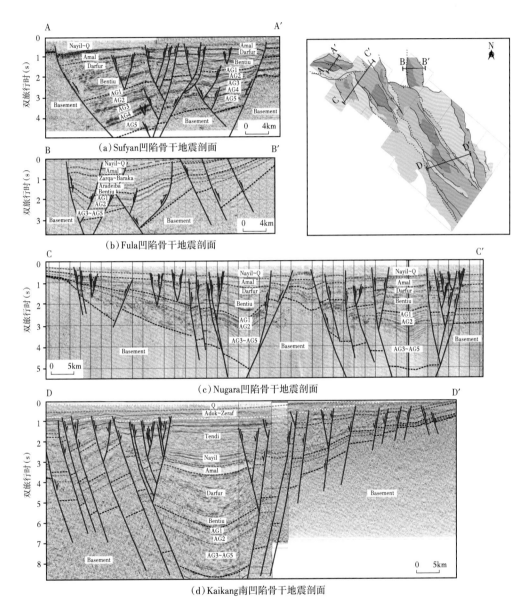

（a）Sufyan 凹陷骨干地震剖面

（b）Fula 凹陷骨干地震剖面

（c）Nugara 凹陷骨干地震剖面

（d）Kaikang 南凹陷骨干地震剖面

图 1-15 Muglad 盆地典型地震剖面

（A–A′～D–D′剖面分别为过 Sufyan 凹陷、Fula 凹陷、Nugara 坳陷、Kaikang 南凹陷）

井控区，根据井—震标定后的结果进行追踪解释，邻井之间相互验证。无井控区，根据邻近井控区的标定结果，参考地震反射特征和地层厚度、断层断距的变化关系确定层位界面位置。此外，结合盆地构造演化和沉积充填历史，在地质认识的指导下，开展地层展布和分布规律研究，指导层位追踪和解释。

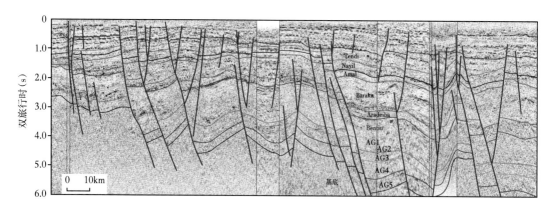

图 1-16　过 Muglad 盆地 Kaikang 坳陷西侧斜坡带地震剖面

三、盆地地层分布

Muglad 盆地各凹陷 AG 组五个层序（SQa5— SQa1），基本对应 AG 组的五个层段，自下而上呈现出厚度逐渐减薄的总体趋势，但盆地内不同凹陷发育的层序又存在一定的差异。SQa5 层序处于盆地断陷初期，地层分隔性强，地层厚度变化大，最大地层厚度达1800m。SQa4 层序处于断陷扩展期，剥蚀区减小，部分凹陷地层分布扩大，各个凹陷厚度普遍减薄，平均厚度在 600m 左右，最大 1400m 左右。SQa3 层序为断陷扩展联合，地层分布较广，各凹陷厚度进一步减薄，平均厚度在 400m 左右，最大厚度位于 Kaikang 北凹陷达 1200m。SQa2 层序形成时期沉积区规模明显萎缩，厚度变化不大，平均厚度在350m 左右，最大达 1000m 左右。SQa1 层序形成时期沉积区规模进一步萎缩，厚度明显减薄，平均厚度在 200m 左右，最大为 700m 左右。各凹陷各层段的最大地层厚度和平均地层厚度的统计结果见表 1-1，图 1-17。

表 1-1　各凹陷各层段的最大地层厚度和平均地层厚度　　　　　　（单位：m）

凹陷名称	SQa5		SQa4		SQa3		SQa2		SQa1	
	最大值	平均值	最大值	平均值	最大值	平均值	最大值	平均值	最大值	平均值
Sufyan 凹陷	1400	1000	1200	800	700	450	700	450	250	175
Nugara 西部凹陷	1200	900	1000	700	1000	650	500	350	250	175
Nugara 东部凹陷	1200	1000	1200	800	800	500	600	400	350	275
Gato 凹陷	1200	1000	800	600	500	350	400	300	150	125
Fula 凹陷	1000	700	1000	700	800	500	600	400	300	200
Keilak 凹陷	1000	700	600	500	600	400	400	300	200	150
Bamboo 凹陷	600	500	800	600	700	450	500	350	400	250
Unity 凹陷	1400	900	600	500	500	350	400	300	400	250
Kaikang 北凹陷	1800	1100	1400	900	1200	900	1000	700	700	450
Kaikang 南凹陷	1000	700	800	600	500	450	800	550	550	325
Guria 凹陷	1200	800	600	500	400	300	500	350	200	150

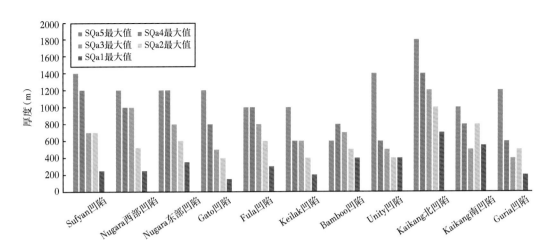

图 1-17　Muglad 盆地各凹陷不同层序最大厚度直方图

Bentiu 组是 Muglad 盆地第一期断坳旋回中坳陷期的沉积，地层沉积中心主要分布在 Sufyan 凹陷南部、Nugara 西部凹陷、Nugara 东部凹陷和 Kaikang 坳陷及两侧斜坡带。Fula 凹陷中 Bentiu 组厚度变化不大（图 1-18 ）。

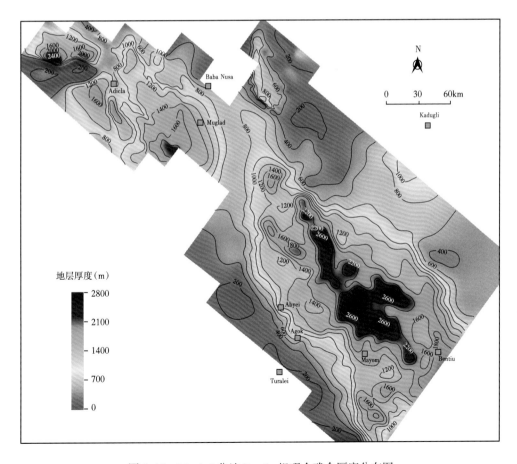

图 1-18　Muglad 盆地 Bentiu 组现今残余厚度分布图

Darfur 群是 Muglad 盆地第二期断坳旋回中断陷期的沉积，地层沉积整体厚度较大、不同构造单元间地层厚度差异较大。整体而言，Darfur 群沉积中心主要分布在 Nuagra 东部凹陷和 Kaikang 坳陷及两侧斜坡带（图 1-19）。

Amal 组是 Muglad 盆地第二次断坳旋回坳陷期沉积，沉积中心主要分布在 Nugara 东部凹陷和 Kaikang 坳陷及两侧斜坡带。Sufyan 凹陷、Nugara 西部凹陷和 Fula 凹陷中 Amal 组的地层厚度变化不大。

Nayil 组及以上地层是 Muglad 盆地第三期断坳旋回中形成的沉积。整体而言，第三期构造活动和沉降较第一期和第二期弱，该期地层厚度也较前两期薄。地层整体呈楔形或碟状分布，从盆地各凹陷沉积中心向盆地中部隆起区和盆地边缘减薄，特别是上部 Tendi 组、Adok 组和 Zeraf 组在盆地边缘和隆起部位缺失。

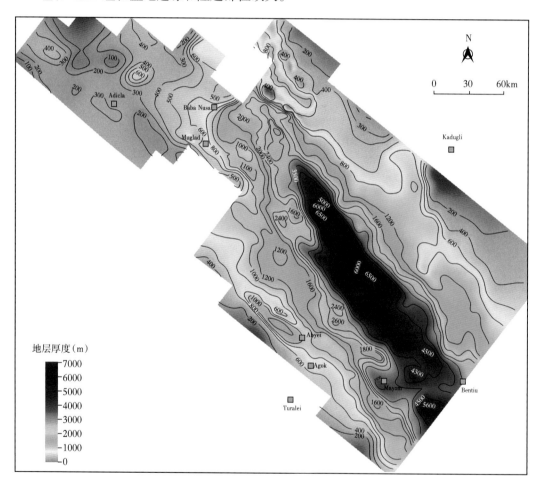

图 1-19　Muglad 盆地 Darfur 群现今残余厚度分布图

本章小结

Muglad 盆地是在泛非运动、大西洋和印度洋的张裂、非洲板块与欧亚板块的碰撞、中非剪切带的走滑运动和红海张裂的影响下形成的中生代—新生代陆内裂谷盆地，其形成和演化可以分为三个阶段：前寒武纪基底形成期、白垩纪以来的裂谷期和第四纪以来的后裂谷期。

在前寒武纪基底上，Muglad 盆地沉积了一套厚达 10~15km 的中新生界的陆相沉积盖层，以白垩系为主，新生界整体相对较薄，Kaikang 坳陷古近纪断陷活动比较强烈，沉积了厚度巨大的新生界。

AG 组是盆地初始裂陷期沉积地层，在盆地中广泛分布且厚度大，综合岩—电响应、地震反射、层序地层等方面特征，AG 组可以进一步分成 5 个段（三级层序）。SQa5 层序、SQa4 层序、SQa3 层序分布范围广，从 SQa5—SQa4 层序的地层的演化来看，湖盆面积进一步扩大，水体进一步加深，整体表现了盆地裂陷初期湖盆扩张，水体加深的水进过程；从 SQa4—SQa3 层序沉积，湖盆面积进一步扩大，水体进一步加深，到 SQ3 层序沉积时期湖盆达到鼎盛时期，此时 AG 组分布范围达到最大。从 SQ3 层序到 SQ2 层序再到 SQ1 层序的过程表现为一个湖盆萎缩、水体变浅的水退过程，AG 组分布范围逐步缩小。

Muglad 盆地各地层广泛分布在各沉积凹陷，其厚度从沉积中心向隆起和盆地边缘逐渐减薄，第一期和第二期断坳旋回沉积的地层厚度较第三期断坳旋回大，且受后期抬升剥蚀的影响，Tendi 组及以上地层在盆地边缘遭受剥蚀或残缺，分布范围相对较小。

第二章　构造特征与原型盆地

　　盆地构造特征反映了盆地的构造背景、构造变形和演化过程，是盆地演化的综合结果。开展原型盆地恢复和分析对于了解每一阶段盆地的构造背景、构造沉降、沉积充填、古地理环境等具有重要的理论和实践意义。本章对 Muglad 盆地构造特征进行了深入分析，开展了盆地重要阶段原型盆地的恢复，深化了对盆地的构造演化和沉积充填历史的认识，为后续研究奠定了基础。

第一节　构造单元

　　Muglad 盆地整体呈楔形，西北与中非剪切带相接，向南逐步收敛。根据盆地现今构造形态可进一步划分 Sufyan 坳陷（Ⅰ）、Nugara 坳陷（Ⅱ）、东部坳陷（Ⅲ）、西部斜坡带（Ⅳ）和 Kaikang 坳陷（Ⅴ）五个一级构造单元（图 2-1）。

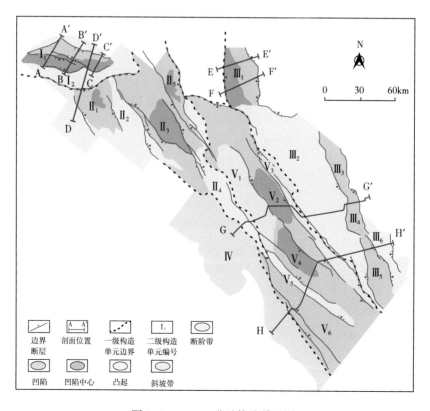

图 2-1　Muglad 盆地构造单元图

一、Sufyan 坳陷

Sufyan 坳陷（Ⅰ）分两个二级构造单元：Sufyan 凹陷（Ⅰ₁）和 Tomat 凸起（Ⅰ₂）。

（一）Sufyan 凹陷

Sufyan 凹陷是一个已证实的含油气凹陷，面积约为 5000km²，凹陷长轴近东西向。根据钻井资料及前人研究成果，伴随 Muglad 盆地自早白垩世以来的形成演化过程，该凹陷在前寒武系结晶基底之上沉积了下白垩统—第四系，其沉积中心与沉降中心位于该凹陷的南部边界断层上盘，剖面上呈南断北超，最大沉积厚度超过 8000m。Sufyan 凹陷结构自西向东为西部多米诺断阶结构、中部不对称地堑结构、东部半地堑结构（图 2-2），依据不同构造带埋深大小，自南向北可划分为南部构造带、中部构造带、北部构造带。该凹陷在早白垩世和晚

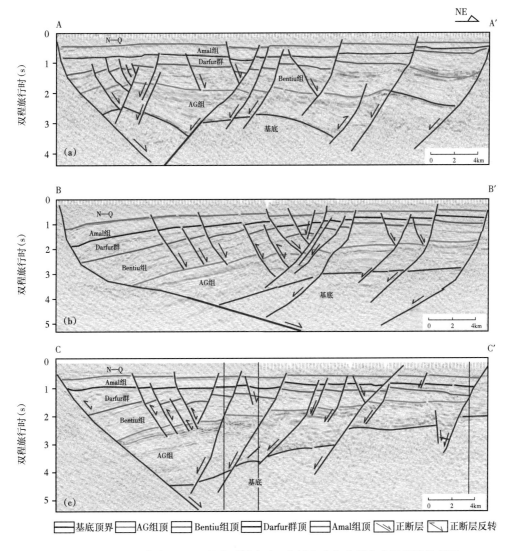

图 2-2　Muglad 盆地 Sufyan 凹陷西部（a）、中部（b）和东部（c）地质结构剖面

（AA′剖面、BB′剖面、CC′剖面位置见图 2-1）

白垩世早期剧烈沉降，沉积了巨厚的 AG 组与 Bentiu 组，其最大厚度超过 6000m，这两套地层厚度约占该凹陷地层总充填厚度的 77%~81%，在晚白垩世中期以来，沉降与沉积活动明显减弱，Darfur 群及以上地层厚度较薄，仅占该凹陷地层总充填厚度的 19%~23%。

（二）Tomat 凸起

Tomat 凸起位于 Sufyan 凹陷南部，近东西向延伸，其西接中非剪切带，东部与 Sufyan 凹陷南部陡坡带相接，面积约为 2040km²。其西段自早白垩世以来长期处于隆起剥蚀状态，东段在早白垩世早期沉积了 AG 组，后期逐渐抬升，处于抬升剥蚀状态。

二、Nugara 坳陷

Nugara 坳陷（Ⅱ）细分为五个二级构造单元：Nugara 西部凹陷（Ⅱ₁）、Abu Gabra-Sharaf 凸起（Ⅱ₂）、Nugara 东部凹陷（Ⅱ₃）、Nugara-Kaikang 凸起（Ⅱ₄）和 Gato 凹陷（Ⅱ₅）。

（一）Nugara 西部凹陷

Nugara 西部凹陷包括 Rakuba 洼陷、Hiba 洼陷，总面积约为 8300km²。Rakuba 洼陷位于 Tomat 凸起南部，由于工区资料所限，其西部、南部边界不清楚，北接托南断层，东以东 Rakuba1 号断层及 Rakuba 南 1 号断层为界，面积约为 900km²，轴向近东西向，为北断南超的箕状凹陷，主要发育于 AG 组沉积时期与 Bentiu 组沉积时期，Darfur 群沉积时期以来活动较弱。地层沉积全，最大沉积厚度 9650m。东 Rakuba 次洼位于 Rakuba 洼陷东部、Tomat 凸起南部，它西起东 Rakuba1 号断层、东 Rakuba 南 2 号断层，东至萨西断层，北到 Tomat 南 2 号断层，面积约为 2600km²，轴向北西向，东断西超、西高东低，凹陷主要形成于 AG 组沉积时期和 Bentiu 组沉积时期，Darfur 沉积时期以来有活动且沉降与沉积活动比 Rakuba 洼陷、Sufyan 凹陷强，地层沉积全，地层最大沉积厚度大于 12000m。

（二）Nugara 东部凹陷

Nugara 东部凹陷位于 Abu Gabra-Sharaf 凸起东部，西起 Abu Gabra-Sharaf 凸起东界断层，东到 Babanusa 西断层，总面积约为 9700km²，轴向为北西向。它与 Sufyan 凹陷、Tomat 凸起、Abu Gabra-Sharaf 凸起、Babanusa 隆起、努凯低凸起呈断层接触关系。Nugara 东部凹陷结构在 AG 组沉积时期呈现为东断西超，Bentiu 组沉积时期及以后时期为堑式结构。该凹陷地层发育完整，最大沉积厚度大于 15000m，其中 AG 组与 Bentiu 组沉积厚度大，Darfur 群与 Amal 组沉积厚度明显减弱，而新近系沉积较厚。

（三）Abu Gabra-Sharaf 凸起

Abu Gabra-Sharaf 凸起位于 Nugara 东部、西部凹陷之间，轴向北西—南东向，总面积 2340km²，与 Nugara 东部、西部凹陷呈断层接触关系。该凸起地层沉积全，地层最大沉积厚度 7000m，在 AG 组沉积时期，该凸起存在三个相互独立的构造单元，在 Bentiu 组沉积时期，该凸起表现为统一的沉积单元，形成中央低凸，之后的各沉积时期，凸起范围逐渐扩大但幅度逐渐减小，至古近纪表现为一斜坡。

（四）Nugara-Kaikang 凸起

Nugara-Kaikang 凸起位于 Nugara 东部凹陷东部。西起 Babanusa 西断层，东到 Kaikang 西断层，北到 Babanusa 隆起；向南与阿贝斜坡相接，轴向北西向，总面积约为 760km²，与 Babanusa 隆起、Kaikang 坳陷、Nugara 东部凹陷呈断层接触关系。该凸起呈断垒结构，且断垒结构中段明显，南北两段不很明显。该低凸在 AG 组沉积时期形成，往上范围逐渐扩大，到古近纪范围最大，地层沉积全但较薄，地层最大沉积厚度仅为 5800m。

（五）Gato 凹陷

Gato 凹陷位于 Muglad 盆地北部，东临 Babanusa 隆起，西接 Nugara 东部凹陷，整体呈北西—南东走向，它与 Babanusa 隆起和 Nugara 东部凹陷呈断层接触关系。Gato 凹陷构造比较简单，呈双断式的地堑结构。

三、东部坳陷

东部坳陷（Ⅲ）可进一步细分为四个凹陷和两个凸起，共六个二级构造单元：Fula 凹陷（Ⅲ$_1$）、Azraq–Shelungo–Unity 凸起（Ⅲ$_2$）、Keilak 凹陷（Ⅲ$_3$）、Bamboo 凹陷（Ⅲ$_4$）、Unity 凹陷（Ⅲ$_5$）及 Toor 凸起（Ⅲ$_6$）。这些凹陷多为箕状断陷，其中 Bamboo 凹陷和 Keilak 凹陷以东断西超为特征；Fula 凹陷和 Unity 凹陷以西断东超为特征。凸起以断垒、断阶为主要特征。

（一）Fula 凹陷

Fula 凹陷位于盆地的东端，工区内凹陷面积约为 3300km^2，地层最大沉积厚度超过 7000m，受西部与东部边界断层活动强度差异的影响，该凹陷自北向南划分为两种结构：北部为西断东超的半地堑结构，地层逐渐向 Babanusa 隆起超覆尖灭（图 2-3）；中部与南部为西深东浅的不对称地堑结构（图 2-4）。该凹陷在早白垩世早期与晚白垩世发生剧烈沉降与沉积，在古近纪及新近纪活动逐渐减弱，并发生地层的抬升剥蚀。

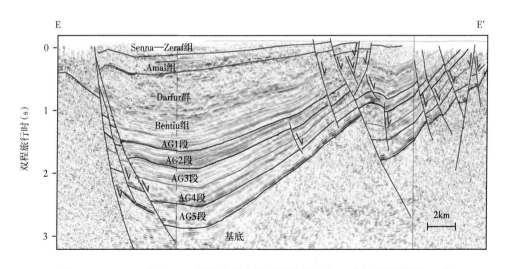

图 2-3　Muglad 盆地 Fula 凹陷北部半地堑结构剖面（EE′ 剖面位置见图 2-1）

（二）Azraq–Shelungo–Unity 凸起

受一系列北西—南东向断裂控制的构造带，为显著的重力正异常带，以受基底卷入型断裂控制的背斜、半背斜和断块为主要构造类型，其构造主要形成于 AG 组沉积时期、Bentiu 组沉积期，古近纪有改造。

（三）Keilak 凹陷

Keilak 凹陷位于 Bamboo 凹陷和 Unity 凹陷北部，其结构和形态与 Bamboo 凹陷和 Unity 凹陷十分相似。Keilak 凹陷西邻 Azraq–Shelungo–Unity 凸起，东侧则逐步过渡到盆地边缘，为典型的西断东超的半地堑式结构。

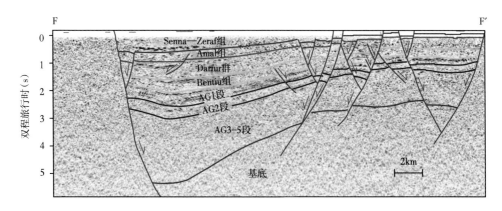

图 2-4　Muglad 盆地 Fula 凹陷中部不对称地堑结构剖面（FF′ 剖面位置见图 2-1）

（四）Bamboo 凹陷

位于 Keilak 凹陷南部，在 Azraq-Shelungo-Unity 凸起与东斜坡之间，凹陷边缘控制断层为其东侧的 Nabaq 断层，重力呈负异常，是一个东断西超的箕状富含油凹陷。

（五）Unity 凹陷

位于 Azraq-Shelungo-Unity 凸起与东斜坡之间，北窄南宽，AG 组北部呈东断西超箕状断陷，南部断陷逐渐变缓过渡到向基底超覆斜坡接触。在 Azraq-Shelungo-Unity 凸起东侧 AG 组上倾呈楔状减薄，凸起脊部 AG 组则被严重削顶剥蚀。该凹陷是已被证实的富含油凹陷。AG 组厚度可达 4500m。

（六）Toor 凸起

Toor 凸起位于 Bamboo 凹陷、Unity 凹陷与盆地东部边缘之间，是盆地从凹陷带到盆地边缘的过渡地带，整体呈斜坡结构，局部抬升形成低凸起。

四、西部斜坡带

西部斜坡带是位于 Kaikang 坳陷与西部盆地边缘之间的构造带，整体为一个向西抬升的斜坡，被一系列东倾的断层所切割，形成断阶带，断层断距相对 Kaikang 坳陷东、西断阶带断层断距较小。靠近 Kaikang 坳陷一侧地层较厚，向西逐步减薄，盆地边缘部分，上部地层遭受局部剥蚀，形成剥蚀区。

五、Kaikang 坳陷

Kaikang 坳陷（V）可进一步细分六个二级构造单元：Kaikang 西断阶带（V_1）、Kaikang 北凹陷（V_2）、Kaikang 东断阶带（V_3）、Kaikang 南凹陷（V_4）、Kaikang 凸起（V_5）和 Gurial 凹陷（V_6）。

（一）Kaikang 西断阶带

Kaikang 西断阶是 Kaikang 坳陷与西部斜坡带的过渡带，整体表现为向西抬升的断阶，被一组东倾断层所切割，断层断距较大。

（二）Kaikang 北凹陷

Kaikang 北凹陷具明显的三层地质结构，AG 组沉积时期，其结构与 Bamboo 凹陷相似，总体为一个东断西超的半地堑。晚白垩世 Darfur 期断陷活动强烈，表现为西断东超。古近纪两侧边界断层再次剧烈活动，形成双断式地堑。

（三）Kaikang 东断阶带

Kaikang 东断阶与 Kaikang 西断阶基本对称，位于 Kaikang 坳陷与东部 Azraq-Shelungo-Unity 凸起之间的过渡带，被一系列西倾断裂所切割，形成向东抬升的断阶带，断层断距大。

（四）Kaikang 南凹陷

因地震资料品质较差，双层地质结构不如北凹陷明显；晚白垩世具地堑特征，古近纪两侧边界断层再次剧烈活动，形成古近纪地堑。

（五）Kaikang 凸起

Kaikang 凸起为位于 Gurial 凹陷与 Kaikang 南凹陷之间的一个小型低凸起，由于断层切割和地层翘倾作用形成局部凸起，东侧受断层控制，向西向下倾没，形成低凸起构造。

（六）Gurial 凹陷

Gurial 凹陷位于 Kaikang 凸起西部，走向与 Kaikang 坳陷平行，Kaikang 坳陷向下倾没的部分形成了 Gurial 凹陷，该凹陷规模和地层沉积厚度较小。

Muglad 盆地北部地区地质结构为不对称的堑垒结构（图 2-5），自南向北依次为 Nugara 坳陷、Sufyan 坳陷等一级构造单元及 Nugara 西部凹陷、Tomat 凸起、Sufyan 凹陷等二级构造单元。Nugara 西部凹陷发育 Y 字形正断层，两侧地层以斜坡的形式超覆到凸起之上。Tomat 凸起位于 Nugara 西部凹陷与 Sufyan 凹陷之间。Sufyan 凹陷南部发育北倾的铲式正断层，地层向北部超覆。

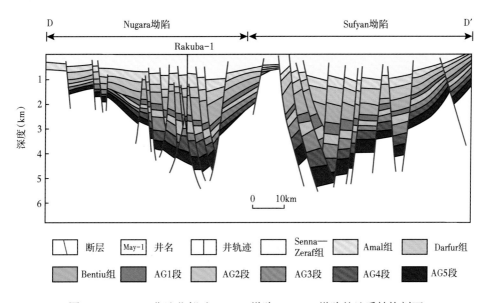

图 2-5　Muglad 盆地北部过 Nugara 坳陷 -Sufyan 坳陷的地质结构剖面

（DD′ 剖面位置见图 2-1）

Muglad 盆地中部地区地质结构为堑垒构造（图 2-6），该剖面自西向东依次为西部斜坡带、Nugara 坳陷、Kaikang 坳陷及东部坳陷等一级构造单元，以及 Nugara-Kaikang 凸起、Kaikang 西断阶带、Kaikang 北凹陷、Kaikang 东断阶带、Azraq-Shelungo-Unity 凸起及 Bamboo 凹陷等二级构造单元。西部斜坡带断层以西倾断阶为主，Nugara 坳陷则以东倾断阶为主，Kaikang 坳陷主体为一地堑，其受控于两对相向倾斜基底断层，而东部坳陷主要发育 Y 字形断层及东倾正断层。

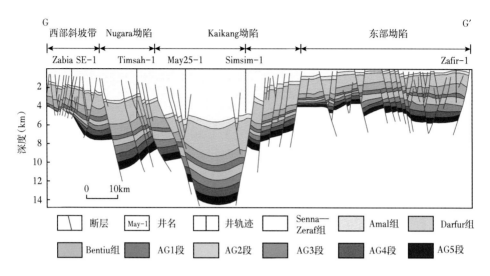

图 2-6 Muglad 盆地南部过西部斜坡带—Nugara 坳陷—Kaikang 坳陷—东部坳陷的地质结构剖面
（剖面位置见图 2-1）

Muglad 盆地南部地区地质结构为堑垒结构（图 2-7），该剖面自西向东依次为西部斜坡带、Kaikang 坳陷及东部坳陷等一级构造单元，以及 Gurial 凹陷、Kaikang 凸起、Kaikang

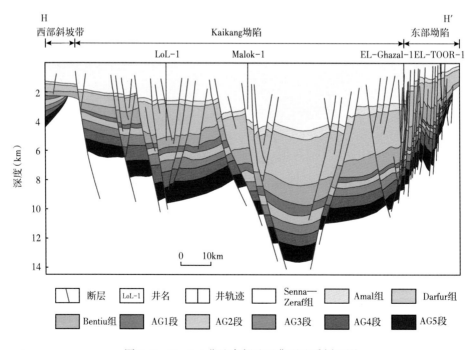

图 2-7 Muglad 盆地南部地区典型地质剖面图

南凹陷、Kaikang 东断阶带、Azraq-Shelungo-Unity 凸起、Unity 凹陷及 Toor 凸起等二级构造单元。西部斜坡带整体呈北西—南东走向，倾向北东，倾角较小，断层不发育。Kaikang 坳陷主体为一地堑，其受控于两对相向倾斜的基底断层，而东部坳陷主要发育 Y 字形断层及西倾正断层。

第二节 构造特征

Muglad 盆地是受中非剪切带运动诱导而形成的陆内被动裂谷盆地，与中国东部主动裂谷盆地相比，盆地的构造特征具有明显的差异性和独特性，本节重点解剖 Muglad 盆地结构和构造特征。

一、断裂构造特征

断裂是地层在应力作用下发生破裂所形成的构造，断裂的剖面形态、平面展布及组合特征、断裂不同时期活动强度及断裂活动的动力背景与盆地的形成演化、油气生成、运移和聚集成藏密切相关，是盆地构造分析和油气成藏研究的重要内容。

（一）主要断裂特征

Muglad 盆地断裂系统十分发育。整体而言，盆地断裂以北西—南东向为主，其次为近东西向断裂，不同期次断裂间相互切割，形成复杂的平面和剖面形态，盆地内共确定了11 条主要断裂（图 2-8），其形成时代早，延伸长度往往超过 50km，具体包括位于盆地西

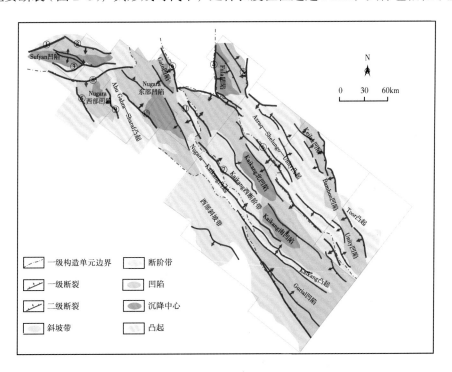

图 2-8 Muglad 盆地主干断裂分布图

①—Sufyan 西断层；②—Sufyan 北断层；③—Sufyan 南断层；④—福西断层；⑤—福东断层；⑥—凯东断层；
⑦—凯西断层；⑧—托南断层；⑨—萨西断层；⑩—努西断层；⑪—努东断层

北部的近东西向断层和北北东向边界断层及盆地东南部的北西向断层。这些断层对地层的沉积与次级单元的构造特征具有明显的控制作用。

1. Sufyan 西断层

走向近北东，倾向北西，延伸约为 50km，断面陡立，倾角为 70°~80°，最大断距 4km，切割凹陷基底，形成时间为早白垩世，后期持续活动，具有走滑性质，推测为中非剪切带的一支。

2. Sufyan 北断层

走向北西西，倾向南南西，倾角为 55°~70°，最大断距约为 4.7km，切割凹陷基底，形成时间为早白垩世，后期持续活动（图 2-9）。

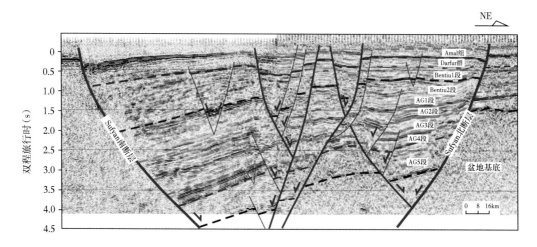

图 2-9　Sufyan 凹陷 Sufyan 南断层与 Sufyan 北断层地震剖面

3. Sufyan 南断层

为 Sufyan 凹陷的南部边界断层，平面呈"之"字形，走向东西，北倾，最大断距近万米，平面延伸约 100km，倾角为 30°~70°，切割凹陷基底，形成时间为早白垩世，后期持续活动。该断层对 Sufyan 凹陷构造格局和沉积控制十分明显，该断层上盘形成了两个沉降中心（图 2-9）。

4. Fula 西断层

为 Fula 凹陷西部边界断层，走向近南北向，西倾，断面较陡，倾角为 45°~60°，长度约为 70km，最大断距约为 8km，断面在南段较陡，北段较缓，切割凹陷基底，形成时间为早白垩世，后期持续活动（图 2-10）。

5. Fula 东断层

为 Fula 凹陷东部边界断层，走向近北北西向，西倾，最大断距约为 6km，断面在南段较陡，北段较缓，切割凹陷基底，形成时间为早白垩世，后期持续活动（图 2-10）。

6. Kaikang 东断层

为 Kaikang 坳陷北部地区的东部边界断层，由多条右列断层组成断裂系，走向北北西，倾向南西西，倾角为 45°~60°，长度约为 200km，最大断距超过万米，切割凹陷基底，形成时间为早白垩世，后期持续活动。

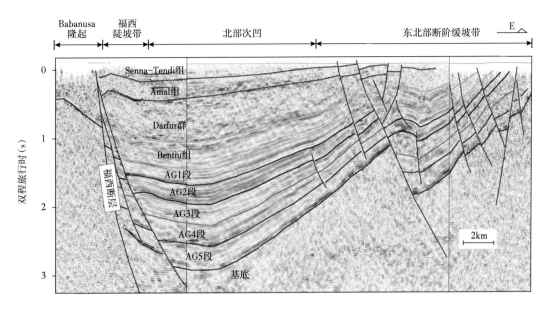

图 2-10 Fula 凹陷地震剖面

7. Kaikang 西断层

为 Kaikang 坳陷北部地区的西部边界断层，该断层与 Kaikang 东断层对称分布，控制 Kaikang 地堑的发育，由多条右列断层组成断裂系，走向北北西，倾向南南西，倾角为 45°~60°，长度约为 200km，最大断距超过万米，切割凹陷基底，形成时间为早白垩世，后期持续活动。

8. Tomat 南断层

为一条近东西向的正断层，延伸长度超过 100km，断面南倾，倾角为 60°~80°，切割凹陷基底，形成时间为早白垩世，后期持续活动。该断层可分为东段和西段，最大断距大于 8km，西段控制了东 Rakuba 次洼的发育。

9. Sharaf 西断层

为 Abu Gabra-Sharaf 凸起的西部边界断层，和托南断层共同控制了东 Rakuba 次洼的发育，该断层北西向延伸，由两条雁行式排列的西倾正断层组成。该断层最大断距超过 6km，倾角为 48°~55°，长度约为 78km，切割凹陷基底，形成时间为早白垩世，后期持续活动。该断层北部断距大，活动强烈；南部断距小，活动强度弱。

10. Nugara 西断层

为 Abu Gabra-Sharaf 凸起和 Nugara 东部凹陷的分界正断层，延伸长度约为 90km，该断层由多条呈雁列展布的东倾断层组成，走向北西，倾角约为 65°，切割凹陷基底，形成时间为早白垩世，后期持续活动。

11. Nugara 东断层

为 Nugara 坳陷和 Kaikang 坳陷的分界正断层，延伸长度约为 110km，该断层由多条呈雁列展布的断层组成，走向北西，倾向为南西，平面呈弧形，向南过渡为 Kaikang 西断层。该断层切割凹陷基底，形成时间为早白垩世，后期持续活动。

（二）断裂期次

盆地构造演化分析表明 Muglad 盆地经历三期断—坳旋回，盆地内主干断层活动具有韵律性，每一个断陷期断层活动强烈，坳陷期断层活动减弱。以 Kaikang 坳陷的 FK2（Kaikang 西断层）和 FK1（Kaikang 东断层）断层为例（图 2-11），在第一断陷期、第二断陷期及第三断陷期，断裂活动强烈，断层生长指数均大于 1（图 2-12），而在各坳陷期，断裂活动明显减弱，断层生长指数约为 1。

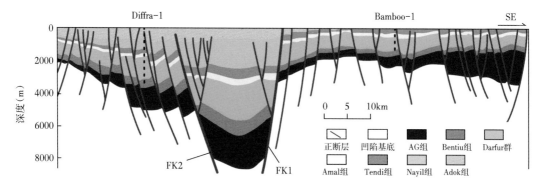

图 2-11　Kaikang 坳陷骨干断裂剖面

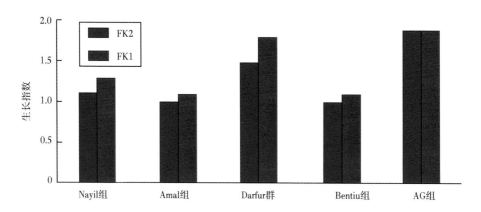

图 2-12　断层 FK1 与 FK2 生长指数

根据 Muglad 盆地内断层活动期次的早晚（图 2-13），可将断裂划分为早期断层（早白垩世开始活动）、中期断层（晚白垩世开始活动）、晚期断层（古近纪开始活动）。

早期断层：此类断层的走向差异较大，位于 Muglad 盆地西北部 Sufyan 凹陷和 Tomat 凸起的早期断层走向为近东西，在盆地的其他位置，其走向主要为北北西（2-14）。此类断层形成于早白垩世，在三个裂谷期长期活动，切割大部分地层，控制了盆地的充填和演化，为主要构造带的边界断层（图 2-15）。

中期断层：此类断层的走向与其附近的早期断层走向相似（图 2-14）。形成于晚白垩世形成，大部分在晚白垩世—古近纪活动，主要切割白垩系和古近系，为二级构造单元的控制断层。

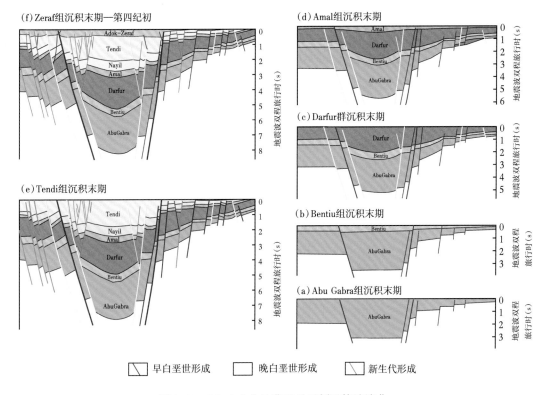

图 2-13　Muglad 盆地典型骨干剖面构造演化

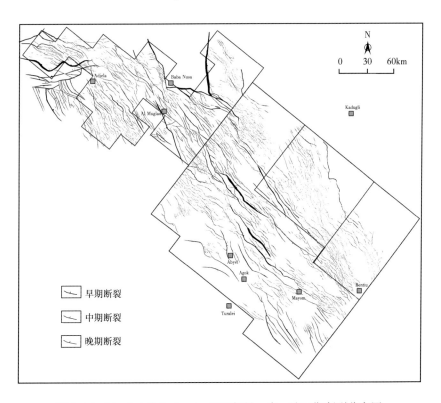

图 2-14　Muglad 盆地 Baraka 组顶部早、中、晚三期断裂分布图

晚期断层：位于盆地西北部 Sufyan 凹陷的此类断层走向为北西西，而在盆地其他凹陷，其走向主要为北西向（图 2-14）。该类断层形成于古近纪，主要切割古近系，部分切入白垩系，多为伴生断层和调节断层，此类断层数量最多，使得各构造单元进一步复杂化。

（三）断裂级别

根据断裂对盆地构造、沉积影响控制作用的程度及断裂形成期次的关系，将断裂分为 4 个级别。

1. Ⅰ级断裂

该级别的断裂决定了一级构造单元的形态及反映其成因机制，在垂直断层走向的剖面上，断距大，在平面上沿走向延伸远，属于盆地断裂系统中规模最大的一级，如 Fula 凹陷东西控凹断层，它们控制了凹陷的形态、西深东浅的构造格局，并对后期凹陷内部的构造演化、沉积充填影响程度大（图 2-15 至图 2-19）。

2. Ⅱ级断裂

该级别的断裂通常为二级构造单元的边界，剖面上断距比较大，平面上延伸较远。它们的形成时间往往稍晚于一级断裂，产状受先前一级断裂的影响较大，如 Sufyan 凹陷南部的边界断层从初始断陷期继承性发育，对凹陷构造带、沉积充填特征影响程度大（图 2-15 至图 2-19）。

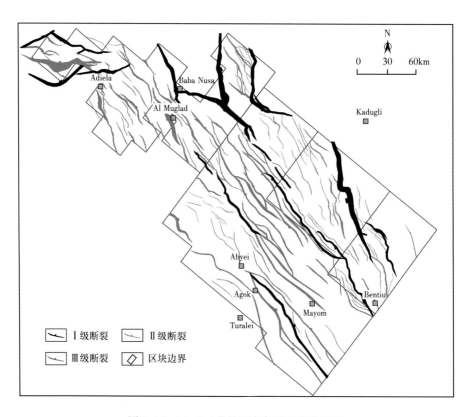

图 2-15　Muglad 盆地基底断裂系统分级图

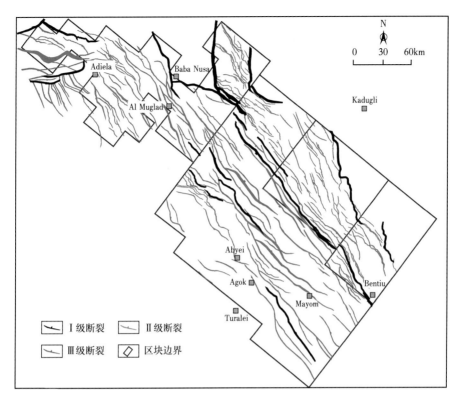

图 2-16 Muglad 盆地 AG 组顶部断裂系统分级图

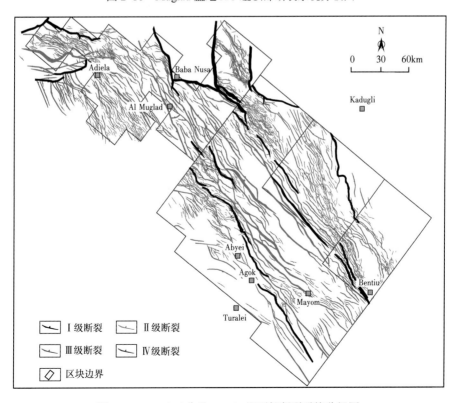

图 2-17 Muglad 盆地 Bentiu 组顶部断裂系统分级图

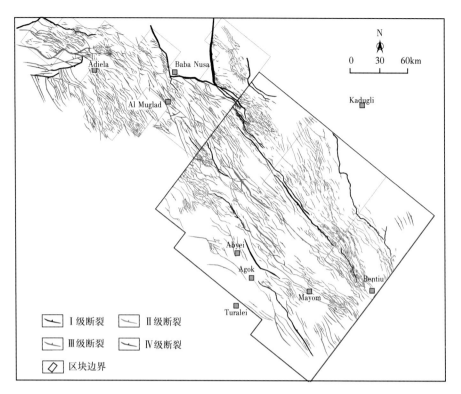

图 2-18 Muglad 盆地 Baraka 组顶部断裂系统分级图

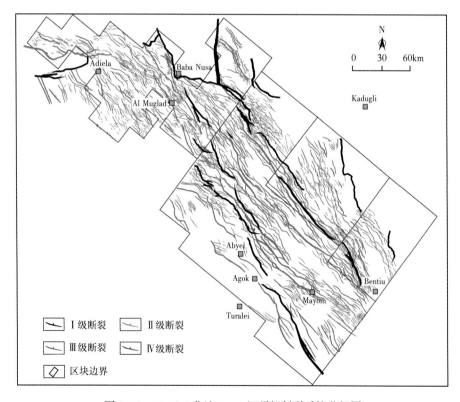

图 2-19 Muglad 盆地 Amal 组顶部断裂系统分级图

3. Ⅲ级断裂

该级别断裂通常控制构造带的分布范围，剖面上断距比较大，平面上延伸较远，其形成时间往往稍晚于前两级断裂，产状受先前断裂的影响较大，如 Sufyan 凹陷西部及东部的多米诺断阶带。Sufyan 凹陷这一级别的断层共发育了 5 条，它们从凹陷的初始断陷期继承性发育，对凹陷构造带、沉积充填特征影响程度较大（图 2-15 至图 2-19）。

4. Ⅳ级断裂

该级别断裂规模较小，数量最多，往往控制单一圈闭，对各构造单元的构造、沉积充填的影响程度小，本次研究中把切穿地层不超过 3 个的同沉积断层与后期断层划分到此级别（图 2-15 至图 2-19）。

（四）动力学特征

断裂的形成和演化是一个复杂的、多因素相互作用的结果，既有区域构造背景的控制，也有断裂所处构造位置小范围因素的影响，是多因素叠加的结果。Muglad 盆地断裂的形成和演化主要经历了早白垩世、晚白垩世和古近纪三个时期，不同时期不同构造位置的断裂及其形成和演化的动力学机制也有差异。

1. 早白垩世

晚三叠世—早侏罗世伴随冈瓦纳大陆的解体，大西洋开始了分段演化，北大西洋的裂开开始于中侏罗世并向南发展，而南大西洋的裂开则是在早白垩世早期并向北发展。由于北大西洋裂开的速度比南大西洋快，在早白垩世的巴雷姆期中非剪切断裂带以北的块体发生大规模地相对向东运动，中非剪切断裂带开始了右行走滑，并在非洲中部形成了区域的伸展构造背景，而临近中非剪切带的地区还受到右行走滑作用的影响，形成张扭应力场（黄彤飞等，2019；张光亚等，2019）。

早白垩世 Muglad 盆地处在大西洋张裂形成的张性应力场和中非剪切带右行走滑的双重影响下，靠近中非剪切带的构造单元，特别是 Sufyan 坳陷，处于张扭性应力作用之下，除了形成大量的高角度正断层之外，靠近中非剪切带的部分断层在剖面中形成花状构造。而远离中非剪切带的构造单元，如 Fula 凹陷、Kaikang 坳陷、Bamboo-Unity 凹陷等构造主要在拉张应力作用下，主要发育一系列高角度正断层，形成地堑、半地堑和断阶等构造。

2. 晚白垩世

晚白垩世早期，南大西洋使南美与非洲板块完全分离，之后大西洋对中非剪切带的影响不再明显，中非剪切带也逐步停止走滑活动，非洲板块此时主要受印度洋快速张开的影响，印度块体的快速北移，在非洲中部形成了伸展应力场。此时，Muglad 盆地内断层主要是继承性发育，断距进一步加大，盆地的几个沉积中心逐步成型。晚白垩世晚期，受非洲板块与欧亚板块之间近南北向碰撞影响，非洲板块内部产生了近南北向挤压应力，由于 Muglad 盆地整体近北西—南东走向，盆地的主控断层与挤压应力场呈大角度斜交，挤压应力大部分消减在断层面之下，对盆地的挤压作用非常微弱，但部分近东西向断层发生反转，断距减小，但尚不足以形成逆断层，盆地边缘有部分 Darfur 群上部被剥蚀。

3. 古近纪

古近纪以来中西非裂谷系盆地主要受到红海裂谷形成的构造事件影响。晚渐新世，红海裂谷开始形成，非洲大陆中部产生了伸展应力场，这期裂谷作用相对较弱。Muglad 盆地在这一时期整体处于拉张应力场作用下，具体表现为继承性断层继续发育，向上延伸，一般终止于 Nayil 组和 Tendi 组，部分新生代发育的断层主要在浅层，向下切割深度小，且断距较继承性断层断距小。

二、构造样式

Muglad 盆地形成的动力学背景决定了该地区发育的主要构造样式为伸展构造样式，晚白垩世末期的挤压应力也诱导产生了少量的正反转构造样式。下面就两类构造样式的类型、特征及分布进行介绍。

（一）伸展构造样式

Muglad 盆地主要的伸展构造样式类型为与正断层相关的构造样式，按照伸展构造样式的组合样式，可将其划分为正断层的简单构造样式和组合构造样式。

1. 简单构造样式

此类构造样式的划分方案有多种，常见的划分方案有两种：Wernicke 等学者的"三分法"和漆家福教授的"四分法"（Wernicke et al，1982；漆家福等，2006）。他们的共同点是考虑了正断层的几何形态和运动学特征，着重考虑断面的产状和断盘的旋转情况，其不同点在于漆家福教授的分类方法更加细化、具体、准确。除了考虑断层的几何形态和运动学特征之外，陈发景教授也着重强调了考虑断层涉及的层位，也即根据是否断到基底，将断层划分为基底卷入型和沉积盖层型两大类（陈发景，2004）。综合参考前人的划分依据，本次研究中采用在考虑基底卷入情况下，着重考虑断面的产状和断盘的旋转情况，将盆地正断层相关的构造样式划分为基底卷入型和沉积盖层型两大类，进而依据断层的产状、断层旋转情况，细化出 8 小种（图 2-20；黄彤飞等，2017）。

1）基底卷入型构造

这类构造变形的特征是断层切入了前寒武系结晶基底。根据断面的产状、断盘旋转情况，可以识别出三种不同类型的基底卷入型构造样式。

基底卷入型旋转平面正断层：其特征为断层产状平直，上盘地层、下盘地层均发生了旋转，断层末端消失在盆地基底之中。它们往往发育在边缘构造高部位向凹陷深部过渡的地带、斜坡部位。Sufyan 凹陷西部斜坡断阶带是典型代表［图 2-20（a）］，剖面上呈现多米诺式断阶，从北向南依次逐阶下掉，断块内地层北倾。

基底卷入型铲式正断层：其特征为断层倾角自上而下逐渐变小，断层末端消失在盆地基底之中。根据上盘地层的逆牵引程度，凹陷中这类断层的相关构造样式可以进一步分为两个亚类：基底卷入型断背斜构造与基底卷入型滚动背斜构造。前者上盘地层受牵引程度较轻，地层自身没有出现等高线的闭合，如图 2-20（b）所示，同沉积断层使得上盘 AG 组发生逆牵引，构造等值线通过断层闭合，而后者地层自身形成了闭合的等值线，即完整背斜。

基底卷入型坡坪状正断层：其特征为断层产状近台阶状，上盘地层发生复杂旋转，断层末端插入盆地基底之中。Sufyan 凹陷南部边界断层的东段属于这类构造样式［图 2-20（c）］。该断层在新生界中的倾角较大，约为 75°，在白垩系中产状变化剧烈，倾角下降到近 0° 后再增至 25° 左右，在基底中产状较为稳定，倾角约为 45°。

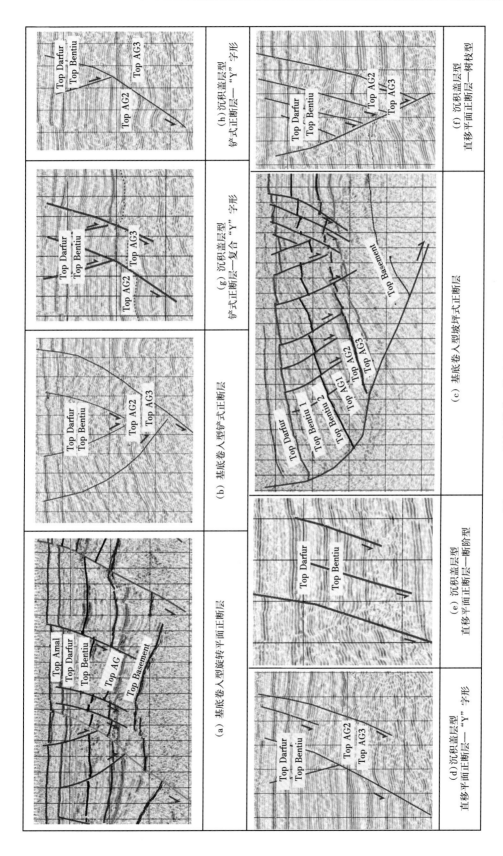

图2-20 正断层的单一构造样式

2）沉积盖层型构造样式

此类构造样式的特征是构造变形发生在沉积盖层中，没有切入前寒武纪结晶基底。根据断面的产状、断盘旋转情况，可以识别出两种类型的沉积盖层型构造样式。

沉积盖层型直移平面正断层及其组合：这类构造样式包含"Y"字形、断阶型和树枝型 3 种。其共同特征为断层面平直，上盘、下盘地层产状未发生旋转或者旋转程度较小。它们往往在凹陷中部构造带上比较发育，且剖面上多表现为"Y"字形或共轭型［图 2-20 （d）、（e）、（f）］。

沉积盖层型旋转平面正断层及其组合：这类构造样式包含单"Y"字形和复合"Y"字形两种。其特征均为断面平直，上盘、下盘地层发生旋转。这类构造样式是凹陷中最为发育的一种，形成的圈闭类型通常为反向断块［图 2-20（g）、（h）］。

2. 组合构造样式

此类组合构造样式为不同期次、不同级别的正断层组合而成。按照其组合方式的不同，可将其划分为似花状构造、同向断阶及反向断垒三种类型。

1）似花状构造

此类构造样式由一系列断层与主控断层倾向相反的次级断层交切组合而成，其剖面形态与典型的正花状构造十分相似，两者的主要区别在于是否具有较大的走滑分量。发育在 Muglad 盆地的似花状构造不具有较大的走滑分量，整体表现为伸展正断层的性质，该构造样式在 Kaikang 坳陷内十分发育，如图 2-21 所示，其主控断层规模大、形成时间早，并在后期持续活动，而次级断层规模小，多为晚期形成的正断层。

2）同向断阶

此类组合构造由一系列规模相似、倾向相同的断层组成，其断层的组合样式表现为"多米诺"样式。该组合主要分布在斜坡位置，倾向指向沉降中心。此类组合在 Sufyan 凹陷西部断裂带、Kaikang 坳陷的斜坡带（图 2-21）、Fula 凹陷的东部斜坡带十分发育。

3）反向断垒

此类组合构造样式由倾向相反、相互邻近的两条正断层构成，其剖面表现形态与典型的地垒构造相似，通常表现为低凸起，作为相邻两个凹陷的分界，如分隔 Sufyan 凹陷与 Nugara 坳陷的 Tomat 凸起，分隔 KaiKang 坳陷与东部坳陷的 Azraq-Shelungo-Unity 凸起及 Nugara 坳陷内部的 Abu Gabra-Sharaf 凸起、KaiKang 坳陷内部的各次凹之间的低凸起（图 2-21）。

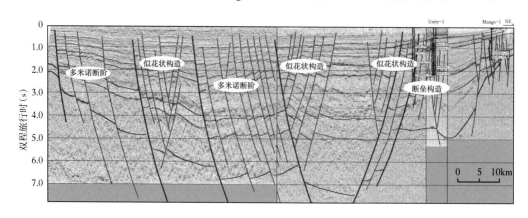

图 2-21　正断层的组合构造样式剖面

（二）反转构造样式

根据反转作用的主要表现形式为断层作用还是褶皱作用，前人将反转构造样式的表现形式划分为断层型与褶皱型，其中前者主要表现为先期断层逆向再活动或新生逆冲断层及组合体系的产生，而后者的主要表现形式为伸展期地层的褶皱作用，具体包括简单断弯型、穿透断展型、简单断弯型、缩截断弯型及简单褶皱型等类型（陈昭年等，1995）；按照形成反转作用应力来源的差异，可将其划分为主动反转作用与被动反转作用（胡望水等，2000），其中前者的动力来源为由于岩浆作用冷却、密度变大，原来热流值大的位置变为热流值小的位置，并发生下沉，从而使得原本伸展的应力条件转换为挤压的应力条件。显然这种机制存在于主动裂谷作用的活动区。而被动反转作用来源为区域挤压应力事件，通常是被动裂谷作用的活动区发生反转的动力来源。Muglad 盆地为典型的陆内被动裂谷盆地（Fairhead et al.，1991；Guiraud，1992；Genik，1993；童晓光等，2004；Keller et al.，2006；张光亚等，2018），盆地内部及周缘的岩浆热液活动十分微弱，同时自早白垩世以来，盆地经历了多期区域性挤压应力事件，因此可知盆地的反转作用机制主要为被动型反转作用。

1. 简单断展型正反转构造样式

该类型的反转构造样式主要特点是先期正断层端部向上、向未变形的地层扩展过程中，盲逆冲断层之上发育背斜，形成扩展背斜构造，同时在断层端部发育向斜。如图 2-22 所示，该边界断层在 AG2 段及以下地层中显示正断层的特征，具有向斜形态，表明 AG2 段及以下地层并未发生反转，而在 Bentiu 组—Amal 组中，地层发生明显地褶皱作用，形成了背斜构造。该逆冲断层在 Amal 组顶部终止，在上覆的 Senna 组—Zeraf 组内形成了扩展背斜构造。

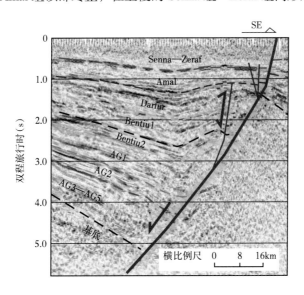

图 2-22　简单断展型正反转构造样式

2. 穿透断展型正反转构造样式

该类型的反转构造样式为简单断展型正反转构造样式的延续，随着反转构造作用的加强，逆冲断层顶部进一步扩展，简单断展褶皱被断层切割，从而形成了穿透性断展型反转构造。此类的反转构造样式在我国松辽盆地的孤店、大安和红岗等构造相似。如图 2-23 所示，先期的正断层在 AG1 段—Darfur 群内部形成了明显褶皱，但 Amal 组产状水平，并未发生褶皱作用，表明该断层在反转过程中将 Darfur 群切穿。

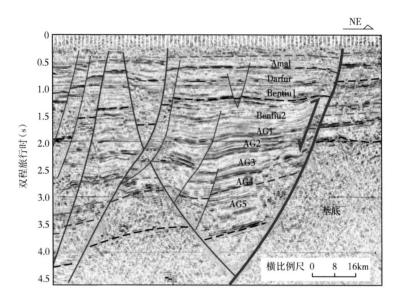

图 2-23　穿透断展型正反转构造样式

第三节　原型盆地及其演化

一、原型盆地分类

盆地类型的划分是基础石油地质研究的重要内容，也是油气资源评价的重要依据之一（童晓光等，2001；陆克政等，2003；张光亚等，2015，2020）。不同类型的沉积盆地具有不同石油地质条件和油气富集规律，因此，石油地质工作者为了系统研究和对比各沉积盆地的石油地质条件和油气勘探前景，需要研究盆地的主要地质构造特征，对盆地进行归纳、总结和分类，用以指导油气勘探的战略部署和长远规划。

沉积盆地是地壳演化过程中形成的一种与山脉相对应的、复杂的地质构造单元。不同时期的不同学者，从不同的出发点，按不同的观点，曾经对沉积盆地提出了不同的划分方案（Wilson，1966；李春昱等，1986；陈发景，1988；陆克政等，2003；温志新等，2012，2016）。20 世纪 70—80 年代对盆地分析这门学科来说是个黄金时代。地质学家对于划分盆地类型时所考虑的因素主要包括：（1）盆地所处的大地构造位置；（2）盆地基底性质；（3）盆地形成时的古应力场；（4）盆地形成时代；（5）沉积环境和沉积相 / 建造；（6）构造变形等。不同的视角可以有不同的盆地分类。可以按盆地的构造属性划分，也可以按盆地的时代属性划分，还可以按盆地的地理环境属性划分。本次研究主要依据盆地的构造属性进行构造类型划分。

板块构造运动强调的是岩石圈的水平运动。由于地壳厚度的变化及热流量、地壳均衡等因素，水平运动又会进一步引发了垂直方向的运动。这些垂向的运动就会导致沉积盆地的形成。控制盆地发育的主要构造因素有以下方面（Condie，1982；Leighton，1991）：（1）盆地基底的类型；（2）是否接近板块边界；（3）最接近的板块边界的类型。首先，盆地基底类型包括陆壳和洋壳及过渡性的地壳和异常的地壳，造成沉积盆地的地壳下降往往有下列原因：（1）地壳由于水平伸展运动或者地表侵蚀作用导致的地壳减薄；（2）岩石圈在冷凝过程中的收缩作用；（3）由于构造或沉积事件的发生导致的地壳和岩石圈变薄。后一种的区域均衡补偿类型导致岩石圈出现弯曲，进而导致远离该地的局部产生下沉和抬升。在大多数的离散板块边界中，前两个因素占主导，而第三个因素则在多数的聚敛板块边界中占主导。而那些板块内部过渡型的以及混合型的一些构造背景要经历多个作用过程的叠加。控制盆地形成的构造是多样的，因此，盆地分析必须吸收、借鉴多方面的资料。原型盆地构造类型划分的原则和依据可以简单概括如下：

（1）板块构造背景：离散背景、聚敛背景、转换背景；

（2）基底性质：大陆地壳、大洋地壳、过渡性地壳；

（3）古应力场：拉张、挤压、剪切；

（4）沉降机制：地壳减薄、地幔—岩石圈增厚、沉积和火山物质载荷、构造载荷、地壳下载荷、软流圈流动；

（5）变形样式：地堑—半地堑、褶皱—冲断构造、花状构造；

（6）盆地结构：断陷＋热沉降、冲断带＋前渊凹陷＋隆起、拉分盆地。

原型盆地是指在盆地发展的某一时期或阶段的地球动力学环境之下，以某种占主导地位的沉降机制形成的较为完整的构造—沉积体系。后期的构造作用常使早期的盆地发生变形，破坏了其原有的完整性。抬升和剥蚀作用可造成早期大型盆地变得支离破碎，原有的盆地边界消失，沉积相带缺乏连续性，甚至也可能导致一些小型盆地完全消失。后期盆地的叠加也可强烈改造早期存在的盆地，不同叠加方式或不同类型盆地的相互叠置可使早期盆地的原始格架变得十分复杂。特别是在盆地和造山带的过渡地带，早期盆地很可能由于强烈的大规模逆冲推覆作用而被构造岩片所掩盖。另外，在某一时期相邻两个盆地的关系也由于后期的构造作用而变得模糊不清。总之，原型盆地越是古老，被改造的期次也就越多，现今的构造面貌也就越复杂，对其恢复的难度也就越大。

一个具体盆地的原型盆地恢复主要包括两个方面：（1）关键地质历史时期原型盆地构造属性／构造类型的恢复；（2）关键地质历史时期原型盆地的空间展布的恢复。关键地质历史时期原型盆地的构造属性／盆地构造类型的厘定，以当时盆地所处的区域大地构造背景和构造应力状态研究成果为基础，严格受控于古大陆／古板块重建的成果。也就是说，区域大地构造研究的成果正确与否，对原型盆地属性的认识具有至关重要的作用。

中外地质学家对于盆地类型的划分方案不同（Wilson，1966；李春昱等，1986；陈发景，1988；陆克政等，2003；温志新等，2012），所需要考虑的划分依据主要包括：（1）盆地所处的大地构造位置；（2）盆地基底性质；（3）盆地所处的地球动力学环境（即盆地形成和演化过程中其所处位置及邻区所发生的构造作用）；（4）盆地形成时代；（5）沉积环境。这里讨论的是盆地的构造类型，前三个方面是划分不同盆地构造类型的基本依据。为了方便不同地质历史时期原型盆地分析，利于学术交流，笔者将盆地构造类型简化为大陆裂谷盆地、被动陆缘盆地、前陆盆地、克拉通盆地、弧前盆地和弧后盆地六大类。

二、原型盆地及其形成演化

原型盆地的性质主要受盆地所处的板块构造位置和古构造应力环境控制。构造变形样式、岩浆活动、沉积充填序列等，都是板块构造位置和古构造应力场条件在不同方面的表现形式，处于次要位置。Muglad 盆地作为一个大型裂谷盆地，原型盆地受裂谷作用及其相关的断裂活动控制。裂谷作用及其相关的断裂活动不仅控制了盆地的几何形态，同时还控制着盆地及其不同构造部位在不同构造演化阶段的性质和沉积充填特征。

Muglad 盆地形成演化过程可以划分为三个裂谷旋回，每个旋回由两个阶段组成：早期为断裂控制的裂陷阶段，形成狭义的裂谷盆地；晚期为较大范围的热沉降阶段，形成上覆于裂谷之上的坳陷盆地。第一裂谷旋回和第二裂谷旋回代表中西非中生代裂谷作用，第三裂谷旋回是东非新生代裂谷作用在 Muglad 盆地的叠加。

第一裂谷作用旋回发生于早白垩世—晚白垩世初期。AG 组是该旋回裂陷阶段的沉积记录；AG 组沉积时期的盆地构造类型属于狭义的裂谷盆地。Bentiu 组是该旋回坳陷阶段的沉积记录。Bentiu 组沉积时期的盆地构造类型属于坳陷盆地。该旋回是中非—西非中生代裂谷作用的早期阶段，代表中非—西非裂谷作用的起始，裂谷作用遍布整个 Muglad 盆地。裂谷作用形成北东—南西走向和北西—南东走向两组正断层，以后者为主。受两组正断层控制，形成多个北东—南西走向和北西—南东走向的地堑和半地堑，控制着多个沉降中心（图 2-24）。每个沉降中心由内向外依次沉积了半深湖亚相—浅湖亚相—滨湖亚相建造。该旋回半深湖亚相暗色泥岩是 Muglad 盆地的主力烃源岩，从而形成了 Muglad 盆地的多个生烃中心（张光亚等，2019）。

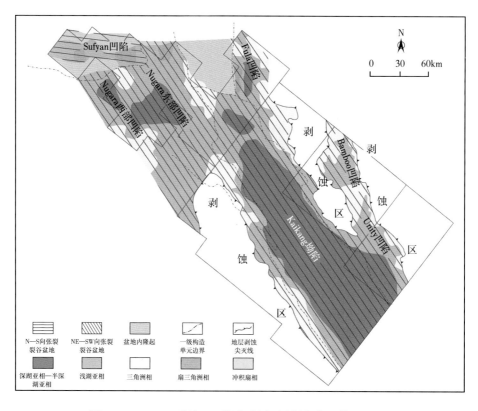

图 2-24　Muglad 盆地 AG 期盆地原型（据张光亚等，2019）

　　第二裂谷旋回发生于晚白垩世—古新世。Darfur 群是该旋回裂陷阶段的沉积记录，Darfur 群沉积时期的盆地构造类型为狭义的裂谷盆地；Amal 组是该旋回坳陷阶段的沉积记录。该旋回是中西非裂谷作用的晚期阶段，代表中西非中生代裂谷作用的结束，裂谷作用与第一旋回的裂谷作用具有一定的继承性，裂谷作用强度有所减弱（张光亚等，2019）。断裂基本上都是早期断裂的复活，盆地轮廓与第一旋回基本一致，地堑、半地堑也继承性发育。最明显的变化是，盆地沉积中心总体东移至 Kaikang 坳陷，其他地区沉降幅度和沉降速率明显放缓，水体变浅，粗碎屑比例加大（图 2-24）。

　　第三裂谷旋回发生于始新世—第四纪。该旋回代表东非新生代裂谷作用波及 Muglad 盆地，裂谷作用主要发生于东部的 Kaikang 坳陷，该地区也是盆地新生代最大的沉降中心。在 Kaikang 坳陷，Nayil 组—Tendi 组是该旋回裂陷阶段的沉积记录；Adok 组—第四系是该旋回坳陷阶段的沉积记录，该旋回盆地的沉积范围明显加大（张光亚等，2019）。

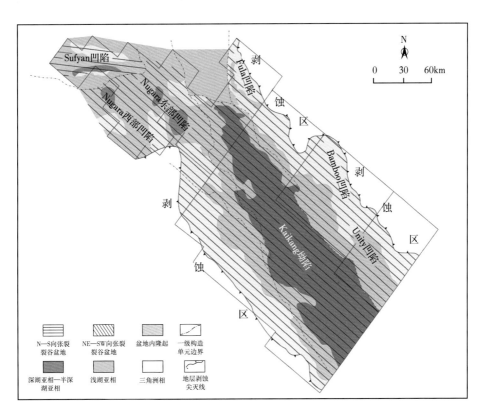

图 2-25　Muglad 盆地 Darfur 期盆地原型（据张光亚等，2019）

本章小结

　　Muglad 盆地划分为 Sufyan 坳陷（Ⅰ）、Nugara 坳陷（Ⅱ）、东部坳陷（Ⅲ）、西部斜坡带（Ⅳ）和 Kaikang 坳陷（Ⅴ）五个一级构造单元，整体呈北西—南东向展布。

　　与盆地三期"断坳"旋回对应，Muglad 盆地断裂存在明显的三期活动，断陷阶段断层活动强烈，坳陷阶段断层活动弱。根据盆地断层活动的时代，将盆地内断层活动分为早白垩世、晚白垩世和新生代的三个断层活动期。同时，根据断裂对盆地构造、沉积影响控制作用的程度以及断裂形成期次的关系，将盆地内断裂分为 4 个级别。Ⅰ级断裂断距大，沿走向延伸远，属于盆地断裂系统中规模最大的一级；Ⅱ级断裂一般为二级构造单元的边界，断距比较大，平面上延伸较远；Ⅲ级断裂通常控制构造带的范围，断距较大延伸较远；Ⅳ级断裂规模最小、数量最多，往往控制单一圈闭，对各构造单元的构造、沉积充填的影响程度小。

Muglad 盆地内主要发育伸展型构造样式，根据断层的性质、几何形态和运动学特征，可以分为简单构造样式和组合构造样式。简单构造样式可进一步分为基底卷入型和沉积盖层型，组合构造样式可进一步分为似花状构造、同向断阶和反向断垒。此外，晚白垩世末和古近纪末期的挤压应力也诱导产生了少量的正反转构造样式，主要表现为断层型反转构造，可进一步分为简单断展型正反转构造和穿透断展型正反转构造。

Muglad 盆地是裂谷盆地。盆地形成演化过程可以划分为三个裂谷旋回，每个旋回由两个阶段组成：早期为断裂控制的裂陷阶段，形成狭义的裂谷盆地；晚期为较大范围的热沉降阶段，形成上覆于裂谷之上坳陷盆地。第一裂谷旋回和第二裂谷旋回代表中非—西非中生代裂谷作用；第三裂谷旋回是东非新生代裂谷作用在 Muglad 盆地的叠加。

第三章　沉积体系与沉积相

沉积体系和沉积相研究是在等时地层格架的基础上，进行沉积相类型识别、单井相分析和地震相划分，进而研究砂岩储层平面展布规律和纵向演化特征，总结沉积模式及预测有利储层分布。等时地层格架强调等时性，即统一的地质历史时间内地层单元，在这个地层单元中进行沉积相和砂体的展布研究，以基准面旋回理论为基础的高分辨率层序地层学提供了等时地层划分和对比的方法及依据（邓宏文等，1995）。以点—线—面沉积相分析为基础，摸清断陷期盆地 AG 组各层段内砂体分布和沉积相演化规律，以期达到预测砂岩储层分布、分析岩性地层有利圈闭形成条件的目的，指导 Muglad 盆地 AG 组的勘探工作。

第一节　盆地沉积特征概述

作为多期裂谷活动控制的陆内裂谷沉积盆地（Mohamed et al.，2001；何碧竹等，2010；吕延仓等，2001），Muglad 盆地内部从下到上发育前寒武系基底、白垩系（Haq et al.，2014）、古近系、新近系、第四系等地层组合，各套地层内部的沉积特征不尽相同。根据目前的勘探实践，AG 组是 Muglad 盆地最主要的烃源岩和储层发育层段，沉积类型多样，沉积体系发育完整，本章将其作为重点研究内容。

一、白垩系

下白垩统发育 AG 组和 Bentiu 组；上白垩统主要为 Darfur 群，自下至上又进一步划分为 Aradeiba 组、Zarqa 组、Ghazal 组和 Baraka 组。

AG 组为泥岩、页岩和砂岩间互，局部夹粉砂岩（Makeen et al.，2015a，b，c，2016a，b）。泥岩以灰黑色为主，偶见灰红色，不含钙质，局部含粉砂质和碳质，已证实是盆地的主要烃源岩。6 区揭露较全剖面显示该组地层下部灰色地层中有棕褐色、红色泥岩、砂岩，中部主要为灰色泥岩夹少量砂岩，上部岩性较粗，砂岩发育。AG 组主要发育 5 种沉积相及对应的亚相，从沉积范围来看，湖相是研究区内发育最广泛的沉积相，而三角洲、辫状河三角洲和扇三角洲则主要沉积于 Muglad 盆地边缘。三角洲相是 AG 组上段和中段主要的沉积相类型，湖泊相在 AG 组各个层序均发育良好，冲积扇相主要发育于 AG 组下段，是同裂谷期早期盆地充填的结果（杨明慧等，2001）。

Bentiu 组主要为大套砂岩组合，砂岩通常呈块状夹薄的粉砂岩和泥岩。砂岩粒级从细到粗变化范围大，偶见砾石。颜色为白色、黄灰色、棕灰色等杂色。本组砂岩在全盆地广泛分布，属辫状河三角洲及辫状河沉积，是盆地的主要储层，全盆地广泛发育。

Aradeiba 组是 Darfur 群中最下面的富含泥质地层组，区域上与下伏 Bentiu 组呈角度不整合及假整合接触。在 Aradeiba 组识别出了 3 种沉积相类型及若干种沉积亚相，但主要发育湖泊相和河流相。盆地主要地区为滨浅湖亚相，沉积相较为稳定，是盆地主要盖层形成时期。

Zarqa 组为砂岩、粉砂岩和泥岩间互，在盆地东南部是主要储层，区域上与下伏 Aradeiba 组呈整合接触；Ghazal 组为砂岩、粉砂岩和泥岩间互，与下伏 Zarqa 组呈整合接触；Baraka 组主要为砂岩夹薄层粉砂质泥岩，上部发育灰色泥质岩夹一些薄砂岩。

二、古近系

古近系发育 Amal 组、Nayil 组和 Tendi 组三套地层。

Amal 组为灰色—黄色大套块状粗粒砂岩，与下伏 Baraka 组突变接触，属于辫状河沉积环境。Nayil 组主要发育 5 种沉积相类型，各凹陷中部地区深层以湖泊相为主要沉积相类型，滨浅湖亚相则分布范围较大，局部发育辫状三角洲沉积，但是规模较小。Tendi 组下段沉积时期与 Nayil 组沉积时期相比，辫状河三角洲沉积发育范围广，湖泊相沉积以深湖亚相—半深湖亚相为主，少量发育冲积平原。Tendi 组上段发育 5 种沉积相，湖泊相和辫状河三角洲相是主要的沉积相类型（叶先灯等，2005）。

三、新近系及第四系

新近系及第四系发育 Adok 组和 Zeraf 组，Adok 组是以砂岩为主的沉积组合，粒度从下往上逐渐变细，局部富含泥质，与下伏 Tendi 组呈整合接触；Zeraf 组发育与 Adok 组类似的一套砂岩组合，与下伏 Adok 组呈不整合接触。

第二节　层序地层格架及地层分布

一、层序边界识别

综合利用 Muglad 盆地地震数据和地质资料，在钻井剖面上，根据测井曲线所显示的岩性组合模式及准层序叠置样式，识别层序地层界面及体系域界面；然后，在地震剖面上，根据上超、削蚀、顶超和下超等地震反射终止关系，识别出层序地层界面；最后，通过合成地震记录将地震剖面上识别的层序界面和测井曲线上识别的层序界面很好地对应起来，经多次校准以保证钻测井层序地层的划分和地震层序的划分相一致。

（一）单井层序地层划分原则

单井层序划分与对比是在确定层序边界即基准面旋回的基础上来进行的，主要以测井资料和岩性地层垂向解释剖面为基础资料，进行垂向相旋回变化分析和作图，以建立层序地层格架。由于缺乏系统的取心资料，在 Muglad 盆地 AG 组开展层序分析时应遵循以下原则。

1. 重点井的选择

在同一盆地不同构造位置的井所反映出的层序发育特征是不同的。在研究中，尽量选择位于凹陷深处、地层发育齐全的深井来进行垂向层序分析，以建立各自凹陷中的垂向层序地层格架，通过测井曲线的深度—时间转化合成地震记录，进行测井—地震对比标定。

2. 利用地震层序来约束测井层序的级次

根据声波曲线制作合成地震记录，并与邻近的实际地震资料反复对比，以提高解释精度。同时，利用地震层序标定测井层序中主要不整合面的位置来限定高级次的钻井层序是至关重要的一步。通过地震层序和沉积环境分析，确认各个时期井所处的盆地古地理背景，从而可宏观了解各时期体系域发育特征，以减少在确定体系域上的失误。由于地震资料与测井资料的分辨率不同，将地震层序边界标定到测井中，对应着测井曲线的一个深度段，即具体的边界位置，需要对这一深度段的测井曲线进一步分析，用这种方法可提高测井层序分析的可靠性。

（二）单井层序地层测井响应

以岩心、测井和岩屑录井等资料开展了 Muglad 盆地层序地层研究，其中测井资料包括自然电位（SP）、自然伽马（GR）、声波时差（DT）、冲洗带电阻率（RMSL）、浅电阻率（RS）和深电阻率（RD）共 6 条电测曲线；录井资料利用了岩性、岩石成分、岩石颜色、粒度、分选、磨圆度、自生矿物等。钻井上按照 AG 组 5 分层序分层方案将 AG 组自下而上划分为 SQa5、SQa4、SQa3、SQa2、SQa1 共 5 个三级层序，划分出了 SSBa、SBa4、SBa3、SBa2、SBa1、SSBb 六个层序界面。

SSBa 和 SSBb 分别对应 AG 组的底界面和顶界面，是研究层段的区域不整合面，分别对应于同裂谷期初始不整合及向后裂谷期转换阶段对应的不整合。SSBa 在隆起区绝大部分钻井中与上覆界面重合，已有钻井显示界面之下发育前中生代基岩，属于区域不整合面。SSBb 为 AG 组和其上 Bentiu 组之间的分界面，可见明显的岩性和电性的突变，如自然伽马（GR）、自然电位（SP）和电阻率曲线等的突变。

SBa4、SBa3、SBa2、SBa1 为 AG 组内部的三级不整合面。钻井资料中相的突变、相缺失及地层叠置样式的变化是识别三级层序界面的一种重要证据。AG 组连井层序对比剖面（图 3-1）表明，盆地内部共发育四种类型的层序界面：进积/退积转换界面、进积/加积转换界面、加积/退积转换界面、进积与退积之间的加积段内部（除断层外），界面上下多为岩性的突变界面。层序构成上，钻井揭示 SQa3 的 GR 值相对最高，是最为富泥的层序；SQa2 层序和 SQa1 层序砂岩逐渐增多，GR 值降低，SQa1 层序最为富砂。SQa4 层序和 SQa5 层序的 GR 值依次降低，层序内砂岩也呈逐渐增多趋势（图 3-1）。

（三）各层序及界面的地震反射特征

地震剖面上，SSBa、SSBb 界面以广泛的削截和地层上超为主要特征，往往反映了由区域性构造运动产生的不整合面。它通常是沉积盆地的顶界面、底界面或"单型"盆地的分界面，以界面以下的变形为特征。二者均属于区域角度不整合面，在盆地及斜坡带发育典型的削截和上超（陶文芳等，2014；汪望泉等，2007）。SSBa 界面之下在大部分地区为基底，呈杂乱反射，在隆起区上覆地层直接超覆其上。SSBb 以界面之下的地层削蚀为典型特征，同时地层超覆反射也十分明显。SBa4、SBa3、SBa2、SBa1 界面以削截、上超和顶超为主要特征。

二、层序地层划分方案与格架

（一）连井层序地层划分原则

连井地震层序地层格架的建立是识别盆地层序地层学结构、研究各层序要素空间展布规律的基础，也是层序地层学三维体解释的首要环节。强调利用高分辨率过井地震剖面的配合，尤其是在确定层序边界、最大湖泛面、初次湖泛面和古水深时，更应强调剖面分析

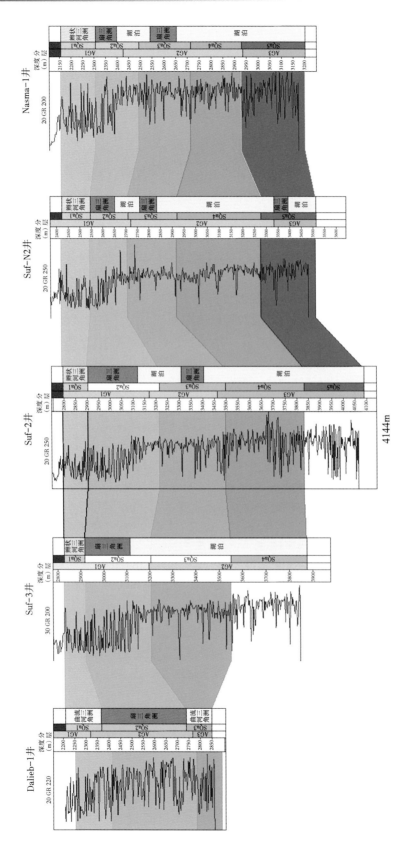

图 3-1　Sufyan凹陷Dalieb-1井—Suf-3井—Suf-2井—Suf-N2井—Nasma-1井连井层序对比

与单井分析的相互校正与印证。根据这些井的层序、体系域类型、沉积相特征及其各微相类型的划分结果，对过井的主干或重点测线（主测线、联络线）进行层序地层划分和沉积相的解译，横向上进行层位外推与闭合，进而确定各级层序边界和主要间断面。根据不整合界面及与之相应的整合界面的特征来划分三级层序，在每一个三级层序内部，根据旋回变化特点进一步划分四级层序。

（二）Muglad 盆地 AG 组层序地层格架

1. Fula 凹陷重点剖面构造—层序地层格架

Fula 凹陷是西侧 Babanusa 隆起和东侧 Nuba 隆起围限的西断东超箕状断陷，内部被断层复杂化（聂昌谋等，2004；Ke et al.，2017），在近东西向剖面上，由西向东，可划分为西部断隆、西部断坡、西部洼陷、中部构造、东部洼陷和东部斜坡。西部断隆主要发育 SQa5 层序、SQa4 层序和 SQa3 层序。SQa2 层序、SQa1 层序在西部断坡尖灭。西部洼陷、中部构造、东部洼陷 AG 组的 5 个层序 SQa5、SQa4、SQa3、SQa2 和 SQa1 发育较全。由北向南：西部洼陷规模扩展，断裂增多，洼陷结构趋于复杂；中部构造规模变大，断裂系统趋于复杂；东部洼陷规模变化较小。东部斜坡北部由西向东 SQa1、SQa2、SQa3、SQa4、SQa5 五个层序依次遭受不同程度的剥蚀，东部斜坡南部缺失 SQa1 层序、SQa2 层序，SQa3 层序部分遭受剥蚀（图 3-2）。

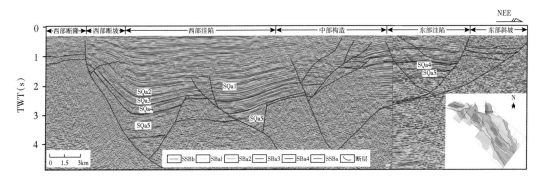

图 3-2 Fula 凹陷南部 AG 组构造—层序地层格架剖面图

2. Sufyan 凹陷重点剖面构造—层序地层格架

Sufyan 凹陷是南侧 Tomat 凸起和北侧 Darfur 隆起围限的南断北超箕状断陷，内部被断层复杂化，在北东—南西向剖面上，由南向北，可划分为南部断坡、南部洼陷、中部构造带、北部洼陷和北部斜坡。南部断坡的高断块主要发育 SQa5 层序、SQa4 层序和 SQa3 层序。南部洼陷 AG 组的 5 个层序发育较全，中部构造和北部洼陷 SQa1 层序和 SQa2 层序不同程度缺失，北部斜坡由南向北 SQa1 层序、SQa2 层序、SQa3 层序依次遭受不同程度的剥蚀（图 3-3）。

3. Bamboo 凹陷重点剖面构造—层序地层格架

Bamboo 凹陷剖面如图 3-4 所示，发育 SQa5、SQa4、SQa3、SQa2、SQa1 共 5 个层序，地层发育较完整。东部陡坡带处沉积的层序厚度较大，往西部厚度逐渐减小。Bamboo 凹陷东侧正断层下降盘，层序厚度明显增大，正断层控制沉积作用较明显（Sun et al.，2014）。SQa2 层序和 SQa1 层序在剖面中部构造高地厚度明显减薄。

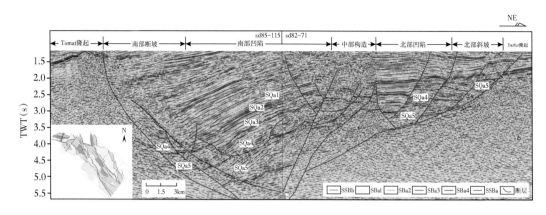

图 3-3　Sufyan 凹陷中部 AG 组构造—层序地层格架剖面图

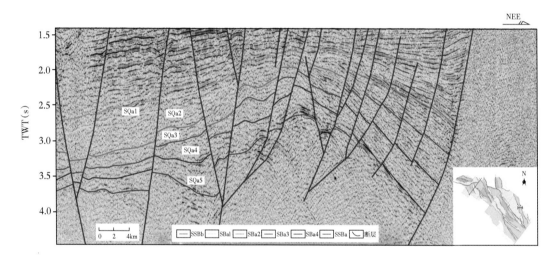

图 3-4　Bamboo 凹陷 AG 组构造—层序地层格架剖面图

第三节　沉积相类型

一、AG 组物源分析

　　通过对区域地质背景及前人研究成果的调研和分析，考虑 Muglad 盆地下白垩统贝里阿斯—巴雷姆阶 AG 组断陷期特征，在剥蚀厚度恢复的基础上进行古地貌恢复，以古地貌恢复为背景、主物源方向为基础，紧紧抓住岩心、测井、地震等资料进行单井沉积相划分，建立单井相剖面。通过连井相对比，结合地震相、地震属性及反演结果和砂地比、砂岩厚度分布平面图等，考虑三角洲与湖泊的地质特征，对研究区沉积相平面展布情况进行了系统性的分析研究。

　　针对 AG 组沉积末期的地层剥蚀，基于可容纳空间 / 沉积物供给动态平衡过程，利用层拉平法消除断层对地层的影响，在地层厚度统计的基础上，对比构造抬升和沉积供给参数，选取合适的基准面，计算苏丹 1/2/4 区 AG 组剥蚀厚度并成图。AG 组厚度剥蚀结果表明在 Shelungo 凸起、西部斜坡带、东南部斜坡带存在大面积的剥蚀，剥蚀厚度

200~2400m。Azraq 陡坡带西侧、中央隆起带西侧存在局部北西—南东向剥蚀，剥蚀厚度 300~900m。同时针对 AG 组各层段进行剥蚀厚度恢复。AG 组各层段地层厚度剥蚀结果表明在 Shelungo 凸起、西部斜坡带、中央隆起带存在不同程度的剥蚀。早期以中央隆起带剥蚀为主，厚度 150~1500m；中期以西部和西南部斜坡带剥蚀为主，厚度 150~1200m；晚期以东北部 Neem-Azraq 带和西部斜坡带剥蚀为主，厚度 75~500m。

针对苏丹 1/2/4 区 AG 组各段，以剥蚀后地震解释为基础，钻遇 AG 组钻井地层厚度为依据，进行全区古地貌恢复；物源供给和沉积中心变化快，总体存在东部、东北部和西北部三个相对稳定的物源，西南部物源不稳定。沉积中心由 AG5 段—AG1 段沉积时期逐渐由南向北迁移，与之前的认识不同。地层厚度统计表明 AG1 段和 AG5 段较薄，AG2、AG3、AG4 段地层厚度较大。

苏丹 Muglad 盆地 AG 组沉积物源主要来自五大隆起带。西部隆起区（中非地盾）是 Nugara 坳陷和 Kaikang 坳陷西部的物源区（范乐元等，2013）；Darfur 隆起区是 Sufyan 凹陷西部和北部物源，也是 Nugara 东部凹陷的西北部物源；Tomat 凸起区是 Sufyan 凹陷的南部物源，同时也是 Nugara 西部凹陷的北部物源；Babanusa 隆起区是 Nugara 东部凹陷的东北部物源，也是 Fula 凹陷的西部物源；Nuba 隆起区是东部坳陷的重要物源。

由于构造背景不同，不同物源区控制的富砂沉积体系有差异（张亚敏等，2002，2006，2007a，2007b，2007c，2008a，2008b；表 3-1）。西部隆起区（中非地盾）是太古宇基底，构造稳定，形成以曲流河三角洲为主的富砂沉积体系。Tomat 凸起区是断垒，主要控制扇三角洲富砂沉积体系。Babanusa 隆起区的西南坡为断阶或陡斜坡，主要控制辫状河三角洲富砂沉积体系；Babanusa 隆起区的东北坡为断坡，主要控制扇三角洲富砂沉积体系。Darfur 隆起区和 Nuba 隆起区为泛非期造山带（Fritz et al.，2013），构造背景复杂，主要控制了辫状河三角洲和扇三角洲富砂沉积体系。由于不同时期、不同隆起区不同部位构造特征的变化，造成不同隆起控制的富砂沉积体系具有明显的多样性。

表 3-1 Muglad 盆地 AG 组沉积物源区及沉积相类型

物源区	发育的主要沉积相
Darfur 隆起区	辫状河三角洲、扇三角洲、曲流河三角洲、湖底扇、滩坝
Tomat 凸起区	扇三角洲、辫状河三角洲、湖底扇
Babanusa 隆起区	扇三角洲、辫状河三角洲、滩坝、湖底扇
Nuba 隆起区	辫状河三角洲、扇三角洲、曲流河三角洲、湖底扇
西部隆起区（中非地盾）	曲流河三角洲、辫状河三角洲、湖底扇、滩坝

二、沉积相识别方法

综合利用岩心、录井、测井、地震等宏观地质地球物理资料及分析测试资料，查明 Muglad 盆地 AG 组发育的沉积相类型，归纳不同沉积相、亚相、微相的岩性、测井、地震等相标志，其中，利用自然伽马和电阻率两种曲线的幅度、形态、顶/底接触关系、光滑程度及其组合特征等建立测井相标志；在全盆地高精度层序地层格架的基础上，依据相序定律和相标志，进行单井垂向及连井剖面、井—震联合剖面和地震剖面不同沉积相的划分对比；通过沉积背景、地震相边界和钻井相控制的方法技术，圈定不同时期不同沉积相的类型和分布范围。

三、单井相和连井相分析

（一）单井相分析

1. 岩心相分析

通过岩心观察可以直观的确定砂泥岩分布、层理特征、水动力条件等，从而判断沉积相类型，分析其纵向演化规律。Muglad 盆地苏丹 4 区东北部陡坡带 Azraq 地区以粒度较粗的细砾沉积为主，发育高能量的平行层理、板状或楔形斜层理、槽状交错层理，远源端发育平行层理和波状交错层理，与泥岩段为突变接触，见明显冲刷面，显示扇三角洲前缘快速近源堆积特征。苏丹 4 区东北部 Neem-Shelungo 地区以块状中—粗粒砂砾岩为主，发育中强—弱能量的平行层理、高角度斜层理、波状交错层理及水平层理，偶见强水流引起的砾石定向排列，至半深湖亚相可形成砂质液化、粒序层理，伴有砂质砾石或泥砾充填、垂直生物潜穴和生物扰动构造，显示辫状河三角洲强—弱水流变换且持续堆积特征。

2. 测井相分析

通过岩心标定的测井曲线可用于进行测井沉积相识别和划分，Muglad 盆地 AG 组沉积相类型包括四大类，包括三角洲前缘、辫状河三角洲前缘和扇三角洲前缘及湖泊相沉积，包括滨浅湖亚相、半深湖亚相、深湖亚相。井震结合识别沉积亚相类型及沉积模板，三角洲、辫状河三角洲和扇三角洲对应不同的测井和地震响应。

选取 Muglad 盆地钻井揭示 AG 组地层较全且代表各凹陷沉积特征的几口井进行沉积相分析，苏丹 1/2/4 区北部 Azraq A-1 井纵向上以三角洲—滨浅湖亚相—半深湖亚相沉积为主，由揭示的 AG5 段—AG1 段，滨浅湖相泥岩与水下分流河道、河口坝薄层砂岩互层逐渐过渡至滨浅湖亚相、半深湖亚相泥岩与薄层席状砂互层，向上至 AG1 段转变为厚层水下分流河道、河口坝与薄层滨浅湖亚相泥岩互层，整体显示一个完整的退积—进积序列。Azraq A-1 井偏南部 Azraq C-4 井，纵向上显示辫状河三角洲—滨浅湖亚相沉积演化，由 AG5 段—AG1 段，厚层水下分流河道、河口坝砂岩与薄层滨浅湖亚相泥岩互层过渡至薄层水下分流河道、河口坝砂岩和滨浅湖亚相泥岩互层，向上至 AG1 段转变为厚层水下分流河道、河口坝砂岩，整体显示一个完整的退积—进积序列。向西进入 Hilba 地区，沉积相类型以半深湖亚相、深湖亚相泥岩与浊积岩为主，由 AG5 段—AG1 段显示以薄层浊积水道与半深湖亚相泥岩互层过渡至深湖亚相厚层泥岩，至 AG1 段逐渐过渡至辫状河三角洲前缘与滨浅湖亚相沉积。

6 区单井相划分以 Fula 凹陷 Moga NE-1 井、Fula Deep-1 井为例论述（图 3-5）。

Moga NE-1 井位于 Moga 三维地震勘探区中部，为辫状河三角洲沉积体系中三角洲前缘亚相，发育水下分流河道、河口坝、分流间湾、远沙坝、席状砂等微相类型，整体从 SQa1—SQa3 层序为向上退积过程，河道砂体从下至上厚度减薄，分流间湾与河口坝、远沙坝等砂体逐渐发育，反映该三角洲逐步退积，砂体缓慢卸载的过程；但 SQa1-1—SQa1-3 层序为一进积过程，测井曲线上呈现反旋回特征 [图 3-5（a）]。

Fula Deep-1 井位于东部斜坡区 FN 三维地震勘探区中部，SQa2—SQa3 层序泥多砂少，呈"泥包砂"特征，为滨浅湖亚相沉积，发育坝砂、湖滩砂、浅湖泥等微相类型；SQa1 层序整体为"砂包泥"，底部发育前三角洲泥沉积；后期三角洲体系进积入湖，该井主要发育前缘亚相，主要微相类型有水下分流河道、河口坝、分流间湾、远沙坝等［图3-5（b）］。

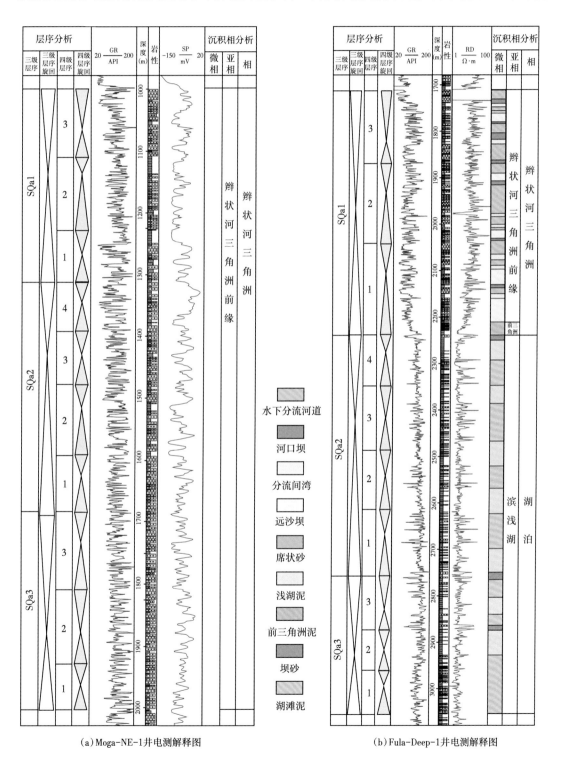

（a）Moga-NE-1井电测解释图　　　　　　（b）Fula-Deep-1井电测解释图

图3-5　Fula凹陷典型单井相划分图

（二）连井相分析

1. 连井剖面相对比

Muglad 盆地东北部 Neem-Azraq 地区沉积相类型包括扇三角洲、三角洲、辫状河三角洲与滨浅湖亚相—半深湖亚相，侧向上显示三种三角洲前缘亚相交替过渡，纵向上显示砂体进积与退积交互。从 Neem 三维地震勘探区西部至 Neem-Azraq 地区 Azraq 北部近剥蚀区，沉积相从辫状河三角洲前缘到半深湖亚相泥岩、浊积岩，至扇三角洲前缘—半深湖亚相泥岩—滨浅湖亚相，向北逐渐变为三角洲前缘；靠近 Shelungo 隆起为辫状河三角洲前缘—滨浅湖亚相—半深湖亚相，向北部过渡为三角洲前缘与滨浅湖亚相沉积，表现为相变快且频繁，水进—水退明显。

苏丹 6 区的 Jake S-4 井—Jake SE-1 井—Moga-2 井—Moga-7 井—Moga E-1 井剖面位于工区北部，呈东西向，西部陡坡带 Jake、Jake S 三维地震勘探区主要发育扇三角洲前缘沉积，从 SQa3—SQa1 层序整体为一进积过程，到 SQa1 层序扇三角洲范围延伸至 Jake SE-1 井处，扇三角洲向湖盆中心可能发育浊积扇沉积；东部缓坡带 Moga 三维地震勘探区主要发育辫状河三角洲前缘沉积，整体为一退积—进积过程，到 SQa2 层序最大湖泛面处三角洲展布范围最小，Moga-2 井、Moga-7 井此时处于滨浅湖亚相，而离物源更近的 Moga NE-1 井则仍然处于辫状河三角洲前缘亚相中，但河道不太发育，以远沙坝、河口坝沉积为主（Wu et al.，2015a，2015b），从 Moga 三维地震勘探区往斜坡带发育一系列滩坝沉积（图 3-6）。

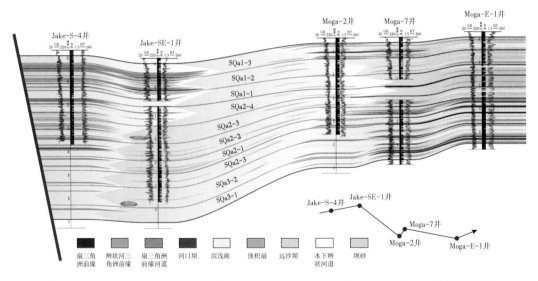

图 3-6　Jake-S-4 井—Jake SE-1 井—Moga-2 井—Moga-7 井—Moga E-1 井连井相剖面

2. 地震剖面相分析

选取了重点凹陷过井典型地震剖面开展地震相分析，希望能较为全面地展示 Muglad 盆地内部不同构造位置、不同类型、不同成因的地震相及对应的沉积体系特征。

1）Fula 凹陷重点剖面地震相及沉积相分析

过 Jake N-1 井剖面位于 Fula 凹陷北部，为一条南西西—北东东向的剖面（图 3-7）。其中，在 Fula 凹陷过 Jake N-1 井地震剖面上［图 3-7（a）］，Fula 凹陷西部断坡带主要发育杂乱前积、楔形发射地震相，东部在 SQa5 时期也发育杂乱前积、楔形发射地震相；

Fula 凹陷东部 SQa4—SQa1 时期主要发育中强振幅、中高连续斜交前积地震相；Fula 凹陷东部和西部发育不同规模的中弱振幅、中低连续波状反射地震相，深洼部位发育中强振幅、中高连续平行—亚平行地震相。

过 Jake N-1 井沉积相剖面上［图 3-7（b）］，SQa5 层序于深洼部位主要发育半深湖沉积，Fula 凹陷东斜坡带发育滨浅湖亚相及小规模扇三角洲，中部半深湖亚相背景上发育辫状河三角洲，西部陡坡带高部位发育滨浅湖亚相，深洼部位发育半深湖亚相，扇三角洲普遍较发育。SQa4 层序于 Fula 凹陷西主要发育半深湖亚相，Fula 凹陷西陡坡带发育扇三角洲，东部斜坡发育滨浅湖亚相，在滨浅湖亚相背景下发育大范围辫状河三角洲。SQa3 层序于 Fula 凹陷西侧主要发育半深湖亚相，构造高部位发育滨浅湖亚相，在滨浅湖亚相背景下发育辫状河三角洲，在中部也发育辫状河三角洲，东斜坡带发育滨浅湖亚相，在滨浅湖亚相的背景下发育辫状河三角洲。SQa2 层序与 SQa1 层序，地层在凹陷边缘普遍缺失，东西两侧在滨浅湖亚相的背景下发育小规模的辫状河三角洲（Zhang et al.，2018）。

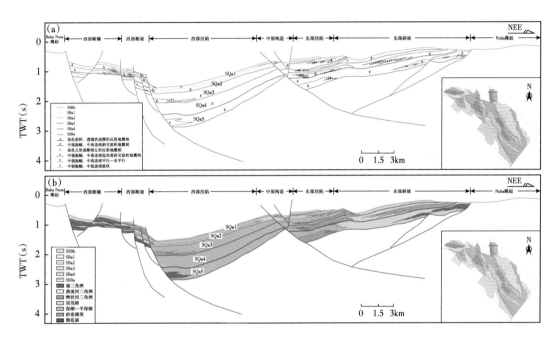

图 3-7　Fula 凹陷过 Jake N-1 井剖面 AG 组地震相（a）、沉积相（b）分析

2）Nugara 坳陷重点剖面地震相及沉积相分析

Nugara 坳陷东部南西—北东向地震剖面显示［图 3-8（a）］，Nugara 坳陷东北部断坡带主要发育杂乱前积、楔形反射地震相，局部发育中强振幅、中高连续斜交前积地震相；Nugara 坳陷西南部主要发育杂乱丘形或断续丘形反射地震相；Nugara 坳陷构造高部位发育不同规模的中弱振幅、中低连续波状反射地震相，深洼部位发育中强振幅、中高连续平行—亚平行地震相。

其沉积相剖面显示出［图 3-8（b）］，SQa5 层序于 Nugara 坳陷东主要发育半深湖亚相，边缘和中部隆起发育滨浅湖亚相，西南端在滨浅湖亚相和半深湖亚相背景上发育曲流河三角洲，东北侧在陡坡带上发育扇三角洲，同时中部 Tomat 凸起南侧水下低凸起发育砂质滩坝。SQa4 层序，Nugara 东部凹陷主要发育半深湖亚相，两侧边缘和中部隆起发育滨浅湖亚相，只在西部发育部分曲流河三角洲。SQa3 层序和 SQa2 层序在西南端斜坡发育曲流河三角洲，中部凹陷部位发育辫状河三角洲。SQa1 层序发育少量曲流河三角洲、辫状河三角洲和扇三角洲，在东北端构造高部位发育有砂质滩坝。

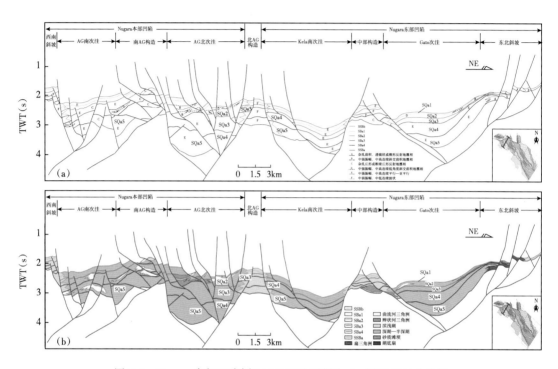

图 3-8 Nugara 东部凹陷剖面 AG 组地震相（a）、沉积相（b）分析

3）Sufyan 凹陷重点剖面地震相及沉积相分析

过 Nugara 西部凹陷西部、Tomat 凸起、Sufyan 凹陷东部的南西—北东向地震剖面［图3-9（a）］，其东北部断坡带主要发育杂乱前积、楔形反射地震相，局部发育中强振幅、中高连续斜交前积地震相和断续丘形反射地震相，斜坡带发育中强振幅、中高连续斜交前积地震相和局部的中强振幅、中高连续低角度斜交前积地震相；西南部断坡带发育小规模中强振幅、中高连续斜交前积地震相和中强振幅、中高连续低角度斜交前积地震相；构造高部位发育不同规模的中弱振幅、中低连续波状反射地震相，局部有断续丘形反射地震相，深洼部位发育中强振幅、中高连续平行—亚平行地震相。

在其沉积相剖面［图3-9（b）］上，SQa5 层序在凹陷主要发育半深湖亚相，在西南端发育大规模的曲流河三角洲，西南斜坡带发育小规模半深湖亚相。中部 Tomat 凸起地层缺失，在东北端斜坡带发育大规模的辫状河三角洲，Tomat 凸起断坡带发育扇三角洲。SQa4 层序在西南斜坡带主要发育滨浅湖亚相，在此背景上发育小规模的曲流河三角洲、辫状河三角洲。在凹陷东北端主要发育半深湖亚相，在半深湖亚相的背景上发育小规模的扇三角洲、辫状河三角洲。SQa3 层序以东北侧曲流河三角洲沉积为主。SQa2 层序和 SQa1 层序在西南斜坡带有缺失，在东北斜坡带主要发育半深湖亚相和小规模的辫状河三角洲、扇三角洲（Yassin et al.，2017）。

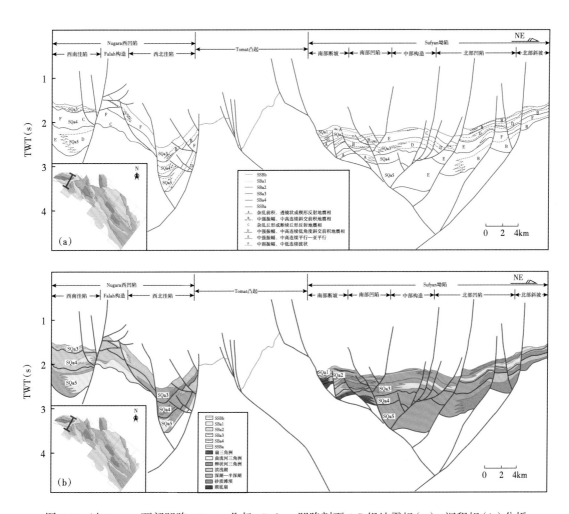

图 3-9　过 Nugara 西部凹陷 -Tomat 凸起 -Sufyan 凹陷剖面 AG 组地震相（a）、沉积相（b）分析

4）西部斜坡—Azraq 凸起重点剖面地震相及沉积相分析

西部斜坡—Azraq 凸起剖面横跨西部斜坡带、Kaikang 北凹陷、Azraq 凸起，为研究区内的一条北东—南西向剖面（图 3-10）。

在该地震剖面［图 3-10（a）］上，西部缓坡带主要发育中强振幅、中高连续低角度斜交前积地震相，Azraq 凸起主要发育大规模中强振幅、中高连续低角度斜交前积地震相，SQa1 层序在 Kaikang 坳陷北部凹陷局部发育断续丘形反射地震相，Kaikang 坳陷北部凹陷东洼发育中强振幅、中高连续平行—亚平行地震相，中弱振幅、中低连续波状反射地震相广泛发育。

其沉积相剖面［图 3-10（b）］上，SQa5 层序、SQa4 层序和 SQa3 层序主要发育滨浅湖沉积，西部缓坡带在滨浅湖背景上发育曲流河三角洲，Kaikang 坳陷北部凹陷东洼有半深湖沉积，Azraq 凸起带上发育大规模曲流河三角洲。SQa2 层序主要发育滨浅湖亚相沉积，剖面中大范围发育曲流河三角洲沉积。SQa1 层序主要发育滨浅湖亚相沉积，西部在滨浅湖亚相背景上发育曲流河三角洲，Kaikang 坳陷北部凹陷发育局部辫状河三角洲，Azraq 凸起带上发育小规模曲流河三角洲。

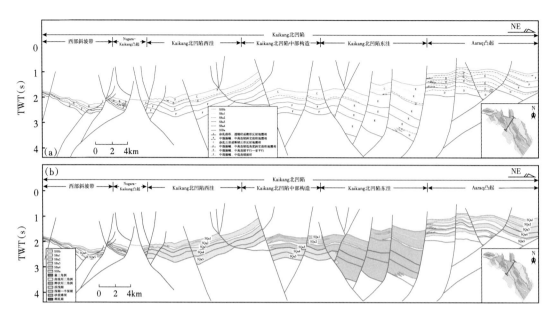

图 3-10　过西部斜坡带—Azraq 凸起剖面 AG 组地震相（a）、沉积相（b）分析

5）Kaikang 西断阶带—Bamboo 凹陷重点剖面地震相及沉积体系分析

Kaikang 西断阶带—Bamboo 凹陷重点剖面横跨 Kaikang 西断阶带、Kaikang 坳陷北部凹陷、Kaikang 东断阶带、Azraq‑Shelungo‑Unity 凸起和 Bamboo 凹陷，是研究区内的一条南西西—北东东向剖面（图 3-11）。

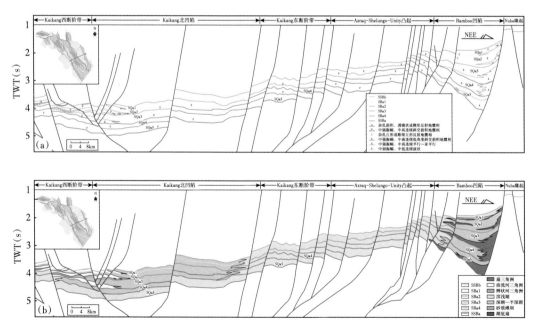

图 3-11　过 Kaikang 西断阶带—Bamboo 凹陷剖面 AG 组地震相（a）、沉积相（b）分析

其中地震剖面上，Bamboo 凹陷东部断坡带主要发育杂乱前积、楔形反射地震相，局部发育断续丘形反射地震相。Kaikang 西断阶带发育中强振幅、中高连续低角度斜交前积地震相；构造高部位 Kaikang 东断阶带和 Azraq-Shelungo-Unity 凸起发育中弱振幅、中低连续波状反射地震相，深洼部位发育中强振幅、中高连续平行—亚平行地震相。

沉积相剖面上，SQa5 层序、SQa4 层序在 Bamboo 凹陷东侧陡坡带主要发育大量扇三角洲沉积，中部发育滨浅湖亚相沉积。SQa3 层序、SQa2 层序和 SQa1 层序在 Kaikang 东断阶带和 Azraq-Shelungo-Unity 凸起发育滨浅湖亚相，在 Bamboo 凹陷东侧半深湖亚相背景上发育大量扇三角洲，Kaikang 西断阶带发育大规模曲流河三角洲沉积，物源主要来自西部隆起区。

四、地震相平面分布

地震相划分标准包括地震几何特征（外部形态和内部结构）和物理特征（振幅、频率和连续性），结合上述建立的井—震标准，依据层序地层划分结果，即 AG1 段大致对应 SQa1 层序 +SQa2 层序上部；AG2 段大致对应 SQa2 层序下部 +SQa3 层序上部；AG3 段大致对应 SQa3 层序下部；AG4 段大致对应 SQa4 层序 +SQa5 层序上部；AG5 段大致对应 SQa5 层序中下部。

SQa5 层序对应 AG4 段下部—AG5 段，其主要地震相平面分布（图 3-12）特征如下：杂乱前积、楔形或透镜状反射地震相分布于断陷的控盆或控凹断裂附近，呈规模不等的裙带状分布，主要分布于 Tomat 凸起南北两侧断坡带、Gato 凹陷东侧断坡带、Fula 凹陷西侧断坡带、Kaikang 北凹陷北侧和 Bamboo 凹陷东侧断坡带。中强振幅、中高连续斜交前积地震相主要分布于凹陷陡斜坡，如 Sufyan 凹陷北侧、Gato 凹陷东侧及北侧、Fula 凹陷北侧、Kaikang 北凹陷东侧、Bamboo 凹陷和 Unity 凹陷东侧及西部斜坡带局部。中强振幅、中高连续低角度斜交前积地震相分布于凹陷缓斜坡，如西部斜坡带、Sufyan 凹陷西北侧和 Fula 凹陷东侧。杂乱丘形反射地震相主要分布在 Kaikang 北凹陷深洼区（图 3-12）。

SQa4 层序对应 AG4 段上部，其主要地震相平面分布（图 3-13）特征如下：杂乱前积、楔形或透镜状反射地震相分布于 Tomat 凸起南北两侧断坡带、Fula 凹陷西侧断坡带和 Bamboo 凹陷东侧断坡带。中强振幅、中高连续斜交前积地震相主要分布于 Sufyan 凹陷北侧、Gato 凹陷东侧及北侧缓坡地带、Fula 凹陷北侧东侧缓坡带、Kaikang 北凹陷东侧、Bamboo 凹陷和 Unity 凹陷东侧缓坡带，西部斜坡带局部分布。中强振幅、中高连续低角度斜交前积地震相分布于凹陷缓斜坡，主要在西部斜坡带、Nugara 西部凹陷西北侧和 Fula 凹陷东南侧缓坡带。

SQa3 层序对应 AG2 段下部—AG3 段，其主要地震相平面分布（图 3-14）特征如下：杂乱前积、楔形或透镜状发射地震相分布于 Bamboo 凹陷东侧、Fula 凹陷西侧和 Gato 凹陷东侧断坡带。中强振幅、中高连续斜交前积地震相主要分布于 Tomat 凸起南北两侧、Sufyan 凹陷北侧、Gato 凹陷东南侧、Fula 凹陷北部东侧、Kaikang 北凹陷东侧、Bamboo 凹陷和 Unity 凹陷东侧。中强振幅、中高连续低角度斜交前积地震相分布于凹陷缓斜坡，如西部斜坡带、Nugara 西部凹陷西北侧和 Fula 凹陷东南侧。杂乱丘形反射地震相主要分布在 Kaikang 北凹陷和 Sufyan 凹陷深洼区。

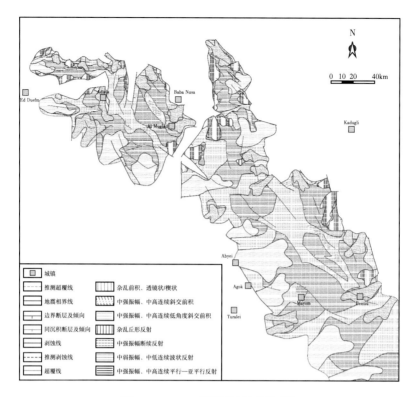

图 3-12　SQa5 层序地震相平面图

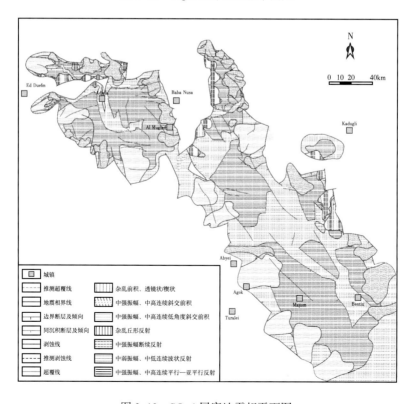

图 3-13　SQa4 层序地震相平面图

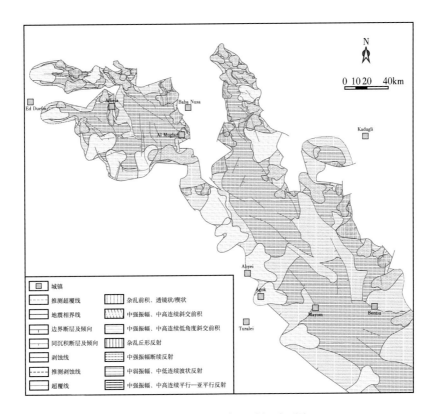

图 3-14　SQa3 层序地震相平面图

SQa2 层序对应 AG1 段下部—AG2 段上部，其主要地震相平面分布（图 3-15）特征如下：杂乱前积、楔形或透镜状反射地震相分布于 Fula 凹陷西侧断坡带、Sufyan 凹陷西北侧和 Bamboo 凹陷东侧。中强振幅、中高连续斜交前积地震相主要分布于 Tomat 凸起南北两侧、Sufyan 凹陷北侧、Gato 凹陷东南侧、Fula 凹陷北侧东侧、Kaikang 北凹陷东侧西北侧、Bamboo 凹陷和 Unity 凹陷东侧。中强振幅、中高连续低角度斜交前积地震相分布于西部斜坡带、Nugara 西部凹陷西南侧、Gato 凹陷南北两侧和 Fula 凹陷东南侧。

SQa1 层序对应 AG1 段上部，其主要地震相平面分布（图 3-16）特征如下：杂乱前积、楔形或透镜状发射地震相分布于 Fula 凹陷西侧、Sufyan 凹陷南侧、Kaikang 北凹陷东侧和 Bamboo 凹陷东侧。中强振幅、中高连续斜交前积地震相主要分布于 Tomat 凸起南侧、Sufyan 凹陷北侧、Gato 凹陷东南侧、Fula 凹陷北部东侧及北侧、Kaikang 北凹陷北部西北侧、Bamboo 凹陷和 Unity 凹陷东侧。中强振幅、中高连续低角度斜交前积地震相分布于 Sufyan 凹陷、Gato 凹陷、Kaikang 坳陷、Bamboo 凹陷。

五、主要沉积相类型

结合地震、测井、录井及岩心分析化验资料开展沉积学综合分析表明，Muglad 盆地 AG 组发育的沉积相类型有扇三角洲、辫状河三角洲、曲流河三角洲、湖泊、湖底扇，下面将对各个沉积体系的特征分别展开论述。

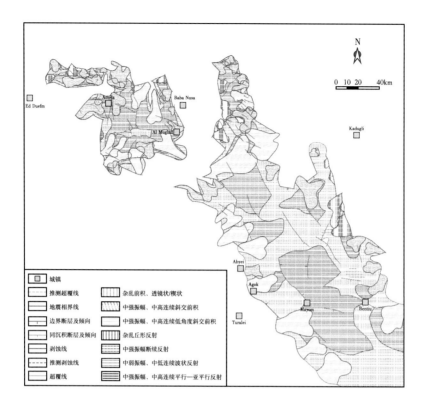

图 3-15　SQa2 层序地震相平面图

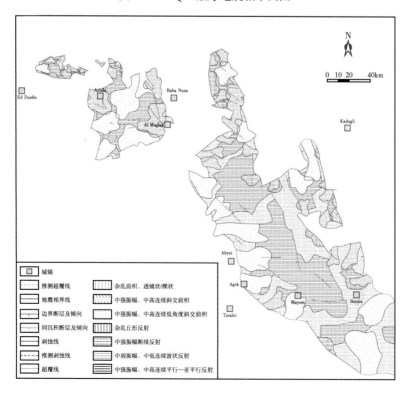

图 3-16　SQa1 层序地震相平面图

（一）扇三角洲相

扇三角洲是指冲积扇推进到覆水盆地（海或湖泊）中形成的沉积体。一般靠近盆缘断裂发育，紧邻物源区。形成过程中冲积扇提供沉积物并主要发育于水下。根据沉积环境和沉积物特征，把扇三角洲划分为扇三角洲根部、扇三角洲前缘和前扇三角洲 3 个亚相。在地震剖面上表现为中弱振幅、中低连续楔形杂乱前积反射结构（图 3-17）。

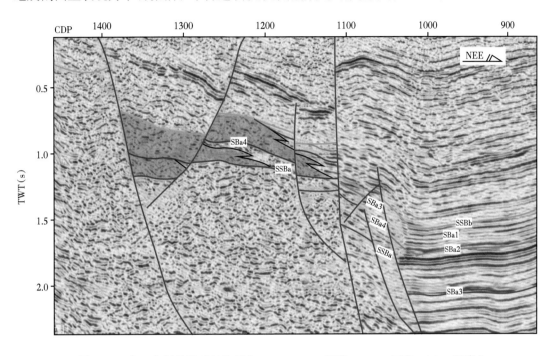

图 3-17　扇三角洲地震反射特征（Fula sd85-658 测线，SQa4 层序、SQa5 层序）

1. 扇三角洲平原

扇三角洲根部局限于扇三角洲紧邻控陷断裂，由泥石流和水道沉积组成。泥石流沉积一般由砾石、砂、泥混杂堆积而成，分选及磨圆度极差，砾石成分复杂，可见正递变层理、反递变层理，砾石长轴往往不具定向性。水道沉积由砾岩、砂砾岩、含砾粗砂岩组成，沉积物分选及磨圆度较好，成分以石英、长石为主，砾石多呈叠瓦状排列或定向排列，可见大型斜层理、大型交错层理。测井曲线多为带小锯齿的中高幅箱形。扇三角洲根部研究区分布极为局限，没有发现钻井揭示，地震上也很难识别。

2. 扇三角洲前缘

扇三角洲前缘由近端坝和远端坝沉积组成。近端坝主要由砾岩、砂砾岩、含砾粗砂岩、粗砂岩组成，夹薄层暗色粉砂质、泥质沉积（图 3-18）。可见大型斜层理、大型交错层理、叠瓦状排列或定向排列的砾石，砾石成分复杂，磨圆度多变，以次棱角状—次圆状为主［图 3-19（a）］。远端坝由含砾粗砂岩、粗砂岩、中砂岩、细砂岩、粉砂岩与暗色泥岩不等厚互层组成（图 3-18）。靠近近端坝的含砾粗砂岩、粗砂岩、中砂岩中可见大型斜层理、大型交错层理［图 3-19（a）］；靠近远端坝的细砂岩和粉砂岩中发育波纹交错层理、波纹层理、缓波纹层理［图 3-19（b）］，常夹碎块状或絮状碎屑流砂泥混杂堆积，以及具变形层理的液化流堆积［图 3-19（b）］。

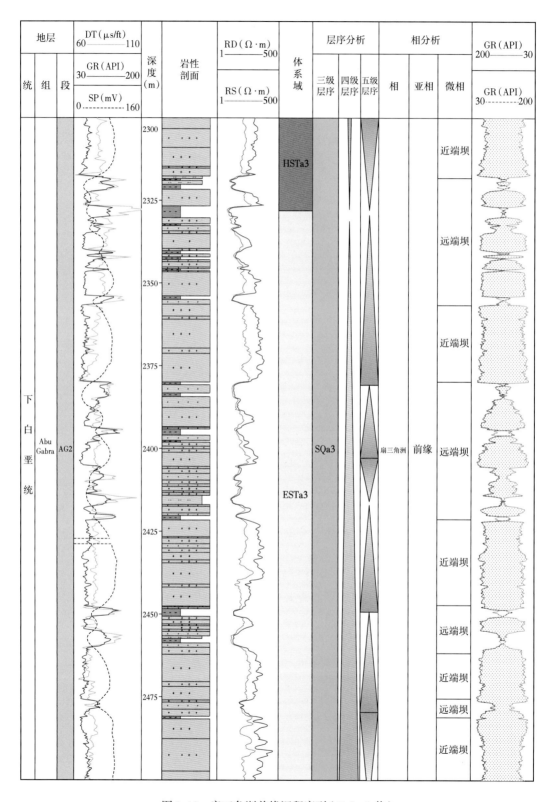

图 3-18 扇三角洲前缘沉积序列（Zafir-1 井）

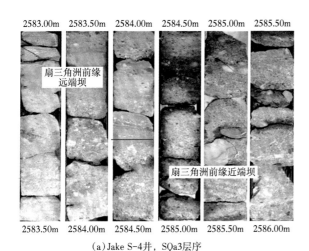

（a）Jake S-4井，SQa3层序　　　　　　（b）Suf-2井，SQa3层序

图 3-19　扇三角洲近端坝和远端坝沉积

（二）辫状河三角洲相

辫状河三角洲为由辫状河道进积到水体所形成的粗碎屑三角洲复合体。辫状河三角洲主要在盆地的陡斜坡发育。辫状河三角洲可划分为三角洲平原、三角洲前缘和前三角洲 3 个亚相。辫状河三角洲在地震剖面上表现为中强振幅、中高连续斜交前积（图 3-20）。

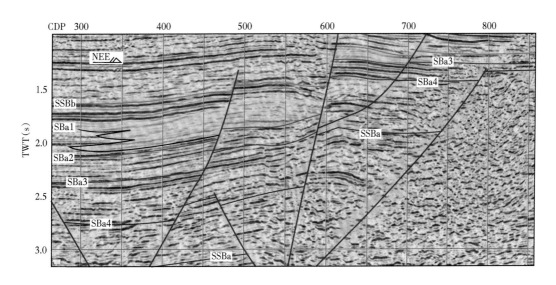

图 3-20　辫状河三角洲的地震反射特征（Fula sd98-03 井，SQa2 层序）

1. 辫状河三角洲平原

辫状河三角洲平原主要由辫状河道和河道间沉积组成。辫状河道沉积主要岩石类型有砂砾岩、含砾粗砂岩、粗砂岩和中砂岩，砾石定向排列，发育大型交错层理。测井曲线以高电阻率、低自然伽马值、自然电位负高值的钟形或箱形为特征。河道间沉积的岩石类型主要为灰绿色、紫红色粉砂岩、泥质粉砂岩、粉砂质泥岩、泥岩，多为块状层理。测井曲线以中低电阻率、中高自然伽马值、中低自然电位值为特征。Muglad 盆地 AG 组的 5 个

层序，辫状河三角洲平原沉积分布均极为局限，没有发现钻井揭示，地震上也很难识别。

2. 辫状河三角洲前缘

在辫状河三角洲前缘识别出河口坝相和远沙坝相（图 3-21）。

辫状河三角洲河口坝的岩石类型主要有砂砾岩，含砾粗砂岩，粗砂岩，中砂岩，细砂岩，砂岩单层厚度多大于 5m，可夹泥岩，泥岩单层最大厚度不超过 10m。含砾粗砂岩、粗砂岩和中砂岩中发育大型交错层理、块状层理，含砾粗砂岩见砾石定向排列（图 3-22）。细砂岩见包卷层理和生物扰动构造。

辫状河三角洲远沙坝的岩石类型主要有中砂岩、细砂岩，与暗色粉砂岩、泥质岩不等厚互层，砂岩单层厚度最大不超过 5m，泥岩单层厚度多超过 10m。中砂岩及部分细砂岩中发育大型交错层理、块状层理（图 3-22、图 3-23）。细砂岩、粉砂岩见包卷层理、生物扰动构造、波纹层理、波纹交错层理及泥底辟形成的火焰状构造（图 3-23）。

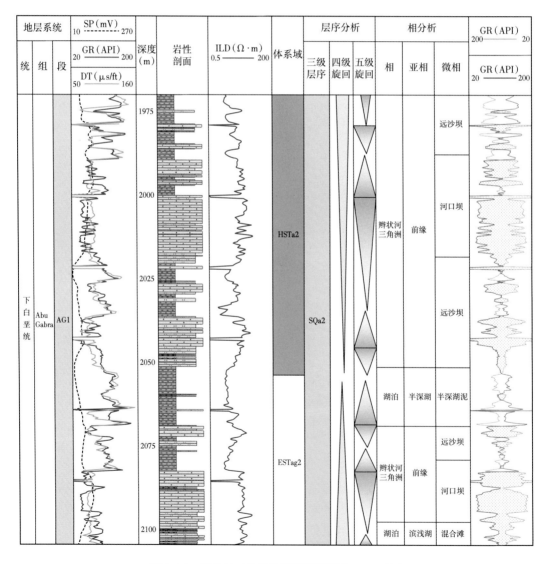

图 3-21 辫状河三角洲前缘沉积序列（FN-76 井）

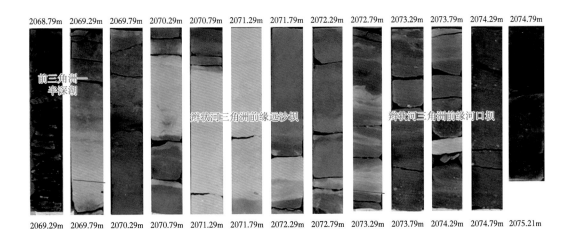

2068.79m　2069.29m　2069.79m　2070.29m　2070.79m　2071.29m　2071.79m　2072.29m　2072.79m　2073.29m　2073.79m　2074.29m　2074.79m

2069.29m　2069.79m　2070.29m　2070.79m　2071.29m　2071.79m　2072.29m　2072.79m　2073.29m　2073.79m　2074.29m　2074.79m　2075.21m

图 3-22　辫状河三角洲河口坝、远沙坝及半深湖沉积（FN-67 井，SQa2 层序）

3. 前三角洲

前三角洲沉积主要由暗色粉砂岩、泥质粉砂岩、粉砂质泥岩、泥岩组成，可见块状层理、水平层理（图 3-23），夹湖底扇沉积。

图 3-23　辫状河三角洲远沙坝沉积（Sufyan E-2 井，SQa3 层序）

（三）曲流河三角洲相

曲流河三角洲是曲流河携带大量陆源碎屑长距离搬运在海（湖）盆地的河口区沉积，形成近于顶尖向陆的三角形沉积体。研究区的曲流河三角洲发育在地势平缓的凹陷缓坡带部位，在地震上主要表现为中强振幅、中高连续低角度斜交前积反射地震相。可以识别出三角洲平原、三角洲前缘和前三角洲三个亚相，以前缘亚相最发育（图 3-24）。

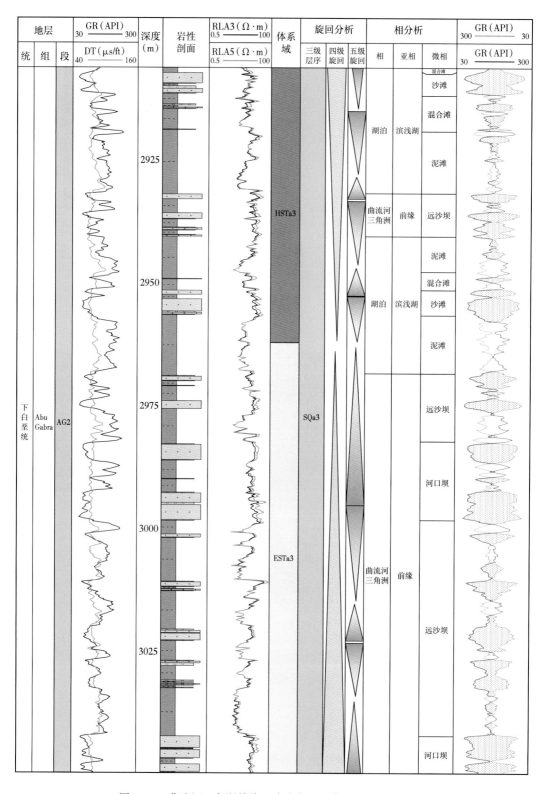

图 3-24　曲流河三角洲前缘—滨浅湖沉积序列（Canar-1 井）

1. 三角洲平原

三角洲平原亚相为典型的"泥包砂"组合,以灰色、灰绿色泥岩为主,夹较厚层的中细砂岩或薄层砂岩。自然电位幅度一般较高,地震剖面上一般呈中等振幅、中连续反射特征,局部为透镜状反射。研究区 AG 组曲流河三角洲平原沉积分布极为局限,没有发现钻井揭示,地震上也很难识别。

2. 三角洲前缘

在曲流河三角洲前缘识别出河口坝和远沙坝微相。曲流河三角洲河口坝的岩石类型主要有中砂岩、细砂岩,少见含砾砂岩、粗砂岩,砂岩单层厚度多大于 2m,可夹泥岩,泥岩单层最大厚度不超过 10m。含砾砂岩、粗砂岩和中砂岩中发育大型交错层理、块状层理,细砂岩见小型交错层理(图 3-25)。曲流河三角洲远沙坝的岩石类型主要为细砂岩与暗色粉砂岩、泥质岩不等厚互层,砂岩单层厚度最大不超过 5m,泥岩单层厚度多超过 2m。部分细砂岩中发育大型交错层理、块状层理,部分细砂岩、粉砂岩见生物扰动构造、波纹层理、波纹交错层理(图 3-25)。

3. 前三角洲

前三角洲以深灰色、灰色泥岩、粉砂质泥岩为主夹薄层粉砂岩和泥质粉砂岩,自然电位呈平缓低幅特征。在前三角洲泥质沉积物中常夹碎屑流成因的湖底扇沉积(图 3-25)。

图 3-25 曲流河三角洲前三角洲—深湖—湖底扇沉积特征(Suttaib SW-1 井,SQa4 层序)

(四)湖泊相

湖泊相区分出滨湖、浅湖和半深湖 3 个亚相。滨湖亚相是位于湖泊洪水位与枯水位之间的湖泊地带,浅湖亚相是位于湖泊枯水位与湖泊浪基面之间的湖泊地带。半深湖亚相是位于湖泊浪基面之下、湖水较为平静的湖区。由于湖水位经常波动,滨浅湖亚相沉积难于明显区分,故将滨湖亚相和浅湖亚相合并,称之为滨浅湖亚相。在对湖泊相的研究中将湖泊相划分为滨浅湖亚相和半深湖亚相。

1. 滨浅湖亚相

根据滨浅湖亚相的环境特征和沉积物特征,将滨浅湖亚相划分为泥滩、混合滩和沙滩 3 个沉积微相(图 3-26)。滨浅湖亚相在地震上多表现为中弱振幅、中低连续亚平行或波状反射结构(图 3-27)。

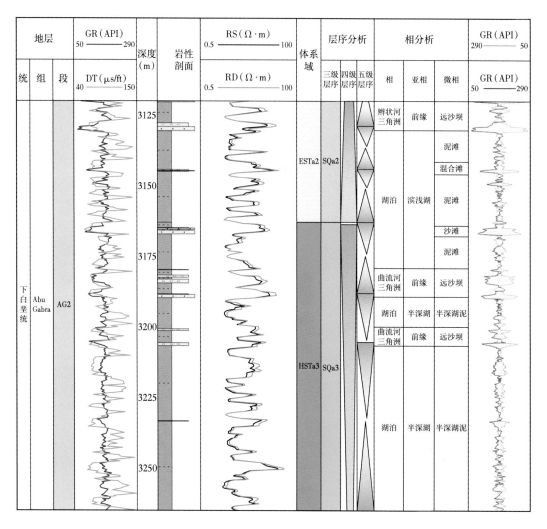

图 3-26　湖泊相沉积序列（Higra-1 井，SQa3）

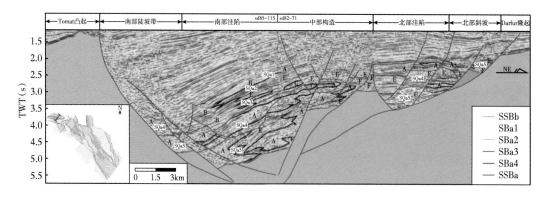

图 3-27　不同沉积相的地震反射特征

A—杂乱前积、透镜状（断坡背景下发育的扇三角洲）；B—中强振幅、中高连续斜交前积（陡斜坡背景下发育的辫状河三角洲）；C—杂乱丘形（断坡背景下发育的扇三角洲或湖底扇）；D—中强振幅、中高连续平行—亚平行（深洼背景下发育的半深湖亚相）；E—中弱振幅、中低连续波状（深洼背景下发育的滨浅湖亚相）

　　滨浅湖泥滩是陆源粗碎屑供应较贫乏，水体较为平静、水动力条件较弱的滨浅湖地带。其沉积物主要为灰绿色、灰色泥岩、粉砂质泥岩，夹钙质泥岩或泥灰岩，发育水平层理、透镜状层理，常见生物扰动构造（图3-28）。

　　滨浅湖混合滩是陆源粗碎屑间歇性供应，水体较为动荡的滨浅湖地带。其沉积物主要为泥岩、粉砂质泥岩、钙质泥岩与粉砂岩、细砂岩薄互层。发育水平层理、透镜状层理、低角度交错层理、波纹交错层理（图3-28）。

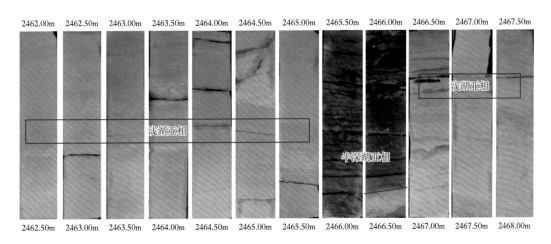

图3-28　浅湖—半深湖沉积（Jake S-4井，SQa3层序）

2. 湖底扇

　　湖底扇是在陡坡（包括断裂陡坡、挠曲陡坡、沉积陡坡）背景下，由重力流（滑塌、碎屑流等）搬运的碎屑物质，在湖底堆积形成的扇形沉积体。湖底扇主要分为滑塌堆积、碎屑流沉积两种沉积类型，相带上可分为内扇和外扇两个亚相带。内扇主要由滑塌堆积和碎屑流沉积组成，外扇主要由碎屑流沉积组成。湖底扇体系在地震剖面上多为双向下超的杂乱丘形反射特征，测井曲线以中高电阻率、中低自然伽马值、中高自然电位负异常为特征，呈齿化钟形、漏斗形和箱形（图3-29）。

　　1）滑塌堆积

　　滑塌堆积是近邻陡坡的湖盆边缘高部位先前堆积的沉积物在一定触发条件下发生滑塌，沿斜坡滑动，在斜坡的坡度变缓部位或湖底堆积形成的沉积体。其沉积物类型多样，主要特征是砂质和泥质沉积为独立的块体，具滑动错断、滑塌搅混、包卷层理的滑动变形构造。

　　2）碎屑流沉积

　　碎屑流沉积是由砾、砂、泥、水的混合体，在泥和水构成的基质的支撑下，在自身重力作用下，沿斜坡流动，在斜坡坡度变缓部位或湖底堆积形成的沉积体。根据砾、砂、泥的相对含量，碎屑流可分为砂砾质碎屑流和砂泥质碎屑流。砂砾质碎屑流沉积为砂砾混杂的砂砾岩，砾石长轴杂乱排列，多发育于近源的扇三角洲背景。砂泥质碎屑流沉积为砂、泥及泥砾混杂的含泥砾泥质砂岩，泥质不均匀富集呈不规则条带状，在各类三角洲前方的前三角洲和半深湖亚相区都较为常见。砂质碎屑流沉积的单层砂岩厚度多在2m以上。

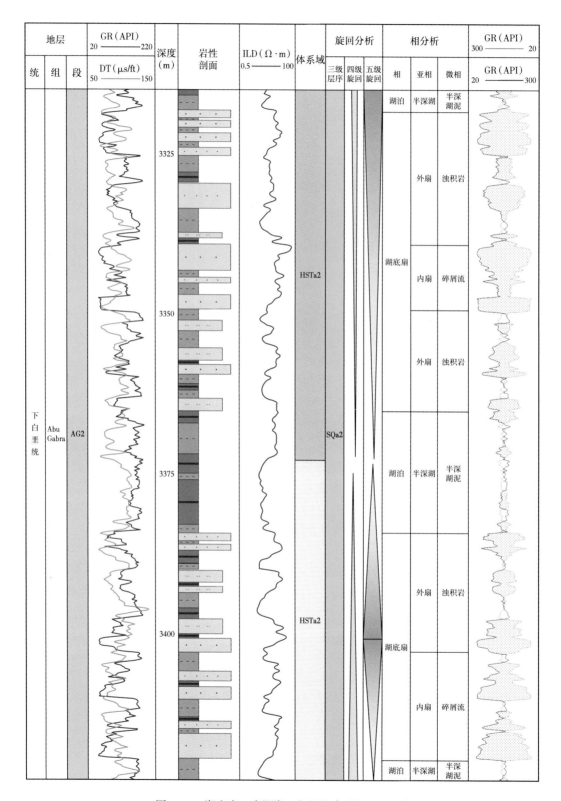

图 3-29　湖底扇—半深湖亚相沉积序列（Suf S-1）

第四节　沉积相类型及分布特征

一、各层序沉积分布特征

（一）SQa5 层序沉积分布特征

SQa5 层序发育的沉积相类型有扇三角洲、辫状河三角洲、曲流河三角洲、湖底扇和湖泊（图 3-30）。

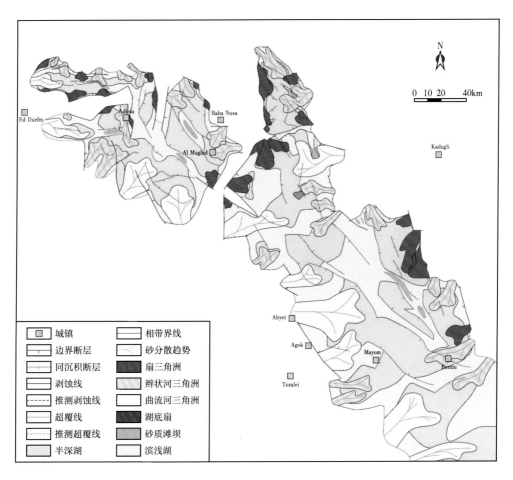

图 3-30　SQa5 层序沉积体系平面图

扇三角洲发育于断陷的控盆或控凹断裂附近，呈规模不等的裙带状分布。SQa5 层序共发育 23 个扇三角洲，总面积达 2770km²；主要发育在 Tomat 凸起南北两侧断坡带、Gato 凹陷东侧断坡带、Fula 凹陷西侧断坡带、Kaikang 北凹陷北侧和 Bamboo 凹陷东侧断坡带，其中 Kaikang 北凹陷北侧发育面积最大达 372km²。

辫状河三角洲发育于受古水系影响的凹陷缓坡带，呈规模不等的朵叶状分布。SQa5 层序共发育 25 个辫状河三角洲，总面积达 6652km²，其中最大面积达 778km²；主要发育在 Sufyan 凹陷北侧、Gato 凹陷东侧及北侧斜坡带、Fula 凹陷北侧斜坡、Kaikang 北凹陷东侧、Bamboo 凹陷和 Unity 凹陷东侧斜坡，西部斜坡带局部也有发育。

曲流河三角洲发育于受古水系影响的凹陷平缓的缓坡地带，呈规模不等的朵叶状分布。SQa5 层序共发育 12 个曲流河三角洲，总面积达 9767km²；主要发育在西部斜坡带、Sufyan 凹陷西北侧和 Fula 凹陷东侧缓坡带。

湖泊相沉积分布广泛，各凹陷的深洼部位发育深湖亚相—半深湖亚相，斜坡部位发育滨浅湖亚相，在湖浪作用较强的地带发育砂质滩坝，SQa5 层序共识别出 11 个砂质滩坝沉积，总面积约 516km²，其中最大面积达 130km²。湖底扇主要发育在 Kaikang 北凹陷深洼区，呈团块状分布，面积约 50km²。

（二）SQa4 层序沉积分布特征

SQa4 层序发育的沉积相类型有扇三角洲、辫状河三角洲、曲流河三角洲和湖泊（图 3-31）。SQa4 层序共发育 13 个扇三角洲，总面积达 2362km²；主要发育在 Tomat 凸起南北两侧断坡带、Fula 凹陷西侧断坡带和 Bamboo 凹陷东侧断坡带，其中 Fula 凹陷西侧断坡带发育面积最大达 506km² 的扇三角洲裙带。

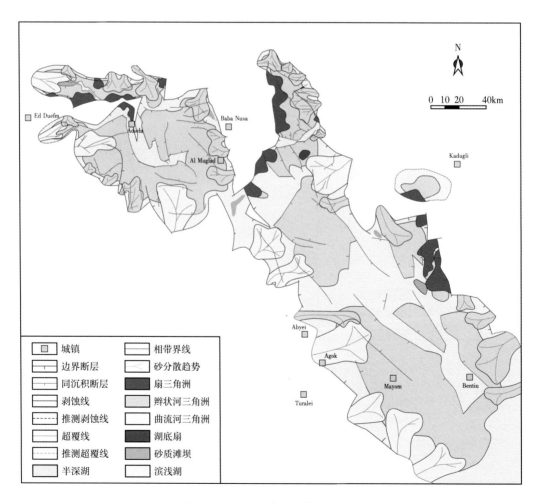

图 3-31　SQa4 层序沉积体系平面图

辫状河三角洲发育于受古水系影响的凹陷斜坡地带，呈规模不等的朵叶状分布。SQa4 层序共发育 21 个辫状河三角洲，总面积达 6742km²，其中最大面积达 1126km²；主要发育在 Sufyan 凹陷北侧、Gato 凹陷东侧及北侧斜坡地带、Fula 凹陷北侧东侧斜坡带、Kaikang 北凹陷东侧、Bamboo 凹陷和 Unity 凹陷东侧斜坡带，西部斜坡带局部也发育辫状河三角洲。

曲流河三角洲发育于凹陷缓坡地带，坡度较平缓，呈规模不等的朵叶状分布。SQa4 层序共发育 11 个曲流河三角洲，总面积达 8574km²；主要发育在西部斜坡带、Nugara 西部凹陷西北侧和 Fula 凹陷东南侧缓坡带。

（三）SQa3 层序沉积分布特征

SQa3 层序发育的沉积相类型有扇三角洲、辫状河三角洲、曲流河三角洲、湖底扇和湖泊（图 3-32）。SQa3 层序主要发育 22 个扇三角洲，总面积为 2341km²；主要发育于断陷的控盆或控凹断裂附近，Bamboo 凹陷东侧、Fula 凹陷西侧和 Gato 凹陷东侧断坡带，呈规模不等的裙带状分布。SQa3 层序共发育 24 个辫状河三角洲，总面积达 5398km²；

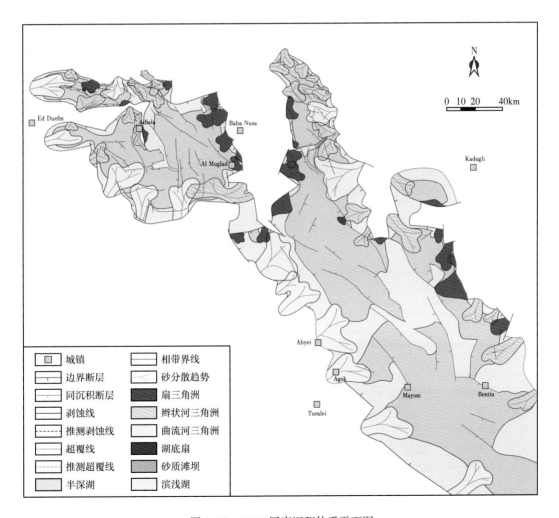

图 3-32　SQa3 层序沉积体系平面图

辫状河三角洲主要发育在 Tomat 凸起南北两侧、Sufyan 凹陷北侧、Gato 凹陷东南侧、Fula 凹陷北侧东侧、Kaikang 北凹陷东侧、Bamboo 凹陷和 Unity 凹陷东侧，呈规模不等的朵叶状分布。SQa3 层序主要发育 14 个曲流河三角洲，总面积达 8747km^2；主要发育在西部斜坡带、Nugara 西部凹陷西北侧和 Fula 凹陷东南侧缓坡带。

湖底扇主要发育在 Kaikang 北凹陷和 Sufyan 凹陷深洼区，呈透镜状分布。SQa3 层序发育 2 个湖底扇，总面积约 43km^2。湖泊沉积分布广泛，各凹陷的深洼部位发育深湖亚相—半深湖亚相，斜坡部位发育滨浅湖亚相，在湖浪作用较强的地带发育砂质滩坝，SQa3 层序共识别出 1 个砂质滩坝沉积，面积约 35km^2。

（四）SQa2 层序沉积分布特征

SQa2 层序发育的沉积相类型有扇三角洲、辫状河三角洲、曲流河三角洲和湖泊（图 3-33）。SQa2 层序主要发育 13 个扇三角洲沉积体系，总面积达 1252km^2，其中最大扇三角洲面积达 231km^2；主要发育于断陷的控盆或控凹断裂附近，Fula 凹陷西侧断坡带、Sufyan 凹陷西北侧和 Bamboo 凹陷东侧，呈规模不等的裙带状分布。SQa2 层序主要发育

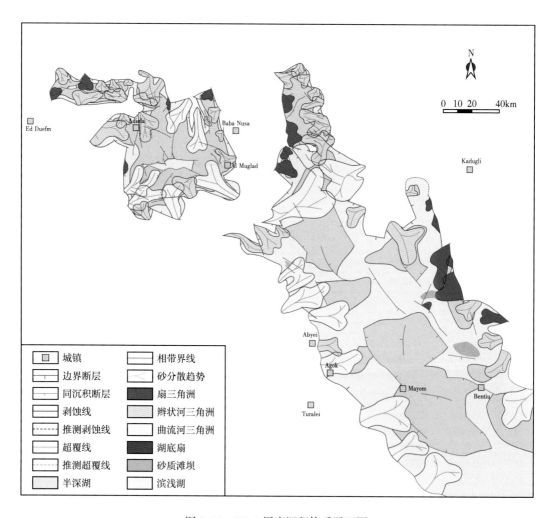

图 3-33　SQa2 层序沉积体系平面图

34 个辫状河三角洲，总面积达 7141km^2，其中最大辫状河三角洲面积达 622km^2；辫状河三角洲主要发育在 Tomat 凸起南北两侧、Sufyan 凹陷北侧、Gato 凹陷东南侧、Fula 凹陷北侧东侧、Kaikang 北凹陷东侧西北侧、Bamboo 凹陷和 Unity 凹陷东侧斜坡带，呈规模不等的朵叶状分布。SQa2 层序主要发育 16 个曲流河三角洲，总面积达 9941km^2，其中最大曲流河三角洲面积达 1385km^2；主要发育在西部斜坡带、Nugara 西部凹陷西南侧、Gato 凹陷南北两侧和 Azraq 地区。

湖泊相分布广泛，各凹陷的深洼部位发育深湖亚相—半深湖亚相，斜坡部位发育滨浅湖亚相，在湖浪作用较强的地带发育砂质滩坝，SQa2 层序主要识别出 2 个砂质滩坝沉积，总面积约 319km^2。

（五）SQa1 层序沉积分布特征

SQa1 层序发育的沉积相类型有扇三角洲、辫状河三角洲、曲流河三角洲和湖泊（图 3-34）。SQa1 层序主要发育 13 个扇三角洲，总面积达 1404km^2，其中最大扇三角洲面积达 229km^2。主要发育于断陷的控盆或控凹断裂附近，Fula 凹陷西侧断坡带、Sufyan 凹陷南侧、Kaikang 北部凹陷东侧和 Bamboo 凹陷东侧。SQa1 层序主要发育 28 个辫状河

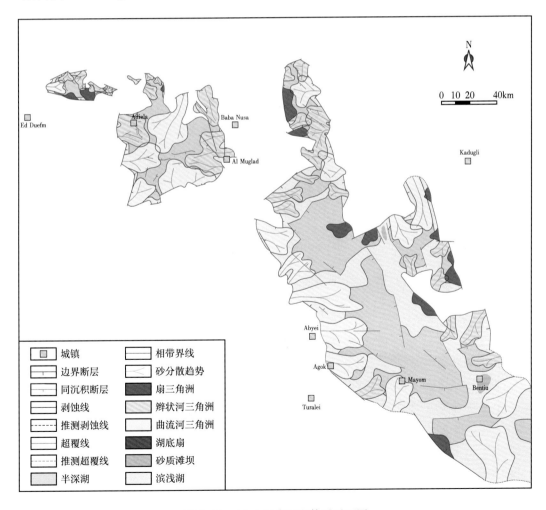

图 3-34　SQa1 层序沉积体系平面图

三角洲，总面积达 $6443km^2$，其中最大辫状河三角洲面积达 $900km^2$；辫状河三角洲主要发育在 Tomat 凸起南侧、Sufyan 凹陷北侧、Gato 凹陷东南侧斜坡地带、Fula 凹陷北部东侧及北侧斜坡带、Kaikang 北凹陷北部西北侧、Bamboo 凹陷和 Unity 凹陷东侧斜坡带，呈规模不等的朵叶状分布。SQa1 层序主要发育 16 个曲流河三角洲，总面积达 $10413km^2$，是发育规模最大的三角洲，在 Sufyan 凹陷、Gato 凹陷、Kaikang 坳陷、Bamboo 凹陷等均发育大型曲流河三角洲沉积体。

湖泊相沉积分布广泛，各凹陷的深洼部位发育深湖亚相—半深湖亚相，斜坡部位发育滨浅湖沉积，在湖浪作用较强的地带发育砂质滩坝，SQa1 层序主要识别出 2 个砂质滩坝，总面积约 $183km^2$。

二、沉积相演化规律与沉积模式

（一）沉积相演化规律

Muglad 盆地 AG 组各层序沉积相演化具有明显的规律性。SQa5 层序处于断陷初期，构造活动强烈，扇三角洲较发育；SQa4 层序与 SQa3 层序处于断陷扩张期，扇三角洲稍减少；而 SQa2 层序与 SQa1 层序处于断陷晚期，构造活动不强烈，扇三角洲发育明显减少。SQa5—SQa1 层序发育时期，以曲流河三角洲和辫状河三角洲为主要富砂沉积体，但是发育规模呈现出大—小—大的特点，在 SQa3 层序发育时期，由于湖盆面积最大，物源欠发育，曲流河三角洲和辫状河三角洲发育的规模普遍较小。滨浅湖砂质滩坝发育规模也具有大—小—大的特点，在各层序的发育位置有一定的继承性。

（二）沉积模式

1. 沟谷—断坡组合控制扇三角洲砂体

凹陷与凸起以断裂相接（断坡），凹陷区为湖泊背景，以沉积沉降作用为主，隆起区以暴露剥蚀为主，风化剥蚀形成的粗碎屑首先向沟谷汇聚，主要堆积于沟谷—断坡前方，形成扇三角洲。湖平面下降，物源供应增强，扇三角洲规模增大（Wu et al., 2015a, 2015b; 图 3-35）。

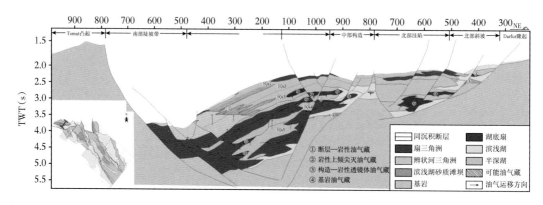

图 3-35　沟谷—断坡组合控制扇三角洲砂体

2. 沟谷—挠曲陡斜坡组合控制辫状河三角洲砂体

凹陷与凸起以挠曲斜坡过渡，挠曲斜坡坡度较陡（大于 3°），可具断裂。凹陷区为湖泊背景，以沉积沉降作用为主；隆起区以暴露剥蚀为主，风化剥蚀形成的粗碎屑首先向沟谷汇聚，并由辫状河向湖区输送，主要堆积于沟谷—陡斜坡的前方，形成辫状河三角洲。湖平面下降，物源供应增强，三角洲规模增大（图3-36）。

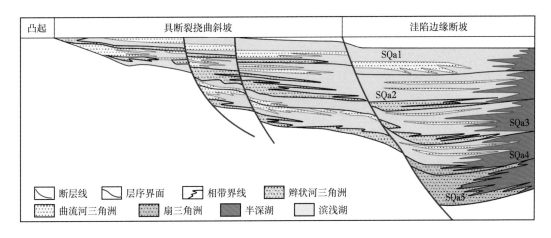

图 3-36　沟谷—挠曲陡斜坡组合控制辫状河三角洲砂体

3. 沟谷—挠曲缓斜坡组合控制曲流河三角洲砂体

凹陷与凸起以挠曲斜坡过渡，由于前期的沉积作用，斜坡坡度减小（小于3°），并形成沉积坡折带。凹陷区为湖泊背景，以沉积沉降作用为主。隆起区以暴露剥蚀为主，风化剥蚀形成的粗碎屑首先向沟谷汇聚，并由曲流河向湖区输送，主要堆积于沟谷—缓斜坡的前方，形成曲流河三角洲。SQa1层序发育时期湖平面下降，物源供应增强，三角洲规模增大（图3-37）。

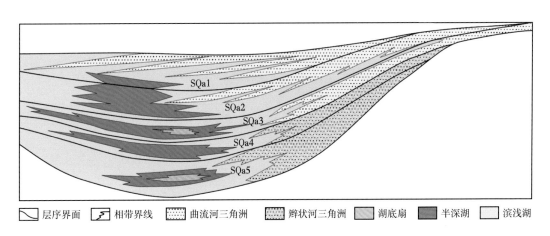

图 3-37　沟谷—挠曲缓斜坡组合控制曲流河三角洲砂体

4. 盆缘沟谷—边缘富砂沉积体—深凹组合控制了湖底扇砂体

深凹以半深湖亚相为背景，常受沉积坡折带或断裂坡折带的控制。低位期，湖区范围小，隆起区风化剥蚀形成的粗碎屑首先向沟谷汇聚，由河流向深湖区输送，并和先期形成未固结富砂沉积体的垮塌物一起，在深凹区形成规模较大的低位湖底扇。湖水扩张期和高位期，深凹之上盆缘发育的各类三角洲的不稳定部分向深凹区滑塌，形成滑塌—浊积湖底扇（杨明慧等，2001；图3-38）。

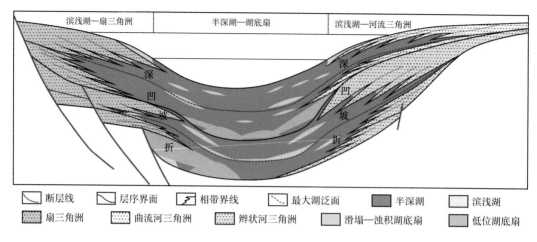

断层线	层序界面	相带界线	最大湖泛面	半深湖	滨浅湖
扇三角洲	曲流河三角洲	辫状河三角洲	滑塌—浊积湖底扇	低位湖底扇

图 3-38　盆缘沟谷—边缘富砂沉积体—深凹坡折体系控制湖底扇发育

5. 控凹断层—凹内生长断层—坡折带控沉积

1/2 区内部构造特征复杂，砂体时空分布差异较大。AG 组长轴物源来自北部隆起区，向南进积，形成断裂坡折带的同沉积断层走向与物源方向相同或以小角度相交，这时可容纳空间受到同沉积断裂控制，靠近断裂下降盘方向，可容纳空间增大，且断裂走向往往引导了水流的前进方向，形成断槽物源通道，使之具有输砂和控砂的特点（图 3-39）。

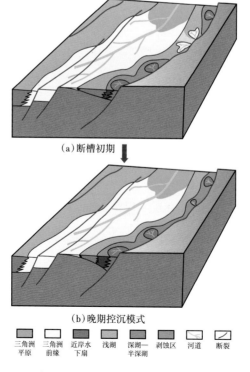

(a) 断槽初期

(b) 晚期控沉模式

三角洲平原	三角洲前缘	近岸水下扇	浅湖	深湖—半深湖	剥蚀区	河道	断裂

图 3-39　1/2 区 AG 组断槽控沉模式

裂陷初期，1/2 区东部边界断层相互孤立，控制了 3 个孤立的次凹。由于差异沉降作用，构造转换带通常为地形低点，是相对低势区，具有沉降速率低、高沉积物供应特征，常作为水系汇聚流入裂谷盆地的通道。次凹之间发育横向背斜，因此沉积物向转换带两侧分散，一般延伸距离较小。强烈裂陷期，孤立断层发生了连接，次凹也随之联合（图 3-40），若物源供应充足，易发育深湖亚相—半深湖亚相背景下的水下扇沉积，是岩性油气藏勘探的有利领域。

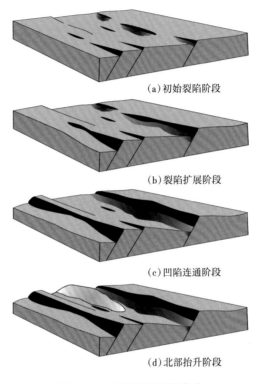

图 3-40 控凹断层演化模式

本章小结

Muglad 盆地作为中非走滑剪切带伴生构造，为典型的大陆内部裂谷盆地，盆地底部为中生代之前的火成岩基底，基底之上沉积了中生代、新生代陆相碎屑沉积。根据测井响应特征和地震剖面反射特征识别出的层序界面及全盆地范围内层序地层格架分析表明，Fula 凹陷、Sufyan 凹陷、Nugara 坳陷、Bamboo 凹陷等单元均发育完整的五个三级层序。主沉积相分析表明，在 Muglad 盆地 AG 组内部普遍发育辫状河三角洲、曲流河三角洲、扇三角洲、深湖亚相—半深湖亚相、滨浅湖沉积相。通过地震相研究分析了 AG 组不同沉积相的分布，发现不同构造部位发育不同类型的三角洲沉积，凹陷中部为深湖亚相、半深湖亚相沉积，在局部地区，例如 Azraq 地区可见碎屑流。三角洲沉积的三角洲前缘水下分流河道、席状砂、河口坝、远沙坝是 AG 组分布最广、最有勘探潜力、取得最多油气发现的砂岩储层。Muglad 盆地内部 AG 组缓坡、陡坡、盆内隆起等不同构造部位的沉积相模式的建立，能够有效地指导储层预测。

第四章　烃源岩与油气地球化学

中非裂谷系下白垩统深湖相泥岩是目前已证实的唯一有效烃源岩，如苏丹—南苏丹的 Muglad 盆地和 Melut 盆地（Schull，1988；mcHargue et al.，1992；童晓光等，2004；窦立荣等，2002，2004，2005）、乍得的 Bongor 盆地、南乍得盆地的 Doba 坳陷和 Doseo 坳陷（Genik，1992，1993）。根据已钻探井和地震反射特征，在 Muglad 盆地发育下白垩统 AG 组、上白垩统 Aradeiba 组、Baraka 组、古近—新近系 Nayil 组和 Tendi 组泥岩段，其中 Aradeiba 组主要为红色、褐色和浅灰色泥岩，Nayil 组主要为浅灰色含砂泥岩，均不发育烃源岩。从沉积层序来看，Muglad 盆地可能存在三套烃源岩，即下白垩统 AG 组、上白垩统 Baraka 组及新近系 Tendi 组暗色泥岩。

本章根据 Muglad 盆地地层沉积特征和二级构造单元划分，综合利用地球化学实验分析资料和测井烃源岩评价成果，纵向上分层系（Tendi 组、Baraka 组、AG 组）分析暗色泥岩发育段的有机质丰度、类型、成熟度、厚度和生烃潜力，确定主力烃源岩为 AG 组，并在 AG 组沉积层序细分基础上，分段评价 AG1 段—AG5 段的生烃潜力，明确 AG2 段和 AG4 段为全盆地发育的主力烃源岩层段；平面上分坳陷 / 凹陷（Sufyan 凹陷、Nugara 坳陷、Fula 凹陷、Kaikang 坳陷、Unity-Bamboo 凹陷）探讨各个生烃灶的生烃规模，明确不同生烃灶的生烃贡献差异；最后，应用地球化学法估算 Muglad 盆地石油总资源量超 100 亿吨。

第一节　烃源岩评价基础

根据中国的《陆相烃源岩评价标准》（SY/T 5735—1995），依据详细地球化学实验分析数据，综合测井烃源岩评价成果，开展 Muglad 盆地白垩系湖相泥岩生烃潜力评价。

Muglad 盆地是受中非剪切带影响发育起来的中生界—新生界以湖相沉积为主的被动裂谷盆地。分析表明，同裂谷断陷期是裂谷盆地演化的重要时期，此时裂谷构造伸展断陷活动强烈、旋回性非常明显，形成全盆地或较大范围的快速断陷沉降与还原条件下的欠补偿沉积，有机质富集且易于被快速埋藏保存，十分有利于生烃。Muglad 盆地从早白垩世—新近纪多期的强烈伸展断陷活动，为盆地广泛形成断陷型深湖盆和优越的成烃环境，广泛发育富含湖生藻类生物的半深湖相—深湖相优质烃源岩，为富油气凹陷的形成提供了先决条件。

一、陆相烃源岩评价标准

鉴于 Muglad 盆地白垩系—新近系沉积主要为河流相、湖泊相，采用中国陆相泥质烃源岩评价标准（表 4-1 至表 4-3），开展烃源岩评价。

表 4-1　陆相泥质烃源岩有机质丰度评价标准（SY/T 5735—1995）

级别	好	中等	差	非生油岩
TOC（%）	> 1.0	1.0~0.6	0.6~0.4	< 0.4
"A"（%）	> 0.1	0.1~0.05	0.05~0.015	< 0.015
HC（μg/g）	> 500	500~200	200~100	< 100
S_1+S_2（mg/g）	> 6.0	6.0~2.0	2.0~0.5	< 0.5

表 4-2　陆相泥质烃源岩有机质类型评价标准（SY/T 5735—1995）

类型指标	I	II$_1$	II$_2$	III
HI（mg/g）	> 700	700~350	350~150	< 150
H/C	> 1.5	1.5~1.2	1.2~0.8	< 0.8
O/C	< 0.1	0.1~0.2	0.2~0.3	0.2~0.3
Type Index	> 80	80~40	40~0	< 0
Kerogen $\delta^{13}C$（‰）	< -28	-28~-26.5	-26.5~-25	> -25

表 4-3　陆相泥质烃源岩有机质成熟度评价标准（SY/T 5735—1995）

热演化阶段	R_o（%）	T_{max}（℃）
未成熟	< 0.6	< 435
低成熟	0.6~0.7	435~445
生油高峰阶段（液态窗）	0.7~1.35	445~450
高成熟阶段（凝析油、湿气阶段）	1.35~2.0	450~470
过成熟阶段（干气生成阶段）	> 2.0	> 470

二、烃源岩评价基础

采集不同构造单元探井（评价井）不同层位泥岩岩屑、泥岩井壁取心样品，开展常规地球化学分析（有机碳含量、热解、索氏抽提、组分分离及定量、组分碳同位素、饱和烃气相色谱、饱和烃色质、芳烃色质）和有机岩石学分析（干酪根制备、显微组分鉴定、镜质组反射率测定），根据有机碳含量、热解及 R_o 数据建立单井地球化学剖面。

测井烃源岩评价是利用叠合法把刻度合适的孔隙度曲线（通常是声波传播时间曲线）叠加在电阻率曲线（最好是深电阻率曲线）上。在饱含水但缺乏有机质的岩石中，两条曲线彼此平行并叠在一起，因为这时两条曲线都对应地层孔隙度的变化。但是，在含油气储集岩或富含有机质的非储集岩中，两条曲线之间就存在差异。利用自然伽马、补偿中子孔隙度或自然电位曲线可以辨别和排除储层段。在富含有机质的泥岩段，两条曲线的分离是由于两个原因：孔隙度曲线产生的差异是低密度和低速度（高声波时差）的干酪根的响应，在未成熟的富含有机质的岩石中，还没有油气生成，观测到的两条曲线之间的差异仅仅是由孔隙度曲线响应造成的；而在成熟烃源岩中，除了孔隙度曲线响应之外，因为有烃类存在，电阻率增加，两条曲线之间就会产生更大的差异（间距）。

在应用时，声波传播时间曲线和电阻率曲线刻度为两个数量级的对数电阻率刻度（如 $0.1\sim100\Omega\cdot m$）对应的声波时差为 $100\mu s/ft$（$328\mu s/m$）的间隔（如 $100\sim200\mu s/ft$）。两条曲线在一定深度范围内"一致"或完全重叠时为基线。确定基线之后，用两条曲线之间的间距来识别富含有机质的层段，两条曲线间距为 ΔlgR。

根据实测有机碳含量数据的校验，测井评价可以准确厘定不同级别烃源岩厚度；再结合测录井资料、试油报告、沉积相和盆地模拟研究成果，开展烃源岩综合评价。

三、烃源岩发育地质背景

受大西洋张裂带、中非剪切带构造运动影响，Muglad 盆地经历了三期断—坳裂谷演化旋回、三期断裂发育、三次抬升剥蚀，发育三期断—坳转换不整合，形成垂向继承叠合、平面相对分割的构造格局；在三大不整合面之下发育暗色泥页岩沉积，为烃源岩的发育奠定了良好的物质基础。

层序分析、构造演化及区域大剖面分析表明：三大不整合面之下发育的三套暗色泥岩，只有 AG 组全盆地分布，而 Baraka 组（Darfur 群顶部）、Tendi 组暗色泥岩仅局部发育于 Kaikang 坳陷。

第二节　主要暗色泥岩段地球化学剖面

下白垩统 AG 组几乎在全盆地分布，以砂泥岩互层沉积为主；相对来说，AG2 段和 AG4 段暗色泥岩相对更发育，为优质烃源岩发育段，且 AG2 段钻井揭示较多，地球化学分析资料及测井烃源岩评价资料都较丰富；AG4 段钻井揭示较少，分析资料也有限；部分坳陷/凹陷也有 AG3 段和 AG1 段优质烃源岩发育。上白垩统 Darfur 群顶部 Baraka 组和新近系 Tendi 组暗色泥岩仅局部发育于 Kaikang 坳陷，分析资料也仅限于 Kaikang 坳陷的少数完钻井。

一、下白垩统 AG2 段暗色泥岩

Muglad 盆地第一旋回断陷期，湖盆快速沉降，水体较深，AG 组在不同坳陷/凹陷均发育大套暗色泥岩，尤以 AG2 段暗色泥岩最为发育。下面分构造单元来描述。

（一）Sufyan 坳陷

根据陆相泥质烃源岩评价标准，建立了 11 口单井地球化学剖面，表明 Sufyan 坳陷 AG2 段暗色泥岩发育，多为好—极好的 I 型—II₁ 型成熟烃源岩（TOC 多大于 2%，HI 多大于 350mg/g·TOC，$T_{max} > 435℃$），代表性地球化学剖面如图 4-1 至图 4-5 所示。

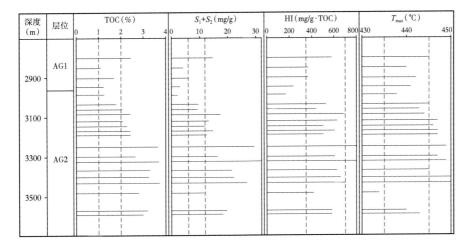

图 4-1　Sufyan NW-1 井地球化学剖面

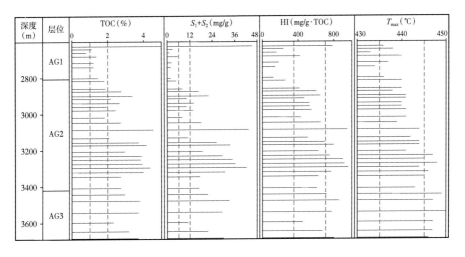

图 4-2　Higra-1 井地球化学剖面

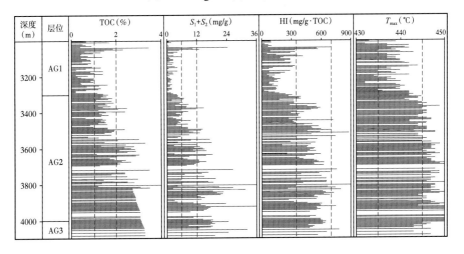

图 4-3　Suf S-1 井地球化学剖面

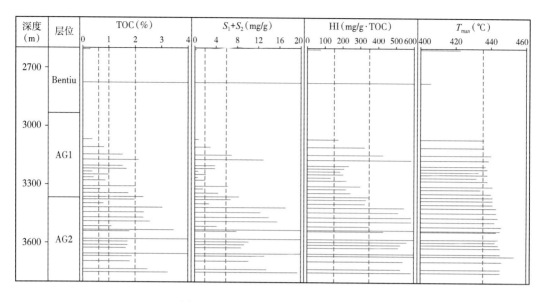

图 4-4　Sufyan S-1 井地球化学剖面

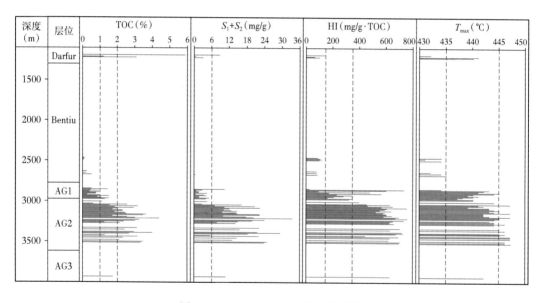

图 4-5　Sufyan E-1 井地球化学剖面

（二）Nugara 坳陷

Nugara 坳陷 AG2 段暗色泥岩发育不均，19 口井地球化学剖面显示平面变化较大，代表性地球化学剖面如图 4-6 至图 4-10 所示。其中 Abu Gabra-Sharaf 凸起上，Sharaf-1 井 AG2 段断缺，但该井 AG1 段和 AG3 段均有好烃源岩发育；Sharaf C-1 井 AG1 段、AG2 段、AG3 段均发育有极好优质烃源岩，Abu Gabra-1 井和 Abu Gabra-5 井 AG2 段发育有好—极好烃源岩；而 Gato 凹陷 Gato C-1 井 AG3 段烃源岩最为发育。TOC 多大于 1% 或 2%，为好—极好烃源岩；HI 多介于 150~350mg/g·TOC 之间，有机质类型为 Ⅱ 型；T_{max} 大于 435℃，表明 AG2 段烃源岩已成熟。

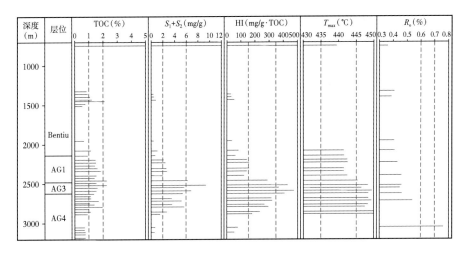

图 4-6　Sharaf-1 井地球化学剖面

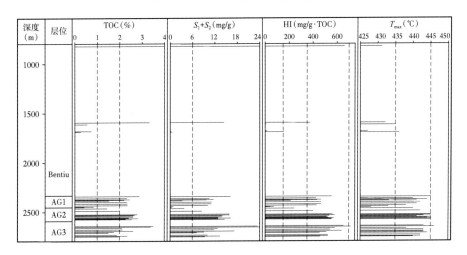

图 4-7　Sharaf C-1 井地球化学剖面

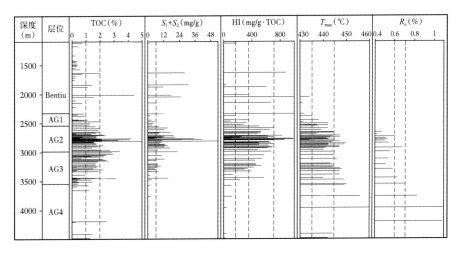

图 4-8　Abu Gabra-1 井地球化学剖面

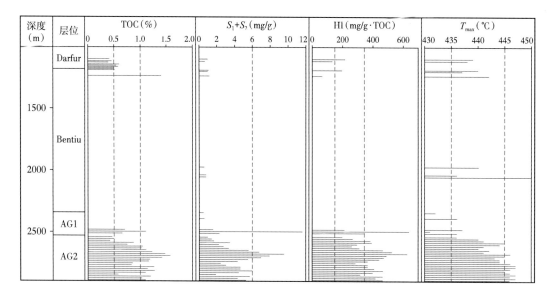

图 4-9　Abu Gabra-5 井地球化学剖面

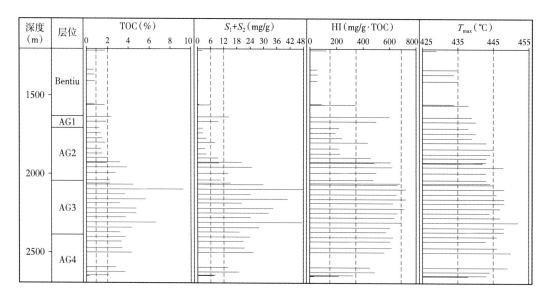

图 4-10　Gato C-1 井地球化学剖面

（三）Fula 凹陷

Fula 凹陷 AG 组暗色泥岩普遍发育，尤以 AG2 段暗色泥岩最为发育，均达到好——极好烃源岩，共建立了 16 口井地球化学剖面，其中代表性地球化学剖面有 Reem-1 井、Baleela-1 井、Fula W-1 井和 Fula N-4 井（图 4-11 至图 4-14）。该凹陷 AG2 段 TOC、S_1+S_2 都较其他凹陷高，以极好烃源岩为主；HI 多大于 350mg/g·TOC，甚至大于 700mg/g·TOC，有机质类型为 II_1 型和 I 型；T_{max} 均大于 435 ℃，表明该凹陷 AG2 段烃源岩已成熟。

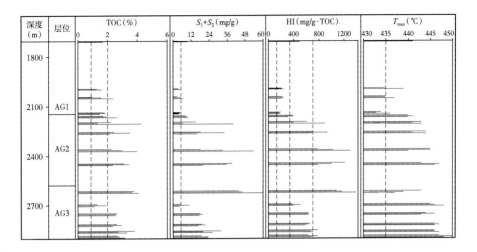

图 4-11　Reem-1 井地球化学剖面

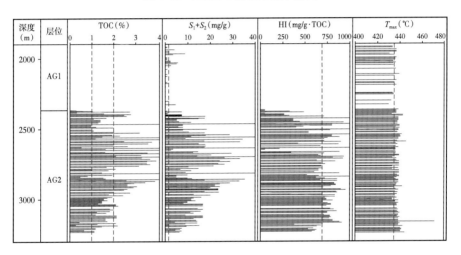

图 4-12　Baleela-1 井地球化学剖面

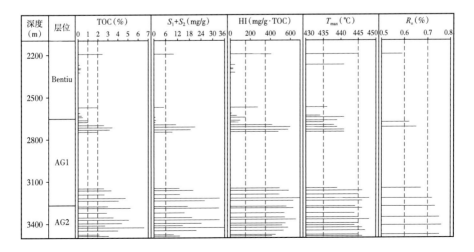

图 4-13　Fula W-1 井地球化学剖面

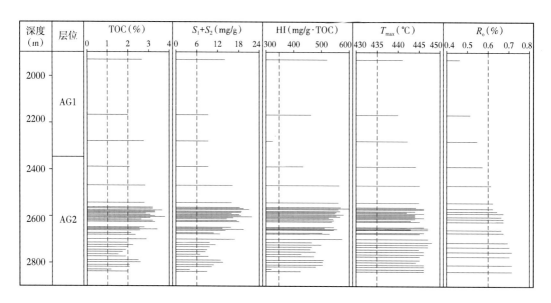

图 4-14　Fula N-4 井地球化学剖面

（四）Neem-Azraq 地区

Neem-Azraq 地区位于 Kaikang 坳陷北部斜坡的构造高部位，AG 组埋深浅，钻遇 AG 组的探井较多，有地球化学分析资料的探井也很多，共建立了 53 口井的单井地球化学剖面，揭示该区 AG 组主要为半深湖—深湖亚相，暗色泥岩普遍发育，尤以 AG2 段暗色泥岩最为发育，地球化学分析表明均达到好—极好的 I 型、II_1 型优质成熟烃源岩。该区代表性地球化学剖面如图 4-15 至图 4-19 所示。

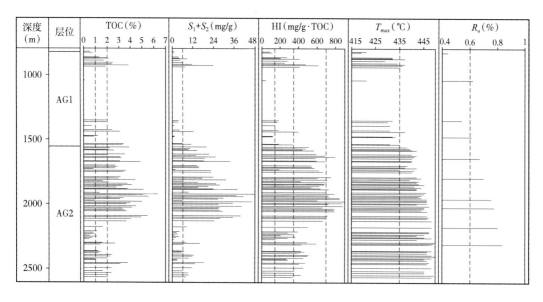

图 4-15　Azraq K-1 井地球化学剖面

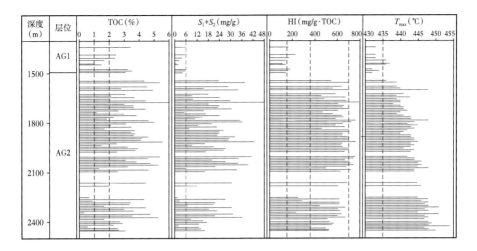

图 4-16　Azraq L-1 井地球化学剖面

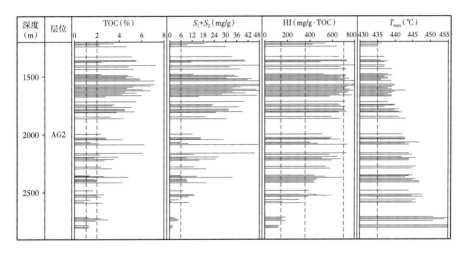

图 4-17　Azraq N-1 井地球化学剖面

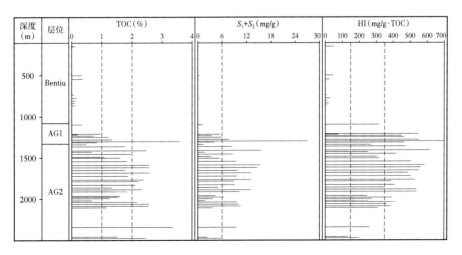

图 4-18　Hubara-1 井地球化学剖面

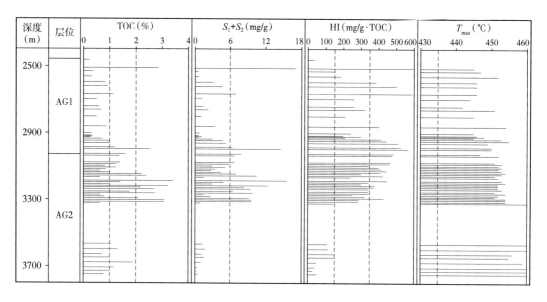

图 4-19　Neem D-1 井地球化学剖面

（五）Haraz–Diffra 地区

Haraz-Diffra 地区位于 Kaikang 坳陷西北斜坡，AG 组埋深较大，钻井揭示 AG 组较少（仅 5 口井），且主要仅揭示到 AG1 段，AG2 段揭示很少。Canar-1 井和 Haraz W-1 井地球化学剖面显示 AG1 段发育好烃源岩，少数达到极好烃源岩（图 4-20、图 4-21）。

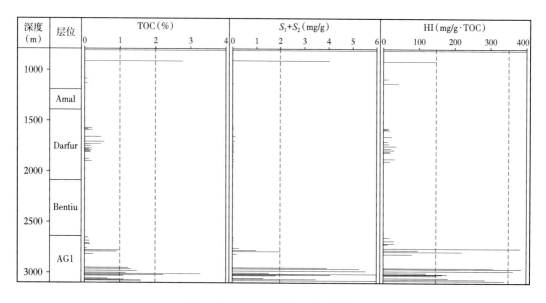

图 4-20　Canar-1 井地球化学剖面

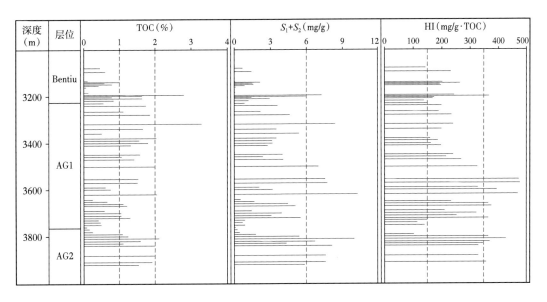

图 4-21　Haraz W-1 井地球化学剖面

（六）Unity-Bamboo 凹陷

Unity-Bamboo 凹陷是 Muglad 盆地主力油田分布区，揭示 Unity-Bamboo 凹陷是盆地主力生烃凹陷，AG 组烃源岩生烃贡献大。据该区 4 口井烃源岩热解和有机碳分析，建立了 4 个单井的地球化学剖面：El Toor-6 井、Nabaq-1 井、El Ful AG-1 井、Garaad AG-1 井（图 4-22 至图 4-25），揭示 AG2 段为好烃源岩。另外，在 El Ful AG-1 井 AG4 段暗色泥岩相对发育，地球化学特征表明为好烃源岩。

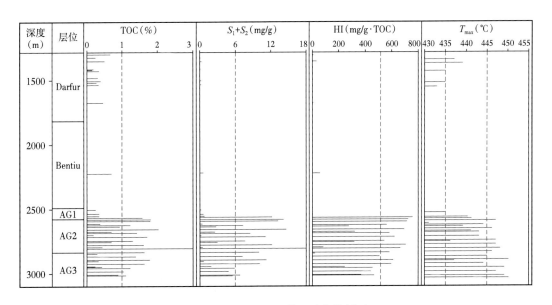

图 4-22　El Toor-6 井地球化学剖面

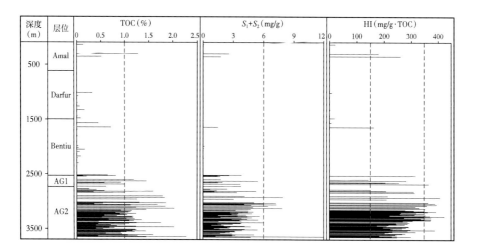

图 4-23 Nabaq-1 井地球化学剖面

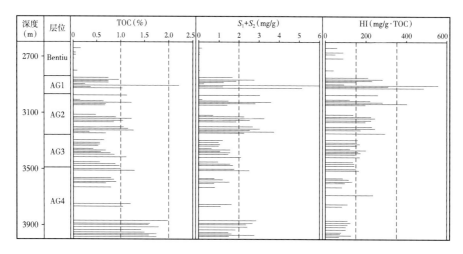

图 4-24 El Ful AG-1 井地球化学剖面

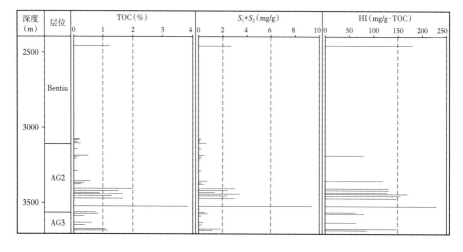

图 4-25 Garaad AG-1 井地球化学剖面

二、上白垩统 Baraka 组暗色泥岩

构造和沉积相分析表明 Baraka 组为盆地一次弱断陷期形成的滨浅湖相—沼泽相，其断陷规模和强度较 AG 组沉积时期弱得多，故泥岩分布范围和厚度均较小。

钻井揭示 Baraka 组为一套灰色—灰绿色薄层泥岩，分布于该组顶部，厚度较小，仅 Kaikang 坳陷中钻井和地震资料揭示 Baraka 组泥岩较为发育，厚度较大。Kaikang 坳陷 23 口井 Baraka 组暗色泥岩有机碳和热解分析表明，Baraka 组烃源岩由北向南、由西向东变好：Shammam-1 井 Baraka 组泥岩为非烃源岩，Timsah-1 井 Baraka 组泥岩主要为差烃源岩，Amal-1 井、Khairat-1 井、El Ghazal-1 井 Baraka 组泥岩为中等—好烃源岩，El Mahafir-1 井 Baraka 组泥质烃源岩最发育，以好—极好烃源岩为主；氢指数和干酪根镜检表明 Baraka 组泥质烃源岩有机质类型以 II_2 型、III 型为主（图 4-26 至图 4-28）。Timsah-1 井、Shammam-1 井、Khairat-1 井、El Mahafir-1 井少量镜质组反射率资料表明 Baraka 组烃源岩已经成熟。

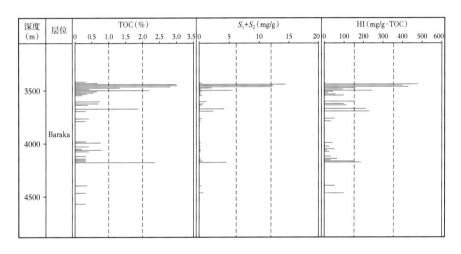

图 4-26　Amal-1 井地球化学剖面

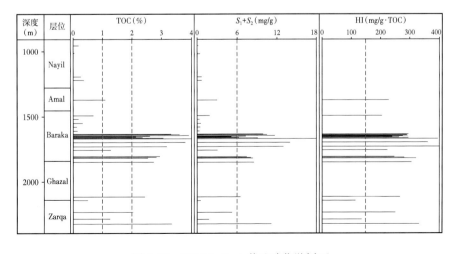

图 4-27　El Mahafir-1 井地球化学剖面

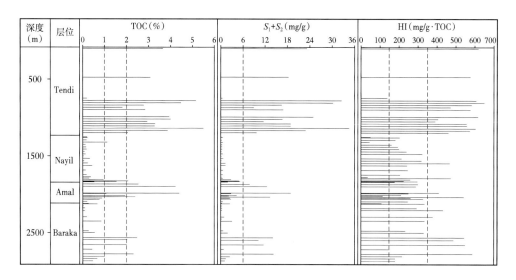

图 4-28　El Ghazal-1 井地球化学剖面

　　从 Kaikang 坳陷不同构造部位的地震剖面资料看，在 Baraka 组顶部普遍存在密集反射段，可能是暗色泥岩发育段（图 4-29）。

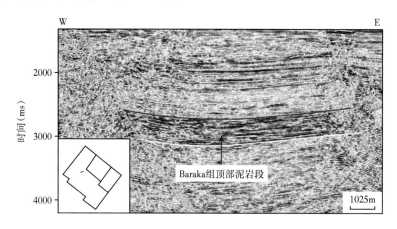

图 4-29　Kaikang 坳陷地震剖面指示 Baraka 组顶部的密集反射特征

　　测井烃源岩评价（通过实测 TOC 和 R_o 分析资料校验）确定烃源岩厚度，并结合地震资料的平面追踪，确定 Baraka 组烃源岩平面分布（图 4-30）。可以看出 Baraka 组烃源岩厚度普遍较小，一般小于 60m。

三、新近系 Tendi 组暗色泥岩

　　新近系 Tendi 组主要发育于 4 区 Kaikang 坳陷，钻井揭示 Tendi 组以灰色—灰绿色泥岩沉积为主，夹有棕色、棕黄色泥岩。图 4-28、图 4-31 至图 4-34 单井地球化学剖面表明 Tendi 组泥岩有机质丰度高，TOC 大于 2.0%，S_1+S_2 大于 2mg/g，多数大于 6mg/g，属于极好烃源岩，有机质类型主要为 II_1 型。Tendi 组泥岩主要分布于 Kaikang 坳陷，有机质丰度较高的泥岩分布于 Tendi 组顶部，埋深小于 1700m，有机质普遍不成熟，为无效烃源岩。

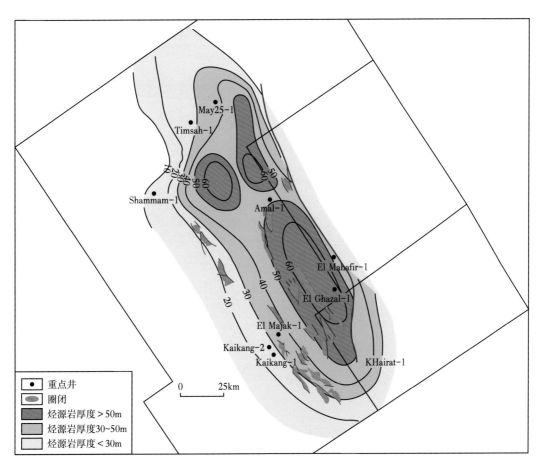

图 4-30 Kaikang 坳陷 Baraka 组烃源岩厚度分布

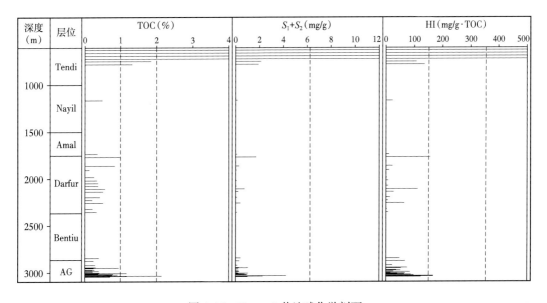

图 4-31 Haraz-1 井地球化学剖面

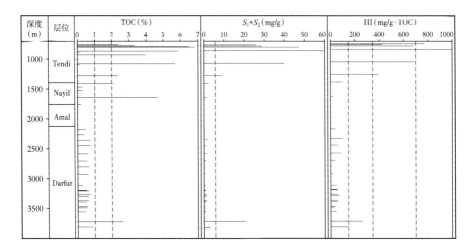

图 4-32　Timsah-1 井地球化学剖面

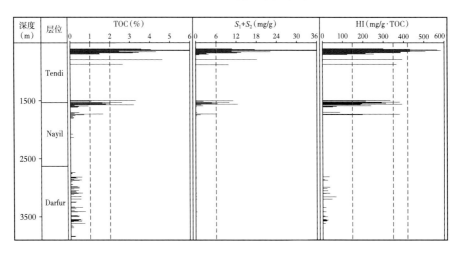

图 4-33　Gudaim-1 井地球化学剖面

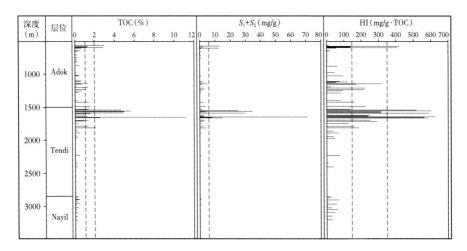

图 4-34　El Majak-1 井地球化学剖面

大量地球化学分析数据表明，下白垩统 AG2 段暗色泥岩在 Muglad 盆地广泛发育，有机质丰度高，为好—极好烃源岩，有机质类型主要为 Ⅰ—Ⅱ₁ 型，处于生排烃高峰阶段，生烃贡献大；上白垩统 Baraka 组为中等丰度低成熟—成熟烃源岩，有机质类型主要为 Ⅱ₂—Ⅲ 型，少量生烃贡献可能限于 Kaikang 坳陷；新近系 Tendi 组为未成熟烃源岩，有机质丰度高，有机质类型主要为 Ⅰ—Ⅱ₁ 型，生烃潜力大，仅发育于 Kaikang 坳陷，由于整体未成熟，为无效烃源岩。

第三节 AG 组 /Baraka 组烃源岩地球化学特征对比

鉴于 Tendi 组烃源岩整体未成熟，没有生烃贡献，本节仅就 AG 组和 Baraka 组的成熟烃源岩开展有机质丰度、有机质类型、生物标志物组成、干酪根碳同位素等地球化学特征的差异性对比，以期确定 Muglad 盆地主力烃源岩。

一、烃源岩有机质丰度差异

AG 组和 Baraka 组烃源岩有机质丰度差异明显。统计表明，AG 组为好—极好烃源岩，其 TOC 为 1.0%~4.0%，S_2 为 5~20mgHC/gTOC；而 Baraka 组顶部泥岩为中等—好烃源岩，其 TOC 为 0.5%~4.0%，S_2 为 2~20mgHC/gTOC（图 4-35、图 4-36）。

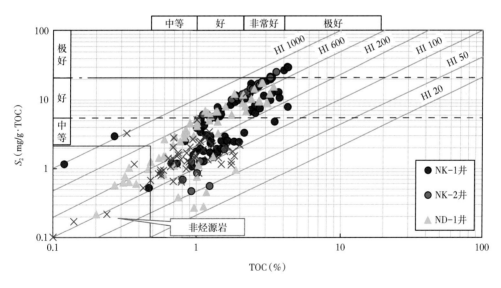

图 4-35 AG 组泥岩 TOC 与 S_2 分布范围

二、烃源岩有机质类型差异

从泥岩热解资料来看，AG 组和 Baraka 组泥岩有机质类型差异较大，前者以 Ⅱ₁ 型、Ⅰ 型为主（图 4-37），后者以 Ⅲ 型、Ⅱ₂ 型为主（图 4-38）。

101

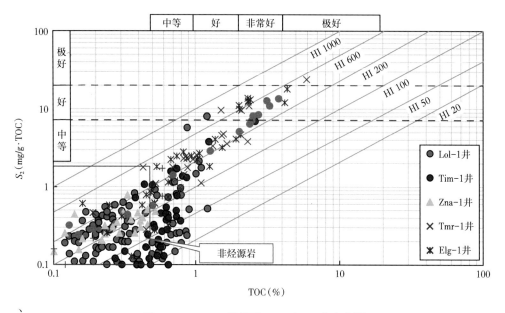

图 4-36　Baraka 组泥岩 TOC 与 S_2 分布范围

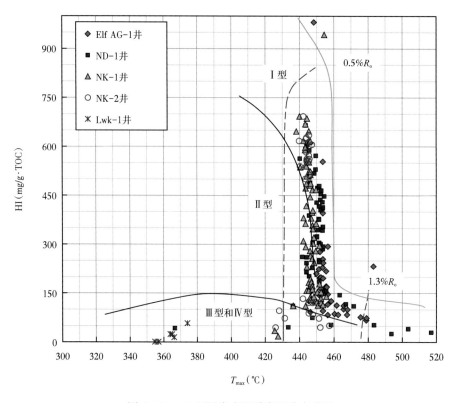

图 4-37　AG 组泥岩有机质类型分布范围

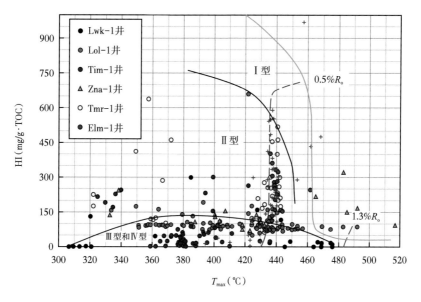

图 4-38 Baraka 组泥岩有机质类型分布范围

三、烃源岩生物标志物组成差异

AG 组烃源岩和 Baraka 组烃源岩用氯仿浸泡、抽提出可溶有机质，再经组分分离，将分离出的饱和烃进行气相色谱和色谱质谱分析，研究其生物标志物组成特征的差异性。

图 4-39 为 AG 组 /Baraka 组烃源岩饱和烃正构、异构烷烃组成对比图，显然下白垩统 AG 组烃源岩较上白垩统 Baraka 组烃源岩具有相对较高的正构烷烃含量。

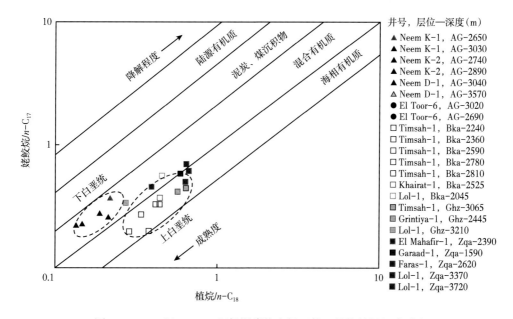

图 4-39 AG 组 /Baraka 组烃源岩饱和烃正构、异构烷烃组成对比

图 4-40 显示 AG 组烃源岩 Pr/Ph 介于 1.17~3.02 之间，较高的 Pr/Ph 指示 AG 组沉积于富含水生生物的亚氧化环境；Baraka 组烃源岩 Pr/Ph 介于 0.54~1.10 之间，较低的 Pr/Ph 指示 Baraka 组混合生源的厌氧还原环境。

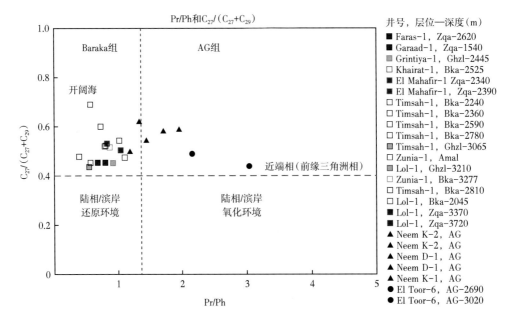

图 4-40　AG 组 /Baraka 组烃源岩饱和烃 Pr/Ph 及规则甾烷组成对比

图 4-41 为 AG 组烃源岩和 Baraka 组烃源岩饱和烃气相色谱指纹图。显然，AG 组烃源岩 n-C_{17}/n-C_{25} 比值较低；Baraka 组烃源岩 n-C_{17}/n-C_{25} 比值较高。

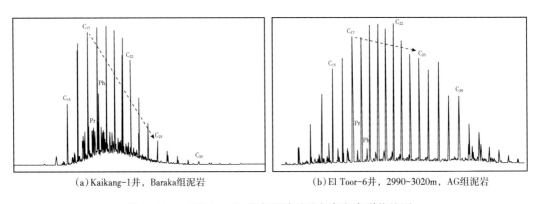

图 4-41　AG 组 /Baraka 组烃源岩饱和烃气相色谱指纹图

图 4-42 为 Baraka 组 /AG 组烃源岩饱和烃总离子流图和萜烷、甾烷、补身烷系列质量色谱图，从中可以看出 Baraka 组 /AG 组烃源岩饱和烃生物标志化合物组成的显著差异：Baraka 组烃源岩饱和烃总离子流图呈前峰型，三环萜、孕甾烷含量高，低重排甾烷、升补身烷丰富、贫补身烷；AG 组烃源岩饱和烃总离子流图呈后峰型，三环萜、孕甾烷含量中等，较高重排甾烷，补身烷及升补身烷均较为丰富。

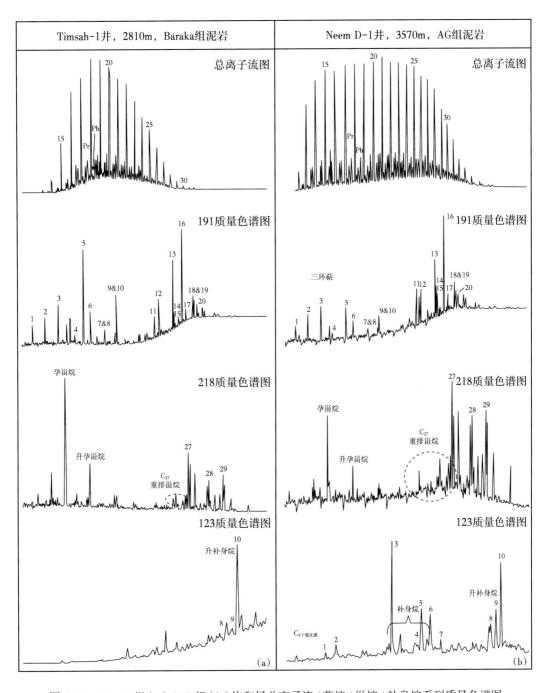

图 4-42 Baraka 组（a）/AG 组（b）饱和烃总离子流 / 萜烷 / 甾烷 / 补身烷系列质量色谱图

图 4-43 为 Baraka 组 /AG 组烃源岩饱和烃萜烷参数对比图。显然，AG 组烃源岩饱和烃 Tm/Ts 比值较低，三环萜 C_{26}/C_{25} 比值较高；而 Baraka 组烃源岩饱和烃 Tm/Ts 比值较高，且三环萜 C_{26}/C_{25} 比值较低，反映两套烃源岩生烃母质的组成差异，也反映了二者成熟度的差异：Baraka 组烃源岩成熟度显著低于 AG 组烃源岩。

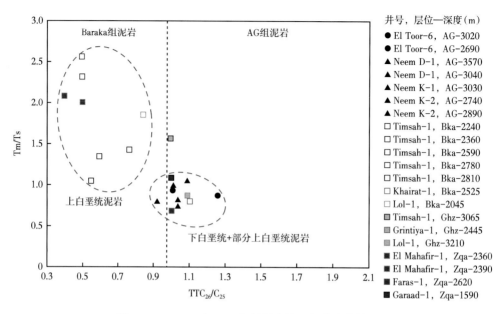

图 4-43 Baraka 组 /AG 组烃源岩饱和烃萜烷参数对比

四、烃源岩碳同位素组成差异

图 4-44 展示了 Baraka 组 /AG 组烃源岩饱和烃、芳香烃碳同位素的差异性：AG 组烃源岩饱和烃和芳香烃碳同位素明显偏轻，反映其原始母质富含低等水生生物；而 Baraka 组烃源岩饱和烃和芳香烃碳同位素明显偏重，则反映其原始母质富含陆生高等植物，有机质类型偏腐殖型，这与前文的有机质类型分析结果相吻合。

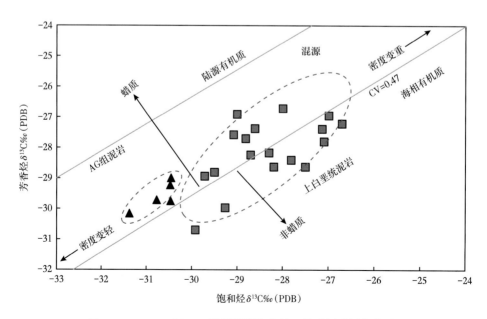

图 4-44 Baraka 组 /AG 组烃源岩饱和烃、芳香烃碳同位素对比

　　AG 组和 Baraka 组成熟烃源岩的有机质丰度、有机质类型、生物标志物组成、干酪根碳同位素等地球化学特征差异性明显：AG 组烃源岩主要为 II_1 型、I 型有机质的好—极好烃源岩，饱和烃色谱呈中峰型，高碳数正构烷烃为主，Pr/Ph 大于 1.17，偏氧化的烃源岩沉积环境，烃碳同位素偏轻；Baraka 组烃源岩主要为 III 型、II_2 型有机质中等—好烃源岩，饱和烃色谱呈前峰型，低碳数正构烷烃为主，Pr/Ph 小于 1.1，偏还原的烃源岩沉积环境，烃碳同位素偏重。

第四节　原油地球化学特征

一、原油物理化学性质

　　Muglad 盆地原油为半透明到不透明、褐色到深褐色，Bentiu 和 Aradeiba 组原油为黑色、高密度、高黏度、高胶质含量、高酸值、低凝固点、低石蜡烃含量、低硫含量，相对来说，Aradeiba 组原油品质要优于 Bentiu 组原油：前者 API° 平均 22.3°，50℃ 下的黏度为 470.39mPa·s；后者 API° 平均 19°，50℃ 下的黏度为 1553.06mPa·s。AG 组原油为正常原油或凝析油，API° 为 17.5°~63.01°，50℃ 下的黏度为 0.53~15.63mPa·s。原油普遍低硫（Aradeiba 组和 Bentiu 组原油硫含量小于 0.19%，AG 组原油硫含量 < 0.15%）、高蜡（Aradeiba 组和 Bentiu 组原油含蜡量 3.6%~15.7%，平均 14.3%；AG 组原油含蜡量 5.7%~33.2%）、酸值变化大（Aradeiba 组、Bentiu 组原油总酸值 TAN 为 4.42~16.2mg KOH/g，其中 Aradeiba 组平均 TAN 为 6.11mg KOH/g，Bentiu 组 TAN 平均 12.39mg KOH/g，AG 组原油 TAN 为 0.02~5.45mg KOH/g，平均 1.01mg KOH/g，多数原油 TAN < 0.15mg KOH/g）。

　　Aradeiba 组和 Bentiu 组的中质油、重质油和 AG 组的轻质油、凝析油表现相似的地球化学特征，揭示其单一的油气来源，即 AG 组优质烃源岩。原油 TAN 与原油 API 负相关，表明生物降解作用是形成高酸值原油的主要因素（窦立荣，2007）。

二、高酸值原油组成及成因

　　Muglad 盆地原油中有机酸主要是以环烷酸的形式存在，也存在少量的脂肪酸和具芳环的多环复杂结构的羧酸。环烷酸以一环环烷酸、二环环烷酸、三环环烷酸为主，在 350℃ 以上，除一环环烷酸、二环环烷酸、三环环烷酸外，还含有一定量的四环环烷酸、五环环烷酸。芳香环含量很少，烯烃双键含量也很少，环烷酸构成主要是一元酸。环烷酸的分子量分布情况与馏分的沸程趋势相一致，随着馏分变重、酸值增加，环烷酸平均分子量增大、分布变宽、碳数范围增大，同时，由于馏分变重，环数增加，可能的羧酸结构也越来越复杂。原油中酸性化合物相对分子质量集中分布在 470~620 之间，石油酸性组分主要由含氧、氮的杂原子化合物组成，分子中主要杂原子类型有 N_1、O_1、O_2、N_1O_1、N_1O_2、O_3、O_4 等，对应的化合物类型主要是咔唑类非碱性氮化物、酚类、羧酸、含氮酚类、含氮羧酸、羟基羧酸和二元羧酸。其中 N_1 和 O_2 是丰度最高的化合物类型，多数原油中含有酚类化合物，但其含量在不同原油中差异很大。高酸值原油 O_2 类化合物相对丰富，羧酸含量对酸值高低起主要决定作用。

生物降解原油酸值一般较高，酸性化合物以环烷酸为主，一环环烷酸至六环环烷酸相对丰度较高，但不同降解程度原油中环烷酸组成仍有很大差异。随降解程度增加，环烷酸与脂肪酸的相对含量比值增大，一元羧酸类化合物在酸性组分中的相对含量增加，环烷酸中多环环烷酸相对含量增加，二环环烷酸至三环环烷酸成为相对丰度最高的羧酸类化合物。非碱性氮化物在生物降解过程中分子缩合度增大，苯并咔唑、二苯并咔唑类化合物相对分子质量分布与生物降解程度呈现较好的相关性，随降解程度增加，其平均分子量减小，即烷基侧链变短。

研究表明，Muglad 盆地高酸值原油的形成，主要是由于原油遭受强烈的生物降解作用，酸值的主要贡献来自环烷酸（窦立荣，2007）。

三、原油生物标志物组成及其地球化学意义

（一）三环萜烷和四环萜烷

从图 4-45 可看出，原油中三环萜烷和四环萜烷丰度极低，C_{21}- 三环萜为主峰，表现为非海相油特征；此外 C_{24}- 四环萜含量相对较高，反映水体为微咸水—半咸水沉积环境。

（二）藿烷系列

藿烷类生源是原核生物（细菌）。从藿烷系列的分布特征看（图 4-45），Ts > Tm，表明均为成熟原油；以 C_{30}- 藿烷为主峰，C_{29}- 降藿烷次之（C_{29}- 藿烷 /C_{30}- 藿烷比值小于 0.5）；升藿烷丰度随碳数增加而依次降低，为陆相原油特征。

（三）25- 降藿烷

25- 降藿烷系列是藿烷被生物降解后产生的新化合物，包括 C_{26} 和 C_{28}—C_{34} 17α（H），21β（H）和 17β（H），21α（H）-25 降藿烷系列。研究区不同酸值原油中，特别是 Fula 凹陷原油普遍检出 25- 降藿烷（图 4-46）。按生物降解级别划分标准（Peters et al.，1993），该区原油经历了严重生物降解，但多数原油色谱图上正构烷烃分布完整，表明至少存在两期油气充注过程。

（四）伽马蜡烷

伽马蜡烷是异常盐度或稳定水体分层标志，其含量变化常与沉积水体盐度密切相关，只有在盐度较高时才会出现伽马蜡烷含量增高。伽马蜡烷的检出（图 4-45）表征烃源岩原始沉积环境为陆相半咸水沉积环境。另外，生物降解作用也会使抗降解的伽马蜡烷相对富集。

（五）甾烷系列

甾烷类的生源是真核生物（如藻类、浮游动植物和高等植物）。Muglad 盆地原油藿烷 / 甾烷远大于 10，表明原油母质来源中以细菌生源为主；原油 C_{27}—C_{29} 规则甾烷组成呈 V 字形分布（图 4-45），表明这些原油的有机质生源构成具有混合型有机质特征，重排甾烷丰度较高，孕甾烷含量普遍很低。未检出海相标志的 C_{30}-4 甲基甾烷。

四、原油碳氢同位素组成

（一）原油碳同位素组成特征

原油基本上继承其生烃母质的稳定碳同位素组成特征，但是在烃源岩成熟生烃和油气运移过程中，还会发生碳同位素组成的分馏效应，通常成熟度对有机质碳同位素组成分馏

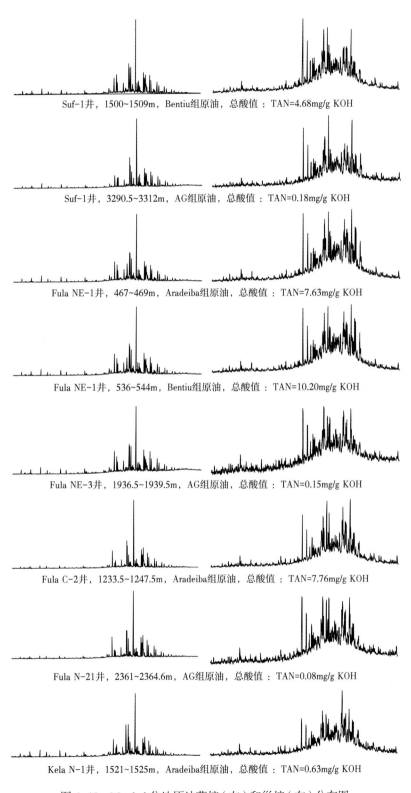

Suf-1井，1500~1509m，Bentiu组原油，总酸值：TAN=4.68mg/g KOH

Suf-1井，3290.5~3312m，AG组原油，总酸值：TAN=0.18mg/g KOH

Fula NE-1井，467~469m，Aradeiba组原油，总酸值：TAN=7.63mg/g KOH

Fula NE-1井，536~544m，Bentiu组原油，总酸值：TAN=10.20mg/g KOH

Fula NE-3井，1936.5~1939.5m，AG组原油，总酸值：TAN=0.15mg/g KOH

Fula C-2井，1233.5~1247.5m，Aradeiba组原油，总酸值：TAN=7.76mg/g KOH

Fula N-21井，2361~2364.6m，AG组原油，总酸值：TAN=0.08mg/g KOH

Kela N-1井，1521~1525m，Aradeiba组原油，总酸值：TAN=0.63mg/g KOH

图 4-45 Muglad 盆地原油萜烷（左）和甾烷（右）分布图

效应的影响有限，所引起的 δ^{13}C 值变化范围不超过 2‰~3‰（Peters et al.，1993）。因此，一般碳同位素 δ^{13}C 值相差达到 2‰~3‰以上的原油才认为是不同来源的原油。但在来源相同时，降解作用会使碳同位素变重。

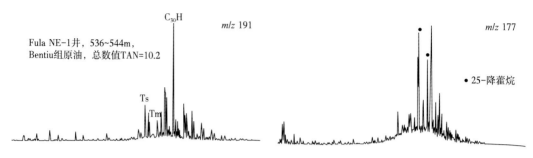

图 4-46　部分原油中检测出 25- 降藿烷

据 Muglad 盆地不同酸值原油的全油碳同位素统计，其 δ^{13}C 值分布范围为 -27.58‰~ -30.31‰，碳同位素明显偏重（图 4-47），具有典型湖相原油特征，但原油碳同位素变化较大，表明这些原油可能来自不同的生烃灶或经历不同程度的生物降解作用。

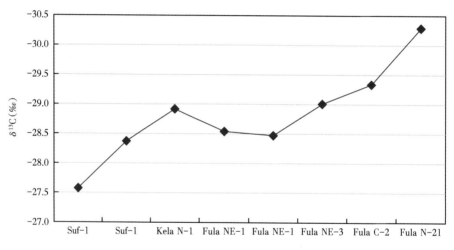

图 4-47　Muglad 盆地原油全油 δ^{13}C 组成特征及对比

（二）原油氢同位素组成

氢同位素组成的变化主要反映与沉积环境及水介质盐度的相关性（沈平，1987）。不同水体、不同生物来源形成的石油和天然气氢同位素分布有明显差异。对原油的全油氢同位素统计，其 δD 值分布范围为 -88.77‰ ~ -128.71‰，反映藻类生源（图 4-48）。

（三）原油碳同位素、氢同位素与 Melut 盆地原油对比

Muglad 盆地原油碳同位素、氢同位素相关性如图 4-49 所示。可见二者无相关性，但 Muglad 盆地原油氢同位素明显重于 Melut 盆地原油，说明前者烃源岩原始沉积水体更具有分层性和局限性；Muglad 盆地原油碳同位素也稍重于 Melut 盆地原油，说明前者烃源岩母质稍偏腐殖型。

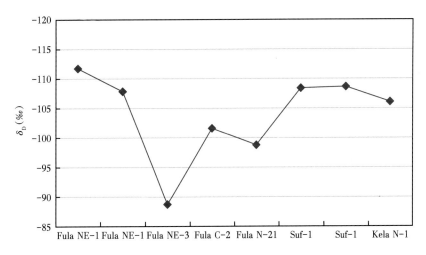

图 4-48　Muglad 盆地原油全油 δ_D 组成特征及对比

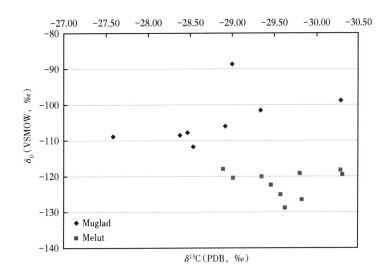

图 4-49　Muglad 盆地和 Melut 盆地原油碳同位素、氢同位素对比
注：VSMOW 为维也纳平均海水。

第五节　油源对比

Muglad 盆地发育多个生烃凹陷，针对不同的生烃凹陷、不同油田开展了大量的油源对比工作，表明所有原油均源自 AG 组烃源岩，而 Baraka 组烃源岩生烃贡献微乎其微，从而确认 AG 组为 Muglad 盆地主力烃源岩。

一、Fula 凹陷油源对比

Fula 凹陷原油的规则甾烷组成与 AG 组烃源岩具有高度相似性，表明二者之间明显的亲缘关系（图 4-50）。

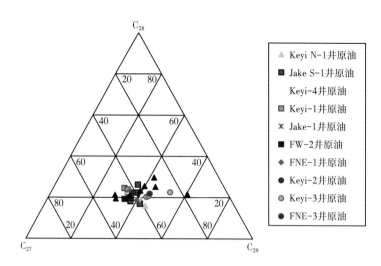

图 4-50 Fula 凹陷原油与 AG 组烃源岩规则甾烷组成对比

二、Hilba-Azraq-Diffra 地区油源对比

Hilba 地区、Diffra 地区原油与 AG 组泥岩具有相似的地球化学特征，可能源自 AG 组烃源岩。在 m/z 217 色质谱图上，Hilba 地区原油和 AG 组烃源岩样品的 C_{27}—C_{28}—C_{29} 规则甾烷分布呈 V 字形，表示低等水生生物与高等植物混合输入。4- 甲基甾烷和孕甾烷含量高，代表低等水生生物输入贡献较大（图 4-51）。Hilba 地区、Diffra 地区原油与 AG 组泥岩具有相似的地球化学特征，源自 AG 组烃源岩。

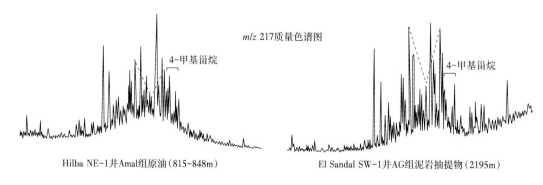

图 4-51 Hilba NE-1 井原油与 El Sandal SW-1 井 AG 组泥岩样品 m/z217 色质图

在 C_{27}—C_{28}—C_{29} 规则甾烷三角图中，Hilba 地区、Diffra 地区原油与 AG 组烃源岩样品均落在同一区域，表明这些原油可能源自 AG 组烃源岩（图 4-52）。

Hilba 油田上白垩统不同层位原油与下白垩统 AG 组烃源岩的甾烷、萜烷参数（C_{20}/C_{23} 三环萜烷、C_{28}/C_{29} 三环萜烷、C_{31}/C_{30} 藿烷、C_{31}R/C_{30} 藿烷、C_{32}/C_{30} 藿烷、C_{33}/C_{30} 藿烷、C_{34}/C_{30} 藿烷、C_{35}/C_{30} 藿烷、$\alpha\alpha\alpha$RC_{27}/C_{29} 甾烷、$\alpha\alpha\alpha$RC_{28}/C_{29} 甾烷）星状图上，Hilba 地区原油与 AG 组泥岩具有相似的地球化学特征，表明原油来源于 AG 组烃源岩（图 4-53）。

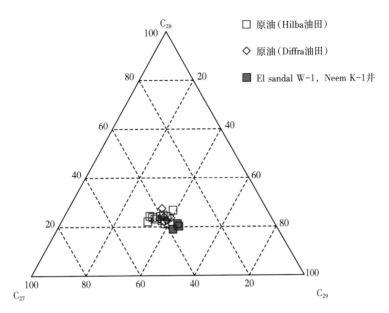

图 4-52　Hilba 地区、Diffra 地区原油与 AG 组泥岩样品规则甾烷三角图

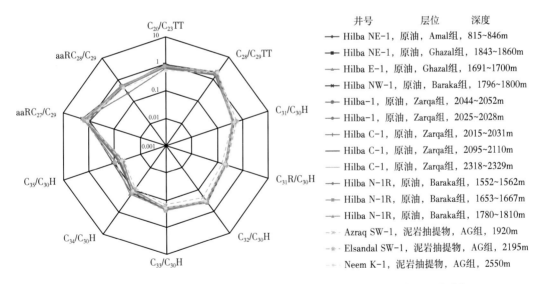

图 4-53　Hilba 油田上白垩统不同层位原油与 AG 组烃源岩甾萜参数聚类分析

三、Sabar-1 井含沥青砂岩的油源分析

Kaikang 坳陷 Sabar-1 井 3185m（Amal 组）含沥青砂岩的抽提物饱和烃生物标志物指纹特征，与 Baraka 组烃源岩的抽提物饱和烃生物标志物指纹特征具有良好的相似性，而与 AG 组烃源岩的抽提物饱和烃生物标志物指纹特征不具有相似性（图 4-54），揭示该含沥青砂岩的沥青来自 Baraka 组烃源岩，而非 AG 组烃源岩。

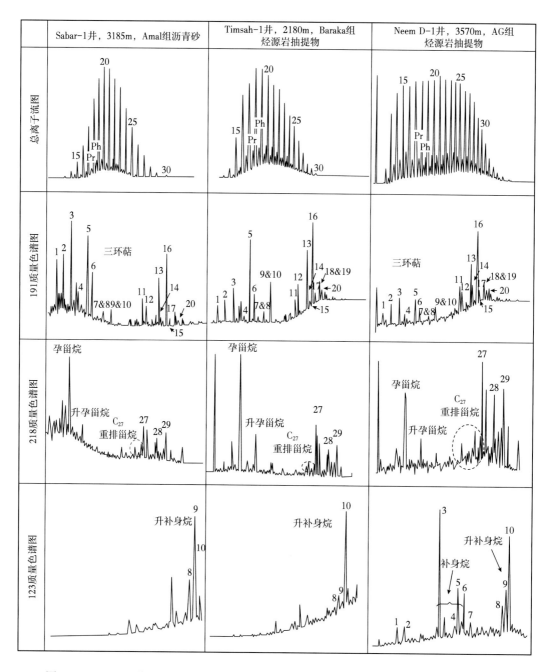

图 4-54 Sabar-1 井含沥青砂岩饱和烃生物标志物指纹特征与 Baraka 组 /AG 组烃源岩对比

第六节　Muglad 盆地主力烃源岩分布及评价

一、AG2 段烃源岩分布

鉴于 Muglad 盆地下白垩统 AG 组在各生烃凹陷中埋藏较深，钻井揭示较少，在凹陷周边或构造高部位也最多揭示到 AG2 段，因而针对 AG2 段的地球化学分析和测井烃源岩评价的研究成果较多，可以较准确地评价 AG2 段烃源岩及其分布。下面先分凹陷讨论 AG2 段烃源岩的平面分布特征，再结合沉积相研究成果，确定 AG2 段烃源岩的盆地分布。

（一）Sufyan 坳陷

根据实验分析数据建立单井地球化学剖面，结合测井烃源岩评价厘定烃源岩厚度，再综合该区沉积相分析成果，可将 Sufyan 凹陷 AG2 段烃源岩分为三类（图 4-55）：第 I 类，优质生烃灶（两个）位于凹陷南部沉积中心，其平均 TOC 大于 2%，烃源岩厚度大于 150m，处于生烃高峰阶段；第 II 类，较好生烃灶位于 Sufyan 凹陷中部及南部两个优质生烃灶之间部位，其平均 TOC 大于 1%，烃源岩厚度大于 90m，处于低成熟—成熟阶段；第 III 类，较差生烃灶位于 Sufyan 凹陷北部及西部，其平均 TOC 大于 0.6%，主要为中等丰度的烃源岩，厚度大于 30m，有机质演化处于低成熟阶段。

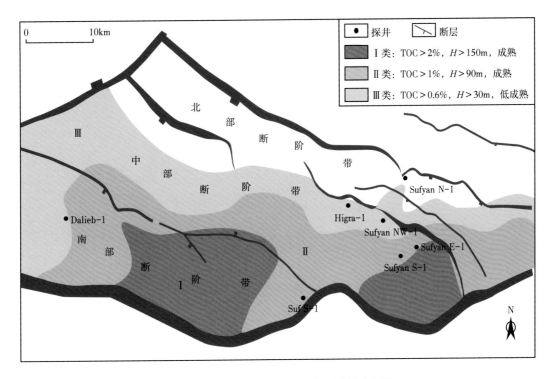

图 4-55　Sufyan 坳陷 AG2 段烃源岩综合评价

（二）Nugara 坳陷

根据实验分析数据建立单井地球化学剖面，结合该区沉积相分析成果和一维盆地模拟结果，将 Nugara 坳陷 AG2 段烃源岩分为三类（图 4-56）：第 I 类，优质生烃灶，分布局限，仅限于各次凹的沉积中心，其平均 TOC 大于 2%，处于生烃高峰阶段；第 II 类，较好生烃灶，分布较广，位于 Nugara 坳陷的主体部位，其平均 TOC 大于 1%，处于低成熟—成熟阶段；第 III 类，较差生烃灶，主要分布于 Nugara 坳陷周边的构造高部位，其平均 TOC 大于 0.6%，主要为中等丰度的烃源岩，有机质演化处于低成熟阶段，生烃贡献有限。

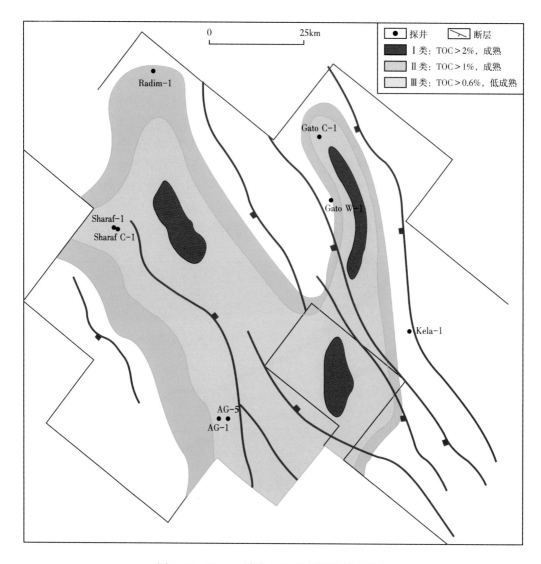

图 4-56　Nugara 坳陷 AG2 段烃源岩综合评价

（三）Fula 凹陷

根据实验分析数据建立单井地球化学剖面，结合测井烃源岩评价厘定烃源岩厚度，再综合该区沉积相分析成果，将 Fula 凹陷 AG2 段烃源岩分为三类（图 4-57）：第Ⅰ类，优质生烃灶，主要分布在 Fula 凹陷的中偏西部沉积中心，其平均 TOC 大于 4%，优质烃源岩厚度大于 300m，处于成熟—高成熟生烃阶段，为 Fula 凹陷的富油气中心；第Ⅱ类，较好生烃灶，环绕富油气中心分布，其平均 TOC 大于 3%，烃源岩厚度大于 200m，处于生烃高峰阶段；第Ⅲ类，主要分布于 Fula 凹陷周边的构造高部位，其平均 TOC 大于 2%，也为优质烃源岩，烃源岩厚度大于 100m，只是烃源岩有机质成熟度较低，主要处于低成熟演化阶段，生烃贡献较Ⅰ类区和Ⅱ类区要小。

总体来看 Fula 凹陷 AG2 段烃源岩非常发育，且均为优质烃源岩，有机质丰度高，厚度大，演化程度适中，为该富油气凹陷的形成奠定了雄厚的物质基础。

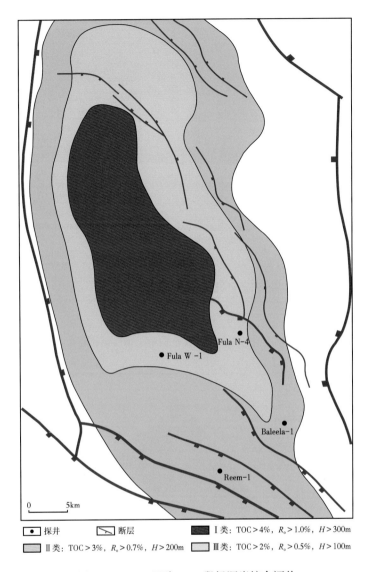

图 4-57　Fula 凹陷 AG2 段烃源岩综合评价

（四）Kaikang 坳陷

根据 Neem-Azraq 地区多井实验分析数据建立单井地球化学剖面，结合地震剖面 AG组地震相特征（图 4-58），推测 Kaikang 坳陷 AG 组烃源岩的分布，再结合前人盆地模拟研究成果，将 Kaikang 坳陷 AG 组烃源岩综合评价为六类（图 4-59）：第 I 类，分布Kaikang 坳陷沉积中心，主要为过成熟的优质气源岩；第 II 类，分布于 I 类区的外围，主要为高成熟的优质烃源岩，处于凝析油、湿气生成阶段；第 III 类，为优质成熟烃源岩分布区，AG 组烃源岩处于成熟的生烃高峰阶段；第 IV 类，分别位于 Kaikang 坳陷东西斜坡的狭窄条带，有机质丰度中等—好的成熟烃源岩；第 V 类，也是分别位于 Kaikang 坳陷东西斜坡的狭窄条带，为有机质丰度差—中等的低熟烃源岩，生烃贡献有限；第 VI 类，分别位于 Kaikang 坳陷东西凹陷边缘的构造高部位，烃源岩不发育，且埋深浅，有机质不成熟，没有生烃贡献。

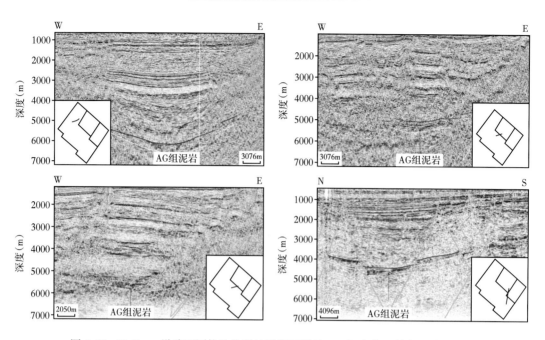

图 4-58　Kaikang 坳陷不同构造位置地震剖面揭示 AG 组密集反射段泥岩的分布

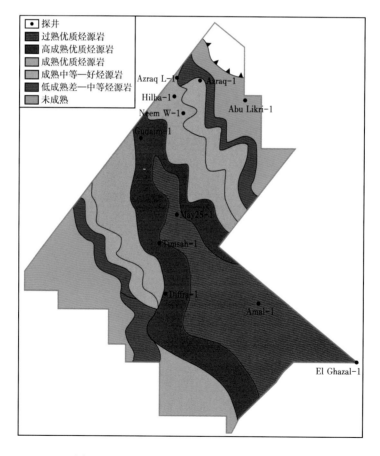

图 4-59　Kaikang 坳陷 AG 组烃源岩综合评价

（五）AG2 段烃源岩分布

综合各凹陷 AG2 段烃源岩的评价成果，再结合 Muglad 盆地沉积相研究成果、区域构造成图成果，编制了 Muglad 盆地 AG2 段烃源岩等厚图（以 TOC > 1% 为标准）（图 4-60）。

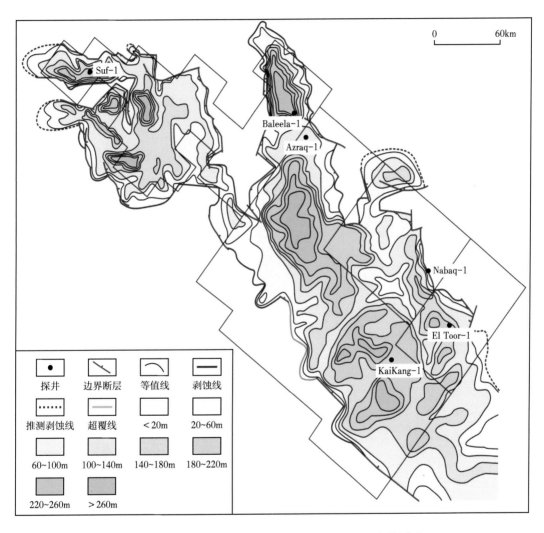

图 4-60　Muglad 盆地 AG2 段烃源岩（TOC > 1%）等厚图

二、AG4 段烃源岩分布

根据大量钻井资料建立的 Muglad 盆地白垩系地层综合柱状图表明，AG4 段类似 AG2 段也发育有区域分布的暗色泥岩，即也发育区域分布的优质烃源岩，这些已为钻遇 AG4 段的单井地球化学剖面证实（图 4-61、图 4-62），区域地震剖面追踪可进一步推测在 Sufyan 坳陷和 Fula 凹陷都发育区域分布的 AG4 段优质烃源岩，在 Nugara 坳陷仅局部发育。

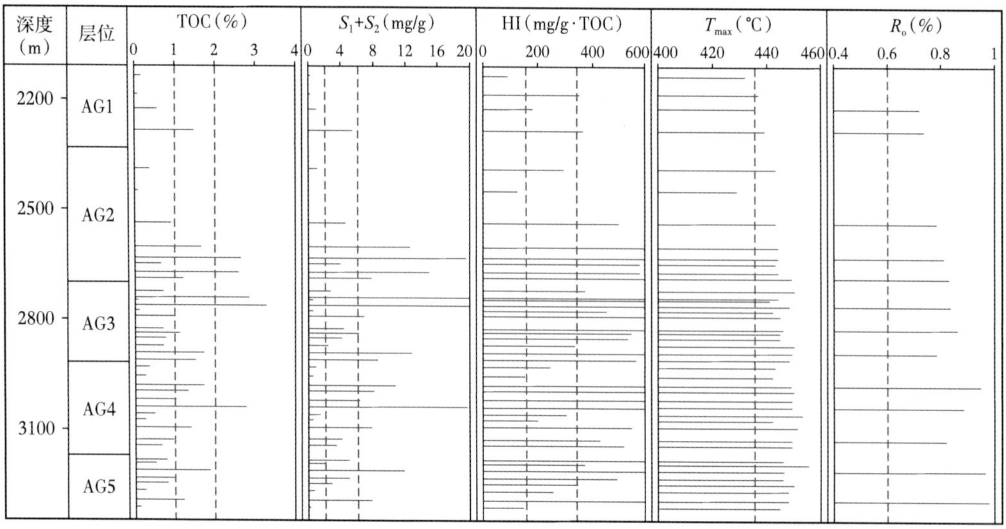

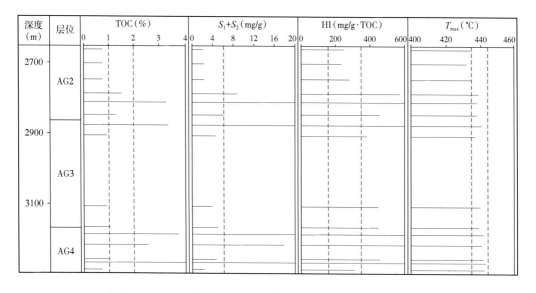

图 4-61　Sufyan 坳陷 Sufyan N-1 井 AG4 段烃源岩地球化学剖面

图 4-62　Nugara 坳陷 Radim-1 井 AG4 段烃源岩地球化学剖面

三、AG1 段和 AG3 段烃源岩分布

根据沉积相分析、层序地层研究成果，结合实测的地球化学剖面资料，表明在 Muglad 盆地部分地区也发育 AG1 段和 AG3 段优质烃源岩。

Neem-Azraq 地区 AG1 段优质烃源岩（图 4-63 至图 4-67）较为发育，Haraz-Diffra 地区也见有 AG1 段优质烃源岩发育（图 4-21）。

Sufyan 坳陷、Fula 凹陷和 Neem-Azraq 地区也局部发育 AG3 段优质烃源岩（图 4-4、图 4-12、图 4-68），尤其是 Nugara 坳陷的 Gato 凹陷，其 AG3 段烃源岩甚至优于 AG2 段，成为 Gato 凹陷主力烃源岩（图 4-10、图 4-68）。

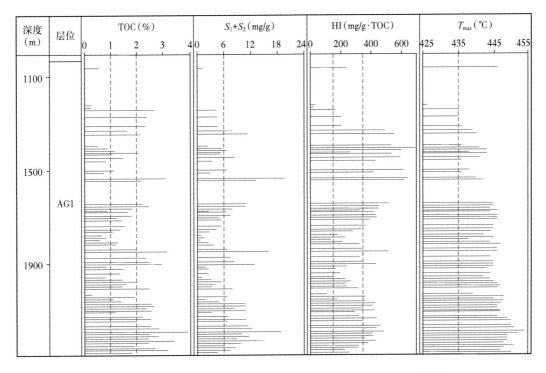

图 4-63　Neem-Azraq 地区 Azraq FN-1 井 AG1 段烃源岩地球化学剖面

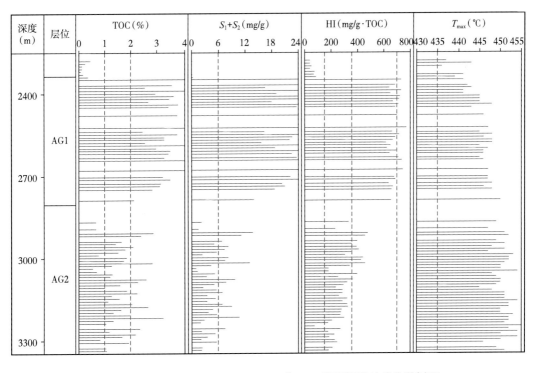

图 4-64　Neem-Azraq 地区 Neem-6 井 AG1 段烃源岩地球化学剖面

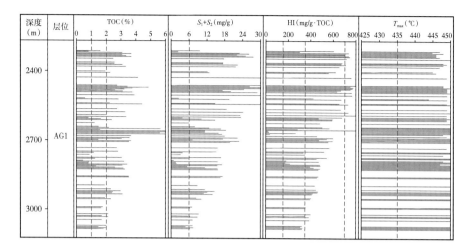

图 4-65　Neem-Azraq 地区 Neem N-1 井 AG1 段烃源岩地球化学剖面

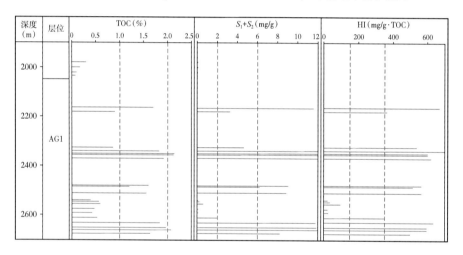

图 4-66　Neem-Azraq 地区 El Sandal S-1 井 AG1 段烃源岩地球化学剖面

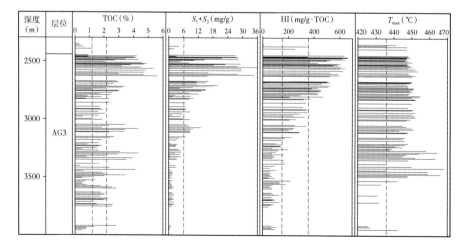

图 4-67　Neem-Azraq 地区 Azraq SW-3 井 AG3 段烃源岩地球化学剖面

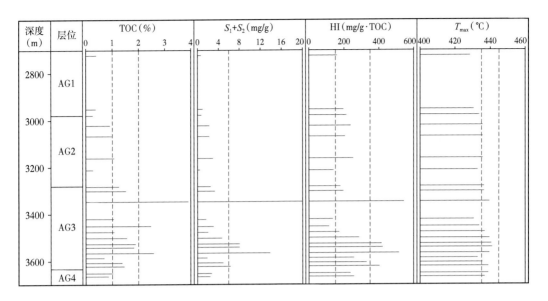

图 4-68　Nugara 坳陷 Gato 凹陷 Gato W-1 井 AG3 段烃源岩地球化学剖面

本章小结

通过大量地球化学实验分析，结合沉积相和盆地模拟研究成果，辅以地震剖面追踪分析，主要认识如下：

（1）下白垩统 AG 组烃源岩有机质丰度高，有机质类型主要为Ⅰ—Ⅱ₁型，进入生烃高峰期，生烃潜力大；烃源岩生物标志物组成显示为淡水湖相弱氧化—弱还原沉积环境，水生生物繁盛，生烃母质优越；油源对比表明其生烃贡献占绝对优势。

AG2 段为勘探证实的区域分布优质烃源岩，有机质丰度高，有机质类型主要为Ⅰ—Ⅱ₁型，处于生烃高峰阶段，烃源岩厚度大，生烃贡献大。AG4 段少量钻井证实为优质烃源岩：烃源岩厚度大，有机质丰度高，有机质类型主要为Ⅰ—Ⅱ₁型，处于高成熟—过成熟阶段，地震剖面推测亦为全盆地分布。

AG1 段和 AG3 段在局部有优质烃源岩发育，但规模有限，如 Kaikang 坳陷北部 Neem-Azraq 地区发育 AG1 段优质烃源岩，在 Nugara 坳陷 Gato 凹陷发育 AG3 段优质烃源岩。

（2）上白垩统 Baraka 组烃源岩有机质丰度中等，有机质类型主要为Ⅱ₂型和Ⅲ型，成熟度偏低，生烃潜力有限；烃源岩生标组成显示微咸水局限湖相强还原沉积环境，水生生物不甚发育，以高等陆生植物输入为主，生烃母质偏腐殖型；油源对比表明其生烃贡献有限。

（3）新近系 Tendi 组有机质丰度高，有机质类型主要为Ⅰ—Ⅱ₁型，但仅发育于 Kaikang 坳陷中，且为未成熟烃源岩，为无效烃源岩。

（4）原油为典型的淡水—微咸水湖相泥质烃源岩生成的成熟原油，以中质油为主，部分发生生物降解而成重质油，部分为高成熟的凝析油。

（5）油源对比证实 AG 组为全盆地有效、优质烃源岩，尤以 AG2 段和 AG4 段生烃潜力大、资源贡献大。

第五章　成藏组合评价与勘探领域

20 世纪 70 年代，雪佛龙公司对 Muglad 盆地的勘探目标主要为"凹中隆"，证实了上白垩统 Bentiu 组—Aradeiba 组为盆地内主力成藏组合。但随着勘探程度的提高，Muglad 盆地 Fula 凹陷和 Bamboo-Unity 凹陷等地区进入成熟勘探阶段，勘探难度越来越大，严重制约该盆地的勘探生产工作，主要表现为：（1）主力成藏组合 Bentiu 组—Aradeiba 组剩余圈闭少、面积小、埋藏深；（2）成熟探区深层及岩性地层、潜山等新类型油气藏勘探没有规模突破；（3）新区和新凹陷勘探形势不明朗，未能形成有效的规模接替区。勘探面临的问题需要通过深化成藏组合评价和油气富集规律研究，进而指导勘探部署，寻找新的勘探领域，为中长期勘探储备目标。

第一节　成藏组合划分与评价

含油气地质单元可分 4 个层次：含油气盆地、含油气系统、成藏组合和圈闭，其中油气成藏组合与油气勘探的方向和勘探部署密切相关。正是由于成藏组合对勘探部署的重要性，自其提出至今即成为地质勘探家研究的热门话题之一，不同的学者也给了成藏组合稍有不同的定义（童晓光等，2009a）。成藏组合的概念最早由 White 于 1980 年提出，定义为一组在地质上相互联系具有类似烃源岩、储层和圈闭条件的勘探对象，在 1988 年又进一步阐述其评价方法。Miller（1982）将其称为"Exploration play"，Exxon 等公司也用此名词，指综合勘探方案得以建立有实际意义的单元，具有地理和地层的限制，常限于一组在岩性、沉积环境及构造发育史上密切相关的地层。Crovelli（1987）将成藏组合看成具有相似地质背景的远景圈闭的集合体。Podruski 等（1988）和 Lee（1990）等认为成藏组合是由一系列远景圈闭或已发现油气藏组成，它们具有共同的油气生成、运移和储层发育史及圈闭结构，因此构成了一个局限于特定区域的自然地质总体。Allen 等（1990）认为成藏组合实际上是一组分享了共同的储层、区域盖层和石油充注系统的远景圈闭和油气藏。童晓光等（2009a）将成藏组合定义为相似地质背景下的一组远景圈闭或油气藏，它们在油气充注、储—盖组合、圈闭类型、结构等方面具有一致性，共同烃源岩不是划分成藏组合的必要条件，本次成藏组合的评价基于这种认识。

一、成藏组合划分

由于盆地内部在纵向上和平面上存在着明显的成藏条件、油气富集程度和油气藏特征方面的差异性，在盆地之下还要划分出次一级的评价单元。根据对世界上各种盆地的分析，盆地内纵向上地层层系之间的成藏条件和勘探工程条件的差异性大于盆内各个构造带之间的差异性。以层系为基础形成的成藏组合作为商业性的勘探单元适用于各类盆地，特别是对长期发育的多旋回盆地更具有重要意义（童晓光，2009b）。

盆地沉降与沉积充填特征研究结果显示，三期裂谷作用在盆地各凹陷的发育程度具有明显的差异。依据裂谷作用的不同发育程度，将 Muglad 盆地的凹陷划分为三类：早断型、继承型及活动型（张光亚等，2019）。早断型凹陷在第一裂谷演化旋回阶段发生强烈沉降和沉积充填，而第二裂谷、第三裂谷演化发育程度弱，以 Sufyan 凹陷最为典型，沉降速率显示出"较强—弱—更弱"的特征。继承型凹陷在第一裂谷、第二裂谷演化旋回阶段均发生了较大的沉降，第三裂谷演化旋回阶段则相对较弱，以 Fula 凹陷、Unity 凹陷、Bamboo凹陷最为典型，沉降速率显示出"强—较强—弱"的特征。活动型凹陷三期断坳演化均较为发育，与前两种类型相比，第三类断坳演化对凹陷的影响明显增加，以 Kaikang 坳陷最为典型，沉降速率显示出"强—较强—较强"的特征。

根据 Muglad 盆地目前勘探目的层系与成藏要素的不同（张光亚等，2019），自下而上可划分出下、中、上三套成藏组合，与"早断型、继承型及活动型"三种叠加凹陷相关，不同类型凹陷其主要成藏组合也不同。

（一）下组合：AG 组内部组合

下组合以下白垩统 AG 组泥岩为烃源岩，AG 组内部薄层砂体为储层，AG 组泥岩为盖层，储盖关系为自生自储自盖型（图 5-1）。

1. 储层

烃源岩层序内部 AG 组发育砂泥岩互层，储层一般以三角洲—湖泊相为主，主要为细—粉砂岩，分选及磨圆度较好，砂岩孔隙度随深度增大而减小，由于砂岩中泥质含量的变化，孔隙度的变化趋势不是很明显，总体表现为 3000~3500m 以深物性变差，好储层主要在 3000m 以浅。但在不同凹陷和构造带，AG 组储层表现出不同的特征。

在东部坳陷 Fula 凹陷 FN-4 井钻遇的 AG 组的 AG1 段、AG3 段以砂泥岩互层为主，砂岩以灰白色细—粉砂岩为主，分选及磨圆度好，厚 1~10m，属于三角洲前缘沉积；AG2段、AG4 段以大套泥岩发育为特征，夹有少量薄层细—粉砂岩，厚 2~6m，部分井段页岩发育，属于半深湖相—深湖相沉积，区域分布较稳定。东部坳陷 Neem 地区主要储层为AG 组的 AG1 段、AG2 段、AG3 段三角洲砂岩，三角洲水体稳定，储层厚度大（20m 以上）、物性好。在东部坳陷 Azraq 地区，AG 组 AG1 段以粗—中砂岩为主，基本不发育泥岩，成藏条件较差，在 AG2 段、AG3 段烃源岩层序内部砂岩有油气发现，但砂层分布不连续，物性变化大，向 Azraq 以东地区整个 AG 组以砂岩为主，泥岩不发育，如 Azraq-1 井显示AG 组以河流相沉积的粗碎屑为主，油气显示弱，成藏条件差。

目前在 Neem-Azraq 地区、Fula 凹陷、Hadida 油田和 Sufyan 凹陷有规模的商业发现，其他地区发现规模小，该储层发现的储量约占总数的 17%。

2. 盖层

勘探实践已经证实下白垩统 AG 组是一套可靠的盖层。从地震资料和钻井资料来看，AG 组可划分为五段，最下部 AG5 段以砂岩沉积为主，向上泥岩含量逐渐增加。在断层根部地层明显增厚，推测为冲积—洪泛平原沉积。AG 组上部（AG1 段）以砂泥岩近等厚互层为主，横向变化较大，目前在 Fula 凹陷发现的稀油主要分布在 AG 组上部（AG1 段），中部（AG2 段—AG4 段）将是 Muglad 盆地今后勘探的潜在领域，自生自储成藏组合将是主要的勘探层系。"十三五"期间在 Fula 凹陷和 Sufyan 凹陷 3600m 以下砂层发现了高产工业油气流，也证实在合适的条件下，AG 组深层具有较好的勘探潜力。

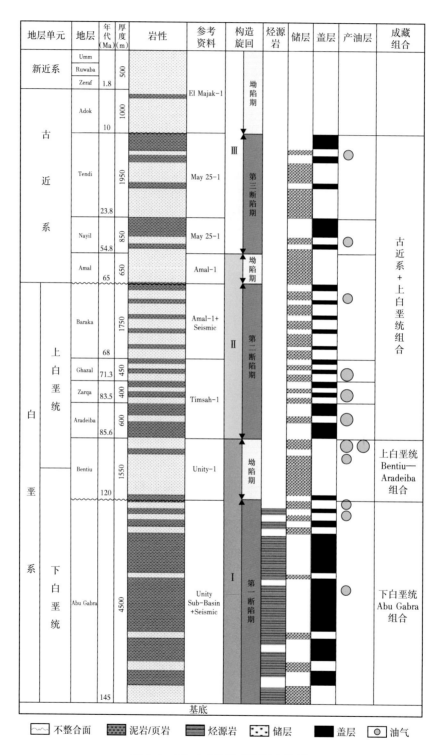

图 5-1　Muglad 盆地成藏组合特征

（二）中组合：Bentiu– Aradeiba 组组合

中组合以下白垩统 AG 组泥岩为烃源岩，Bentiu 组砂岩为储层，Aradeiba 组泥岩为区域盖层，其内部局部发育的薄砂层也可为储层，储盖关系为正常型，是盆地内的主力成藏组合。

1. 储层

1）Bentiu 组砂岩

Bentiu 组砂岩以中—粗粒长石或岩屑质石英砂岩为主，是本区最重要的储层，厚度最大，分布最广，砂 / 泥比例高达 70% 以上。从上至下分多个砂层组，依次编号为 1、2、3、4…，每个砂层组厚约 100m，由多套辫状河道砂岩叠加组成，各砂层组间以较厚（5~20m）且分布较稳定的泛滥平原泥岩分隔，邻井之间各组基本上可追踪对比，横向分布稳定。其中 Bentiu 2 砂层组的泥岩比例较高，为厚层泥岩与砂岩互层，泥岩隔层厚达 20~35m，为 Bentiu3 砂层组砂岩形成了良好的局部盖层。Bentiu 组拥有的储量主要位于 Bentiu1 砂岩顶部的一套砂层组中，因此又将其细分为 A、B、C、D 四个小层；其次在 Bentiu2 砂层组和 Bentiu3 砂层组中也有一定的储量。

Bentiu1 砂层组顶部的砂岩小层一般厚 6~30m，横向延伸 500~1200m，砂体宽厚比为 100 左右，属长流程辫状河沉积，层间被厚度小于 5m 的泥岩分隔。在隔层发育的地方，RFT 资料显示各小层不属统一的压力系统，这时 Bentiu1 油藏就表现出层状的特点；在隔层很薄或消失的地方，Bentiu1 油藏就表现为具统一压力和油水系统的底水块状油藏。

根据 96 个常规岩心样品的分析结果，结合本区实际产层的统计结果，有效储层的总孔隙度为 12.6%~35.2%（平均值为 24%），渗透率为 1.0~10900mD（平均值为 1584.8mD）。其中以基本上不含杂基的高能河道粗粒长石净砂岩和石英净砂岩物性最好。关于有效储层的下限值，各油田没有统一的界限。在 1 区油质较轻的油田，其有效孔隙度为 12.5%，相应的渗透率为 3mD；在 2 区油质较重（API 重度为 20° 左右）且稠，如 Bamboo 油田的有效孔隙度为 15%，相应的渗透率为 10mD。

2）Aradeiba 组砂岩

主要分散在 Aradeiba 组下段泥岩中，呈夹层状，以高弯度曲流河道砂岩为主，共有 6 个砂层，厚 0~25m。单砂层厚一般为 3~20m，宽 500~3000m，宽厚比 150 左右。从上到下依次序名为 A、B、C、D、E、F，部分砂层还由 2~3 个小层组成。其中 A 砂层分布最稳定，基本上全区都有，B 砂层、C 砂层较稳定，其他分布局限呈鞋带状，连续性较差。单井一般只钻遇 1~3 个，Aradeiba 组砂岩在 Unity 凹陷、Bamboo 凹陷是次要目的层，在 Unity 地区较发育，盆内其他大部分地区不发育。物性比 Bentiu 组砂岩好，在局部地区是主要产层，如 2A 区块的 Taiyib-Umm Batutu 地区，A 砂岩在 Taiyib-2 井毛厚 6m（1237~1243m 井段），有效产层厚 3.2m，试油获自喷原油 50m³/d，是 A 砂岩产油的最高纪录。

根据常规岩心样品分析结果及试油统计结果，有效储层总孔隙度为 14%~36%（平均值为 26%），是 2A 区主要储层中最高的；渗透率为 1.0~10100mD（平均值为 947mD），主要为中孔隙度、中渗透率储层与高孔隙度、中渗透率储层。孔隙类型以原生孔和次生粒间孔为主，少量的颗粒铸模孔，孔隙连通性较好。铸模孔主要是由不稳定长石和岩屑溶蚀形成，在溶蚀不完全的地方，可能形成一些无效的微孔。孔渗关系类似 Bentiu 组砂岩的指数正相关关系，但相关性更好，反映了以粒间孔为主的储层的共同特征，次生孔隙比 Bentiu

组差。其储层物性下限值采用 Bentiu 组的取值。

2. 盖层

第二裂谷旋回期形成的以泛滥平原、滨浅湖相泥岩、粉砂质泥岩和泥质粉砂岩为主的 Darfur 群是区内最重要的区域盖层，其最下部的 Aradeiba 组厚度一般为 180~500m，在凹陷中心（Kaikang 坳陷中断层的下降盘）厚度超过 1000m，以角度或平行不整合上覆于主力储层 Bentiu 组砂岩之上，构成了全区最好的储—盖组合（窦立荣等，2006）。Aradeiba 组是高水位期沉积、区域广泛分布的以泥岩为主的地层，可分上下两段：上段为一大套泛滥平原相（局部为浅湖相）泥岩，颜色为各种红褐色、绿灰色、灰色（偶见深灰色）等较强氧化色，局部含粉砂岩薄夹层，基本上不含砂岩，电性上为平直的低电阻和齿状的低伽马值；下段以红褐色、绿灰色、灰色泛滥平原泥岩为主，夹曲流河道和三角洲分流河道砂岩。

Bentiu 组砂岩的储集条件优越，邻近下伏的 AG 组生油岩，上覆又有 Aradeiba 组区域盖层，拥有的储量占总储量近 62%，是盆地的主力储层。

（三）上组合：Darfur 群和古近系

上组合以下白垩统 AG 组泥岩为烃源岩，上白垩统 Zarqa 组、Ghazal 组、Baraka 组及古近系 Amal 组、Nayil 组内部砂岩为储层，Zarqa 组、Ghazal 组、Baraka 组及 Nayil 组内部泥岩为直接盖层，储盖关系为正常型。

1. 储层

1）Zarqa 组砂岩

为曲流河道砂岩，正韵率，粒度从细至粗都有，岩性以石英砂岩、岩屑石英砂岩和长石石英砂岩为主，是 Unity、Talih 等油田的主力油层之一。从上至下共分 A、B、C、D 四套砂层（C 又细分成两个小层），分布均较稳定，以 D 砂岩分布最稳定，在这些油田中钻遇率 100%；A、C 次之，B 稍差。每套砂岩毛厚 0~33m，纯厚度最大为 22.7m，有效厚度可达 20.9m，一般为 5~14.1m。单层，即一次河道旋回的砂体，厚 4~11.5m，宽度（即河道宽）600~1700m，宽厚比 150 左右，属高弯度曲流河。

根据常规岩心样品的分析结果，有效储层总孔隙度为 14%~31%（平均值为 22%），渗透率为 1.0~6070mD（平均值为 1065mD），以中—高孔隙度、中渗透率储层为主。孔隙类型以原生孔和次生粒间孔为主，少量的颗粒铸模孔，孔隙连通性较好。铸模孔主要是由不稳定长石和岩屑被溶蚀形成，在溶蚀不完全的地方，可能形成一些无效的微孔。孔渗关系类似 Bentiu 组砂岩的指数正相关关系，反映了以粒间孔为主的储层的共同特征。其储层物性下限值采用 Bentiu 组的取值。

2）Ghazal 组砂岩

以辫状河—曲流河道块状中—粗岩屑或长石质石英砂岩为主。从上到下共分 A、B、C、D、E、F、G、H、J 九套砂层，并进一步细分成 20 个小层，其中 B、D、E、H 全区发育，分布最稳定，A、F、G 较稳定，C、J 横向连续性差。单套砂层毛厚可达 79m（一般为 5~55.4m），净厚可达 39.7m（一般为 2.6~22m），有效厚度最大 23.4m（一般为 2.6~18.1m）。单层，即一次河道旋回的砂体，厚 3~12m，宽度（即河道宽）300~1800m（其中辫状河道砂体的宽度较小），是 Unity、Talih 等油田的主力产层之一。

根据常规岩心样品分析，结合油层统计结果，有效储层的总孔隙度为 13%~35%（平均 24%），渗透率为 1.7~6590mD（平均 652mD）。孔渗关系类似 Bentiu 组砂岩的指数正相关关系，反映了以粒间孔为主的储层特征。目前分析样品中以中孔隙度、中渗透率，高孔隙度、高渗透率储层为主。

3）Baraka 组砂岩

为三角洲前缘—河道砂体，以块状中—粗岩屑或长石质石英砂岩为主。有效储层的总孔隙度为 12%~32%（平均 23%），渗透率为 3.7~6000mD（平均 610mD）。目前分析样品中以中孔隙度、中渗透率，高孔隙度、高渗透率储层为主。

4）Amal 组砂岩

Amal 组以中—粗粒长石或岩屑质石英砂岩为主，是上组合厚度最大的储层，分布最广，砂泥比高达 70% 以上。从上至下分 2 个砂层组，每个砂层组厚 100~300m，由多套辫状河道砂岩叠加组成，各砂层组间以较厚（5~20m）且分布较稳定的泛滥平原泥岩分隔，邻井之间各组基本上可追踪对比，横向分布稳定。Amal 组砂岩以中孔隙度、中渗透率，高孔隙度、高渗透率储层为主。

5）Nayil 组砂岩

Nayil 组在 4 区相对发育，在 1/2 区和 6 区相对沉积厚度较小，或被剥蚀殆尽。在 4 区，Nayil 组在 Kaikang 坳陷最厚，主要位于 May25-1 井、Simsim-1 井、Amal-1 井、Elmajak-1 井和 Kaikang-1 井一带。Nayil 组可以划分为三段，从下到上依次为 1 段、2 段和 3 段。在 4 区，1 段和 3 段以泥岩为主，Kaikang 坳陷两侧为砂岩；Nayil 2 段除在 Kaikang 坳陷以泥岩为主外，大部分地区以砂岩为主。Nayil 组主要发育三角洲、曲流河、滨浅湖相、半深湖相及水下扇。其中 4 区主要发育三角洲、滨浅湖相、半深湖相及水下扇，1/2 区主要发育曲流河。Nayil 组砂岩在 4 区斜坡北部 Haraz-Suttaib 构造带和 Diffra 隆起区有少量井获发现，目前尚无储层岩心分析资料。

6）Tendi 组砂岩

同 Nayil 组一样，Tendi 组在 4 区相对发育，在 1/2 区和 6 区沉积厚度相对较小，或被剥蚀殆尽。Tendi 组可以划分为上下两段。下段砂岩沉积占优势，上段以泥岩沉积为主。Tendi 组下段沉积时期，湖泊缩小，4 区以三角洲沉积和滨浅湖沉积为主；在 1/2 区以曲流河冲积平原沉积为主，在 Tendi 组上段沉积时期，湖泊扩张，4 区以滨浅湖沉积为主，并有水下扇沉积。在 Kaikang 坳陷西侧以三角洲沉积为主；而在 1/2 区，大多被剥蚀，推测仍以曲流河沉积为主。

Tendi 组砂岩储层没有岩心样品，但是由于其物源与下伏储层相同，沉积环境主要为湖泊—三角洲，因此推测砂岩中的石英含量应较高，而长石等不稳定组分的含量较低。作为已经有油气发现的 Tendi 组砂岩储层，由于沉积较晚，埋藏深度不大，推测普遍还处于成岩作用的早期。孔隙度应以原生粒间孔为主，可能存在数量很少的长石溶蚀孔。其孔隙度随深度增加而减小，由于储层埋深在 3000m 以内，因此孔隙度一般大于 20%。预测主要为中孔隙度、高渗透率，中孔隙度、中渗透率储层，平面分布较稳定，但单层厚度不大。如果有晚期形成的圈闭，且具有与古油藏连通的断裂，则也可以形成以 Tendi 砂岩为储层的油气藏，只不过油藏的规模较小。

2. 盖层

上组合存在多套凹陷级／局部盖层，包括上白垩统 Zarqa 组、Ghazal 组、Baraka 组，古近系 Nayil 组及 Tendi 组泥岩。

1）Zarqa 组

一般厚 100~250m，在坳陷内部厚度很大（在 Timsah-1 井厚 664m）。以曲流河相灰色泥岩为主夹不等厚细—粗砂岩，其泥岩可作为局部盖层。

2）Ghazal 组

一般厚 100~300m，但在 Kaikang 坳陷东断阶带以西，厚度迅速增大（在 Grintiya-1 井厚达 590m）。岩性是以辫状河—曲流河相块状中—粗砂岩为主的砂泥岩不等厚互层，是 Unity、Talih 等油田的主要储盖组合之一。

3）Baraka 组

厚度变化很大，在 1 区、2 区大部分地区厚 150~600m，但在 4 区和 6 区 Kaikang 坳陷东断阶带以西，厚度迅速增大，在 Kaikang 坳陷中心厚度可达 1000m 以上。在 1、2 区大部分地区中部、下部以大套砂岩为主夹泥岩，上部以褐色、灰绿色泛滥平原和浅湖相泥岩为主夹粉—细砂岩。这套泥岩在 Kaikang 坳陷东断阶带以西厚度可超过 500m，具有区域分布特点，是 Kaikang 坳陷内寻找浅层次生油藏的主要盖层。

4）Nayil 组

厚度变化大，在 1 区、2 区薄甚至缺失，在 4 区较厚（在 May25-1 井达 829m），推测在 Kaikang 坳陷中心厚度可达 1500m。中上部以大套灰色—褐色泥岩为主夹砂岩、粉砂岩，在 Kaikang 坳陷内可作为浅层次生油藏的主要盖层。到断陷边缘，厚度减小，相变为以砂岩为主夹泥岩。

5）Tendi 组

厚度变化很大，在西部坳陷带普遍缺失，在 4 区很厚（在 May25-1 井达 2150m），推测在 Kaikang 坳陷中心厚度可达 3000m。上部为大套暗灰和褐灰色泥岩为主夹粉砂岩、砂岩，称为 Tendi 组泥岩段，主要分布在 Kaikang 坳陷等断陷中，是 Kaikang 坳陷内寻找浅层次生油藏的主要盖层。下部为砂泥岩不等厚互层，局部以砂岩为主。

Zarqa 组和 Ghazal 组的砂岩呈夹层或互层状与各自的泥岩构成了很好的储盖组合，它们的储量约占总数的 16%。另外，还在 Hilba 地区上白垩统上部 Baraka 组发现大套砂岩含油层，在 2/4 区 Nayil 组（Elmahafir-1 井）和 Tendi 组（Kaikang-1 井）大套泥岩段之下的砂泥岩互层中，也获得了商业发现；Amal 组发育物性很好的厚层砂岩，在 4 区东北 Neem-Azraq 地区有多口钻井有油气显示，但仅在 Hilba 地区有几口井试油获稠油发现，这些储层总储量约占总数的 2%。

二、成藏组合评价

（一）下组合

目前主要油气发现位于东部坳陷带 Neem-Azraq 油田、Fula 凹陷的 Fula、Moga、Jake 和 Keyi 等油田、Nugara 坳陷的 Hadida、AG、Sharaf 油田及 Sufyan 坳陷的 Suf 等油田。该组合生—储—盖配置良好，盆地勘探早期没有重视该组合，是今后勘探的主要方向，特别是在 Bamboo-Unity 含油气系统内，该组合勘探程度低。沉积相是控制储层发育的主要因素，有利地区为构造背景控制下的三角洲/扇三角洲砂体。主要风险为储层物性，在 Kaikang 坳陷该组合埋藏超过 5000m。

结合井数据，建立研究区的 AG 组地层柱状图，AG5 段位于裂谷盆地沉积初期，由于湖平面较低，发育大量的冲积扇—辫状河沉积，粒度较粗，只在凹陷中心被湖水覆盖，泥岩发育。AG4 段是第一次湖泛，沉积物粒度较细，发育烃源岩。而后 AG3 段沉积物粒度相对 AG4 段较粗，但整体上也具有较好的储—盖组合。AG2 段是第二次明显的湖泛期，整体上粒度较细，可以作为区域盖层。AG1 段作为 AG 组沉积最晚的地层，粒度相对较粗，对应着湖盆萎缩期沉积。由于 AG 组沉积末期局部抬升，AG1 段和 AG2 段遭受剥蚀，造成东部坳陷的 Unity-Bamboo、Neem-Azraq 地区 AG1 段普遍缺失，AG2 段部分缺失，只在凹陷中央和 1 区广泛发育。

根据以上分析，可以推测主要的储盖组合和主要勘探层系。AG2 段作为湖泛期，粒度较细，可以作为 AG3 段的区域盖层，而 AG3 段内部也可以发育较好的储—盖组合，AG4 段由于粒度较细，可以作为 AG5 段的区域盖层，AG5 段由于埋深大，推测压实强烈，物性可能较差，勘探潜力有待进一步探索。

在精细沉积相研究的基础上，结合油层的物性分析，发现三角洲前缘亚相具有较好的储—盖组合，泥砂互层，勘探潜力大，而三角洲平原环境，往往由于粒度粗，缺乏泥岩盖层，勘探潜力小。三角洲前缘主要分布于东部坳陷 Unity-Bamboo 构造脊的南部，Simbir N-1 井等已经证明其具有较好的储—盖组合；另一个区域为 Unity-Bamboo 构造脊的翼部，处于脊和凹陷之间过渡，储—盖组合良好，可以进行岩性地层油气藏勘探。在 1 区缓坡，发育大量的三角洲沉积，靠近盆地边缘的井往往表现为粒度过粗，缺乏盖层致使勘探潜力差。而三角洲前缘目前井揭示较少，在靠近 Unity 凹陷的三角洲前缘亚相，具有较好的储—盖组合条件，具有很好的勘探潜力。其他潜在的勘探潜力区包括 Bamboo 凹陷的低位扇沉积，边界断层处的水下扇沉积等。

同时，剥蚀也对研究区的 AG 组层系勘探具有较大的影响。由于 AG2 段作为主要的区域盖层，AG2 段是否发育往往对 AG2 段以下地层的勘探潜力评价具有重要的影响。通过对研究区 AG2 段剥蚀范围的精细追踪，确定了 AG2 段剥蚀范围。由于向南剥蚀程度减弱，因此勘探潜力变大，特别是 Kanga 等油田，由于有较好的 AG2 段盖层发育，推测勘探潜力大。

AG 组有利区带位于隆起（凸起）与凹陷之间的三角洲前缘相发育区，例如 4 区 Neem-Azraq 地区、Bamboo 凹陷、Unity 凹陷西侧斜坡区和 Unity 凹陷东侧盆缘区；较有利区带为 Haraz-Diffra 西斜坡带。6 区 AG 组有利带为 Fula 凹陷南部断阶带、中部构造带和西部陡坡带、Gato 凹陷东部陡坡带、Hadida 三角洲及其以南地区、Abu Gabra 三角洲、Sufyan 凹陷南部陡坡带和北部斜坡带等。

（二）中组合

由于 Aradeiba 组泥岩分布较广，几乎覆盖全盆地，因而使盆地绝大多数油气停留在该套地层之下，使 Bentiu 组砂岩成为全区主要的油气储层。Bentiu 组—Aradeiba 组为全区主要的储—盖组合，即主力成藏组合。

如前所述，Bentiu 组是一套辫状河—曲流河相，为厚层的块状砂岩，夹薄泥岩组成，厚度在 1/2 区 Unity-Heglig 隆起上可达 1000~1500m，在 1 区 El Toor-Munga 断阶带也可达 1000m 以上，如 El Toor-6 井（1000m 左右），并向盆地凹陷区增厚，向盆地边缘减薄；4 区位于盆地边缘的 Shammam-1 井厚度就达 1500m 以上，推测向盆地主体方向，厚度可增至 2000~3000m。Bentiu 组砂岩一般为透明和半透明的石英砂岩，颗粒均匀，分选好，孔隙度高，储层物性好。Aradeiba 组是一套河流泛滥平原相，一般为褐色、红褐色泥岩、粉砂质泥岩，夹薄砂岩互层。1/2 区该组厚度一般可达 300~400m；4 区钻井揭示的最大厚度接近 1000m（Timsah-1 井），推测到盆地深部会更厚。从岩性组成上，可以将 Aradeiba 组分成厚度相当的两个部分，即上 Aradeiba 组泥岩段和下 Aradeiba 组泥岩夹薄砂岩层段。前者主要由纯泥岩组成，偶夹粉砂质泥岩，厚度一般为 100~200m，该段厚度稳定，分布范围大，可以认为是全区主要的区域盖层；后者为泥岩夹砂岩薄互层，以泥岩为主，一般夹 3~5 层厚度几米到十几米的薄砂层，分别称为 Aradeiba 组 A 砂岩、B 砂岩、C 砂岩、D 砂岩、E 砂岩，因此，除 Bentiu 组块状砂岩为主要储层之外，Aradeiba 组下段的砂岩夹层也往往在许多地区成为主要储层。一般来讲 Bentiu 组储层多为块状油藏，下 Aradeiba 组砂岩夹层多为层状油藏。

从目前的埋深来看，Bentiu 组—Aradeiba 组组合在 1/2 区基本上处在比较适中的范围内，大部分在 1000~2000m 之间。盆地东部边缘 Umm Bareaia-1 井最浅小于 900m；El Toor-Munga 断阶带一般为 1200~1500m；Heglig-Unity 隆起上为 1500m 左右，Bamboo 地区 1200m 左右，从 Unity-Heglig 隆起往西，埋深增加，如 El Harr 地区和 Khariet 地区均大于 2000m。进入 4 区 Kaikang 坳陷，该组合急剧加深，在古近—新近纪强烈沉降的地区，该组合的埋深可达 5000~8000m，甚至更深；而两侧的断阶带，在古近—新近纪相对活动较弱的地区，埋深也在 3000~4000m，如 Timsah-1 井为 4000m 左右，Diffra West-1 井为 3000m 左右。因此，仅从埋深状况和钻探的经济性来看，Bentiu 组—Aradeiba 组组合除 4 区 Kaikang 坳陷古近—新近纪强烈沉降地区以外，在 1/2 区大部分范围和 4 区 Kaikang 坳陷两侧断阶带古近—新近纪活动相对较弱地区均可作为主要勘探目的层系。

在 6 区 Fula 凹陷，Aradeiba 组—Bentiu 组是主力成藏组合，但在 Nugara 坳陷和 Sufyan 坳陷，由于 Darfur 群（Aradeiba 组、Zarqa 组、Ghazal 组、Baraka 组）整体不发育，厚度介于 200~500m 之间，在中央构造带一般为 350m，且 Darfur 群表现为正旋回沉积，下部岩性偏砂，向上过渡到纯泥岩，Aradeiba 组不能成为区域盖层，从而降低了底部的封堵性。此外，Sufyan 坳陷和 Nugara 坳陷 Bentiu 组与 1/2/4 区一样，均为巨厚砂岩沉积，在中央构造带厚达 1500m，没有如此大断距的断层和如此厚的泥岩可以将其分割为独立的封闭单元，使得 Bentiu 组砂岩几乎在全凹陷接触连片，形成泛连通体，容易造成油气的逸散，导致在这些区域 Aradeiba 组—Bentiu 组成藏组合的潜力较小。

（三）上组合

上组合包括上白垩统上部及古近系组合。

在盆内，上白垩统 Darfur 群内部 Zarqa 组、Ghazal 组和 Baraka 组的组合是盆地内仅次于 Bentiu 组—Aradeiba 组的组合。随着勘探的深入，该组合发现油气越来越多。由于后期断层的切割作用，使下伏的 Bentiu 组—Aradeiba 组成藏组合遭到一定程度的调整破坏，油气沿断层向上运移，进入上覆的 Zarqa 组—Ghazal 组内；Zarqa 组—Ghazal 组为砂泥岩交互层，加上大的构造背景为背斜，对断层侧向封堵要求不高，因此形成多套砂岩层状油藏。主要发育在 6 区 Fula 凹陷、1 区 Unity 油田及周边和 2 区 Bamboo 凹陷。上部的 Baraka 组整体以泥岩沉积为主，但在盆地边部、凹陷周缘和古隆起地区，该组发育砂泥互层，在一定条件下也能够成藏，如在 Kaikang 坳陷东断阶带 Hilba 地区发现的厚层低阻油气层。

古近系 Nayil 组或 Tendi 组仅见于 Kaikang 坳陷古近—新近纪强烈沉降的地区，如 Kaikang-1 井在 Tendi 地层上部泥岩段覆盖下的一套砂层中试出 2000bbl/d 以上的油流；Elmahafir-1 井在 Nayil 泥岩中的砂岩夹层内试出 100bbl/d 以上的油流；关于古近系油藏的成因，目前仍有争议，但大多数学者认为，这些油藏可能是下伏的 Bentiu 组—Aradeiba 组油藏组合遭调整破坏后，油气再次向上运移，在浅部古近系中形成的次生油藏，该组合仅在 Kaikang 坳陷有发现，其他地区由于埋藏较浅，没有潜力。此外在 4 区 Hilba 地区和 6 区 Shoka 地区 Amal 组发现了厚层稠油，证实其具备一定的潜力，但油气后期破坏和调整是主要风险因素。

第二节　油气藏类型与分布

裂谷盆地的演化过程、构造特征和沉积地层都在很大程度上影响了盆地油气聚集成藏的各个要素。Muglad 盆地在烃源岩、储层、盖层、储—盖组合、圈闭类型和油气聚集规律等方面均有其独特性，这些独特性受盆地构造演化—沉积响应控制。

许多学者从不同角度对 Muglad 盆地的油气聚集进行过研究（童晓光等，2004；窦立荣，2005；窦立荣等，2006；潘校华等，2006；汪望泉等，2007；张亚敏，2008；史忠生等，2014；王国林等，2018），多集中于局部凹陷或盆地总的成藏模式，张光亚等（2019）对 Muglad 盆地三期裂谷作用在盆地范围内发育与叠合的时空差异对油气成藏条件及其分布进行分析，认为该盆地多旋回盆地演化对油气分布与富集具有重要控制作用。

一、油气藏类型

Muglad 盆地具有多套生—储—盖组合，发育多种圈闭类型，发现多种类型油气藏，且在纵向上存在多套含油层系。迄今为止在 Muglad 盆地已经发现了 70 多个油田，油藏总数超过 200 个，基本均为构造油气藏。就整个盆地而言，按油气藏成因及圈闭形态分类可分为构造油气藏、地层岩性油气藏、复合油气藏。

（一）构造油气藏

Muglad 盆地目前已发现的储量绝大部分来自构造圈闭，主要类型有背斜、反向翘倾断块（断鼻）、地垒断块、顺向断块（断鼻）等。

1. 背斜油气藏

滚动背斜是同裂谷期构造圈闭发育的主要类型，它们是生长断层上盘伴生的典型圈闭，圈闭的大小和幅度受生长断层的倾角和生长速率控制。在 Muglad 盆地早白垩世同裂谷期一般边界断层较陡，不易发育大型的滚动背斜，只是发育小型的背斜构造。Unity 油田分布在 Heglig-Unity 隆起与基岩隆起有关低凸起上，是一个典型的背斜构造，含油层位多，自下而上有 Bentiu 组、Aradeiba 组、Zarqa 组、Ghazal 组等。构造中部形成背斜圈闭，构造两翼形成反向断块圈闭。该类圈闭一般其圈闭面积较大，含油层系多，如 Unity-Talih 断背斜，Aradeiba 组、Zarqa 组、Ghazal 组为主要目的层。截至目前，1/2 区已发现 Heglig、Unity-Talih、Bamboo 等断背斜油藏（图 5-2、图 5-3），4 区 Neem E 油藏（图 5-4）及 6 区 Jake、Moga-18、Moga-28、AG 等油气藏，油气藏储量规模一般较大。

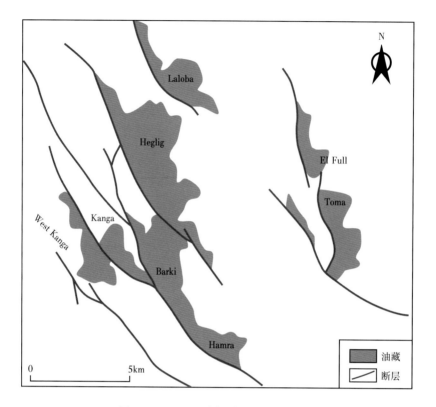

图 5-2　Heglig 及周边断背斜油藏分布

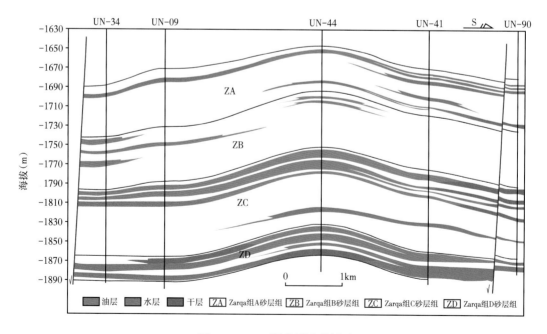

图 5-3　Unity 断背斜油藏剖面

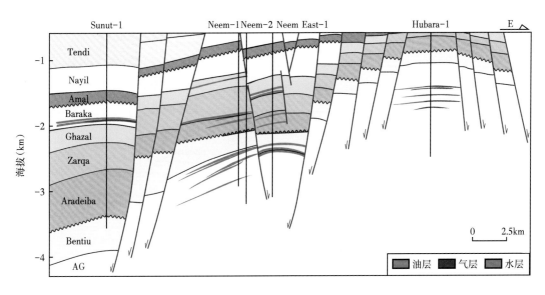

图 5-4　Neem E 断背斜油气藏剖面

2. 反向翘倾断块（断鼻）油气藏

在构造高背景的控制下，当断盘沿断面下掉时，断盘的旋转活动在断层上升盘形成翘倾断块圈闭。由于正断层倾向与地层倾向相反，Aradeiba 组发育的区域性厚层泥岩为 Bentiu 组储层提供良好的顶盖层和侧向封堵条件，该圈闭类型是 Muglad 盆地的主要圈闭类型（图 5-5）。

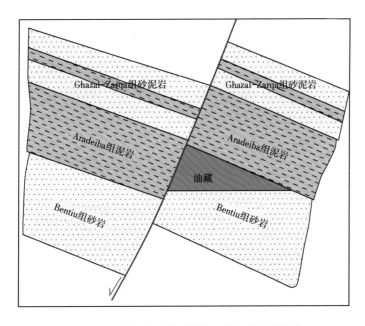

图 5-5　反向翘倾断块（断鼻）油气藏成藏模式

3. 断垒油气藏

该类油藏在 Muglad 盆地主要分布在生油凹陷缓坡带。4 区的 Azraq C 和 2 区的

135

Bamboo West 油藏属于地垒油气藏（图 5-6），这类油藏面积和储量较大。

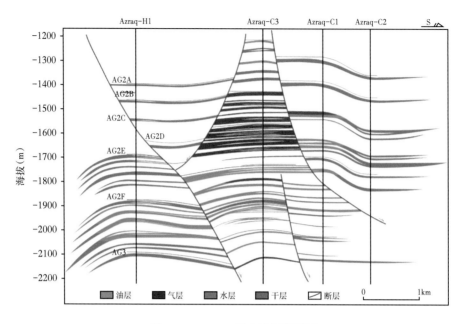

图 5-6　Azraq C 断垒油气藏剖面

4. 顺向断块（断鼻）油气藏

顺向断块是在断盘下降时未发生明显旋转，断面与地层倾向一致。一面靠断层和三面靠地层倾斜闭合形成的圈闭。根据盆地储—盖特点，顺向断块（断鼻）的主要目的层应是 Aradeiba 组、Zarqa 组、Ghazal 组及 AG 组，因为顺向断块（断鼻）的 Bentiu 组目的层与上升盘的 Bentiu 组块状砂岩接触，断层侧向封堵条件差，只有当 Aradeiba 组、Zarqa 组或 Ghazal 组砂岩储层与上升盘的 Aradeiba 组或 Zarqa 组大套泥岩接触形成较好的断层侧向封堵时才能捕集油气。Sufyan W-2、El Toor East、Elmahafir、Diffra-2 等均属于这类油藏（图 5-7），这类油田面积小，砂泥岩互层，层状油藏，储量相对较小。

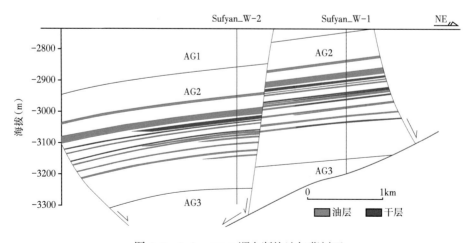

图 5-7　Sufyan W-2 顺向断块油气藏剖面

（二）岩性—地层油气藏

岩性—地层圈闭主要由沉积、潜山、地层不整合等因素形成。受勘探程度影响，截至2021年 Muglad 盆地内仅发现 SA-4 一个潜山油藏，岩性油气藏、不整合地层油气藏均尚未发现，是下一步勘探的潜在目标。

（三）复合型油气藏

复合型圈闭由构造、沉积、地层和水动力等两种及以上因素形成，此类圈闭形成的油气藏规模大小与圈闭大小有关，且以层状油藏为主。Muglad 盆地目前发现的复合型油气藏主要以岩性—构造油气藏为主。鉴于盆地地层沉积分布特点，目前已发现的岩性—构造油气藏主要集中在下白垩统 AG 组和上白垩统 Darfur 群的 Aradeiba 组、Zarqa 组、Ghazal 组和 Baraka 组，如 6 区 Sufyan 凹陷的 Sufyan 油藏（AG 组）（图 5-8）、Fula 凹陷的 Moga7 油藏（AG 组）、4 区 Neem T 油藏（Aradeiba 组）及 1 区 El Toor 油藏（Aradeiba组）、Heglig 油藏（Aradeiba 组）、Taiyib 油藏（Aradeiba 组）及 Diffra -2R 油藏（Aradeiba组）等。

以 AG 组为例，由于 AG 组生油层普遍埋藏较深，沉积相多为三角洲前缘—半深湖相，具备砂泥岩薄互层、透镜状砂体上倾尖灭及由于成岩作用造成的砂体横向物性变化（图5-8）等储层条件，在适当构造背景下，可形成岩性—构造油气藏。受 AG 组埋深和地震资料品质影响，未针对该类油藏开展大规模勘探，未来可能具备一定的勘探潜力。

Darfur 群 Aradeiba 组为大套厚层泥岩中夹薄层砂岩，砂岩在平面上分布不连续，油气通过断层运移到 Aradeiba 组砂岩中，被断层和岩性所封堵可形成岩性—构造油气藏。Darfur 群 Zarqa 组、Ghazal 组和 Baraka 组岩性—构造油藏形成条件与 Aradeiba 组一致。

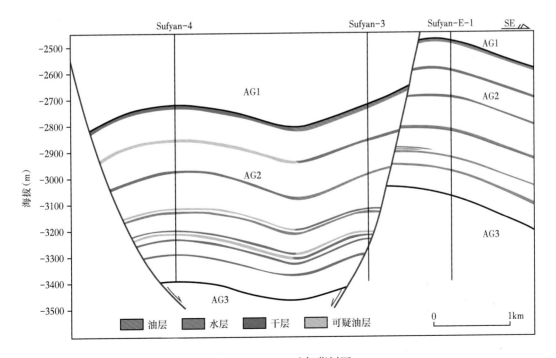

图 5-8　Sufyan 油气藏剖面

二、油气分布特征

Muglad 盆地经过 40 余年勘探，已发现石油地质储量（EV）超过 $90×10^8$bbl，它们在横向和纵向上分布严重不均一。

（一）油气平面分布

平面上油气资源东富西贫，整个东部坳陷带的 Fula、Bamboo 和 Unity 三个富油气凹陷占已发现储量 85%，EV 地质储量大于 $1×10^8$bbl 的 19 个发现，15 个位于东部，大于 $7×10^8$bbl 地质储量的 7 个发现全部位于东部（图 5-9）。其他构造单元油气发现分布较为零星，仅在 Nugara 坳陷和 Sufyan 坳陷发现较小规模油气。

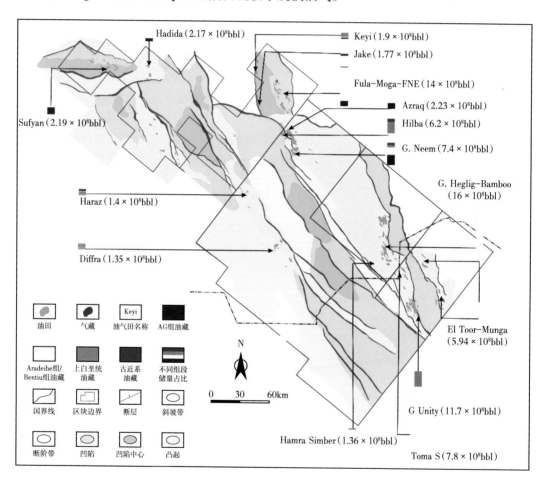

图 5-9　Muglad 盆地油气平面分布

（二）油气纵向分布

盆地内油气纵向上以中部组合为主，储量占 62%，下组合 17%，上组合 21%（图 5-1），但是在不同地区也表现出明显的复杂性和多样性，4 区下组合 AG 组的 EV 地质储量占比为 41%，而盆内主力成藏组合 Bentiu 组 +Aradeiba 组（中组合）EV 地质储量占比约为 30%，上组合地质储量占比约为 29%（图 5-10）。在 2A 区，下组合 AG 组的 EV 地质储量占比小于 1%，盆内主力成藏组合 Bentiu 组 +Aradeiba 组（中组合）EV 地质储量占比

97%，上组合 EV 地质储量占比约为小于 3%（图 5-11），这种严重不均的原因与不同地区发育不同"有效"成藏组合关系密切。

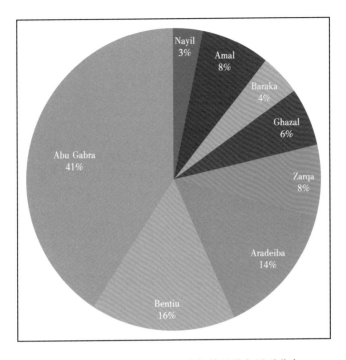

图 5-10 Muglad 盆地 4 区油气储量纵向层系分布

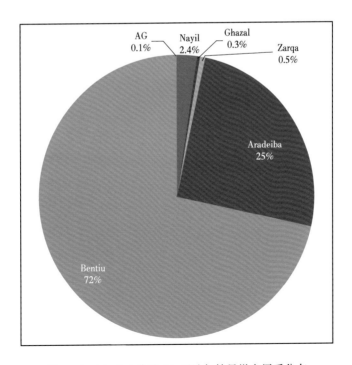

图 5-11 Muglad 盆地 2A 区油气储量纵向层系分布

在 4 区 Kaikang 坳陷东部的 Neem-Azraq 地区，下组合 AG 组的 EV 地质储量占比为 67%，而盆内主力成藏组合 Bentiu 组 +Aradeiba 组（中组合）EV 地质储量占比仅为 20%，上组合 EV 地质储量占比约为 13%（图 5-12）。在 Kaikang 坳陷西部地区，下组合 AG 组的地质储量占比小于 1%，盆内主力成藏组合 Bentiu 组 +Aradeiba 组（中组合）地质储量占比 57%，上组合地质储量占比约为 42%（图 5-13）。

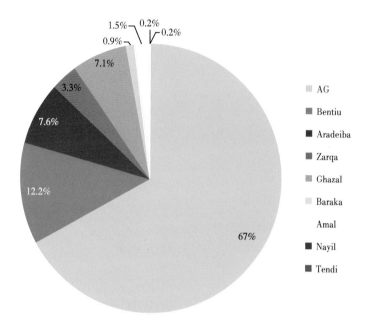

图 5-12　Muglad 盆地 4 区 Kaikang 坳陷东部 Neem-Azraq 地区油气储量纵向层位分布

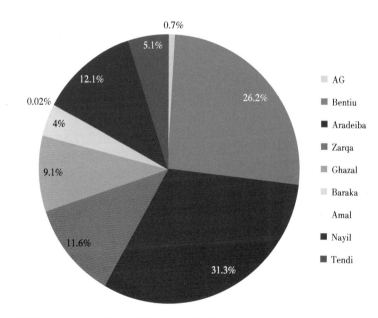

图 5-13　Muglad 盆地 4 区 Kaikang 坳陷西部地区油气储量纵向层位分布

对上组合、中组合和下组合发现油藏的分析表明，油气在纵向上的分布主要受有效成藏组合控制，即受三期裂谷旋回强弱及其叠加影响。

1. 上组合油气分布

区内上组合 Darfur 群和古近系油气，主要发现于 Kaikang 坳陷周边的 Hilba 地区、Diffra 地区及 Unity 凹陷长期活动断层附近的 G Unity 地区（图 5-14、图 5-15）。长期活动的、切割烃源岩层或早期油藏的断层是上组合油气成藏的关键。在活动型叠加凹陷中，纵向上上组合油气储量约占 50%，中组合约占 40%，下组合约占 10%，如 Hilba 地区与 Unity 地区。晚期断层 / 后期持续活动断层形成的背斜背景是上组合规模发现的关键要素。

2. 中组合油气分布

中组合 Bentiu 组 +Aradeiba 组油气在继承型断陷的古隆起及中央断裂构造带最为富集（图 5-16）。主要分布于 Unity 凹陷、Heglig 凹陷、Bamboo 凹陷和 Fula 凹陷及周边，中组合规模发现的关键要素是侧向岩性对接。在继承型叠加凹陷及周边以中组合发现为主，占该类凹陷油气储量 90% 左右，如 Bamboo 地区、Heglig 地区和 Fula 地区、Moga 地区。

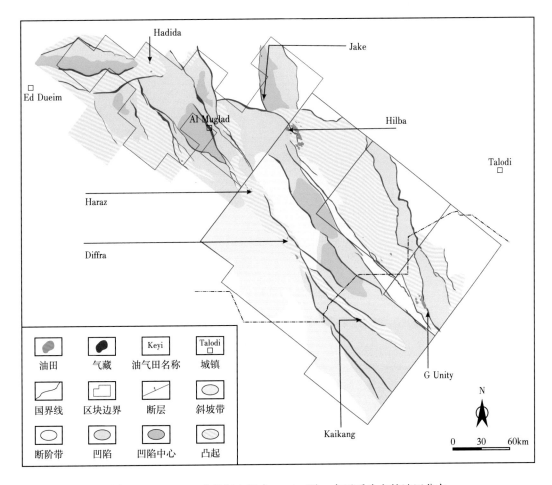

图 5-14　Muglad 盆地以上组合 Darfur 群 + 古近系为主的油田分布

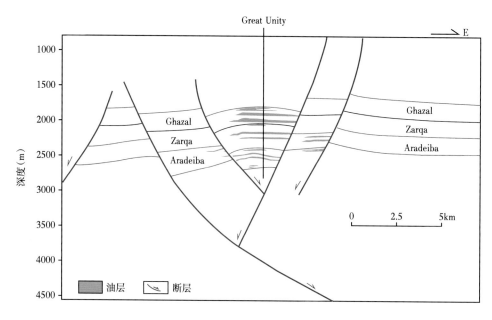

图 5-15　Muglad 盆地 G Unity 油田上组合油藏剖面图

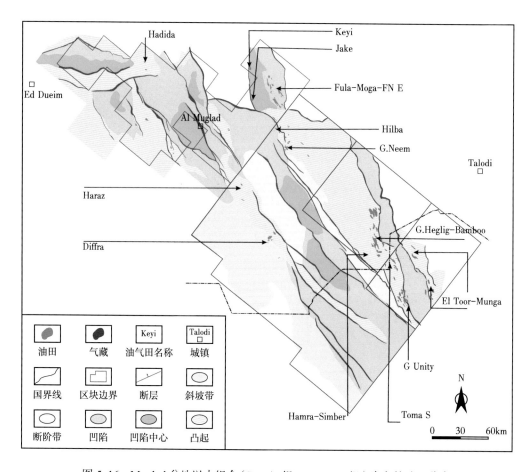

图 5-16　Muglad 盆地以中组合（Bentiu 组 +Aradeiba 组）为主的油田分布

3. 下组合油气分布

下组合 AG 组在早断型断陷和古隆起最为富集（图 5-17、图 5-18）。主要分布于早断型的 Sufyan 凹陷和 Neem-Azraq 凸起区及陡坡带。在早断型叠加凹陷及凸起区以下组合发现为主，油藏以薄层层状为主，占油气发现 99% 以上，如 Sufyan 凹陷、Azraq 地区。

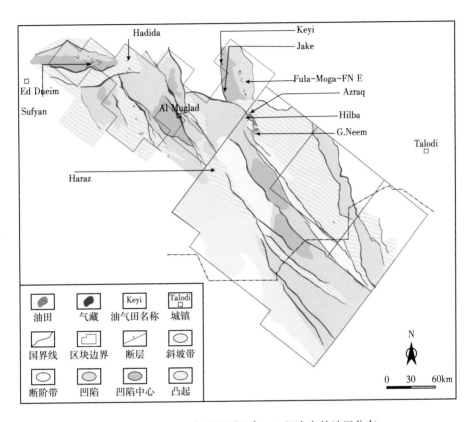

图 5-17 Muglad 盆地以下组合 AG 组为主的油田分布

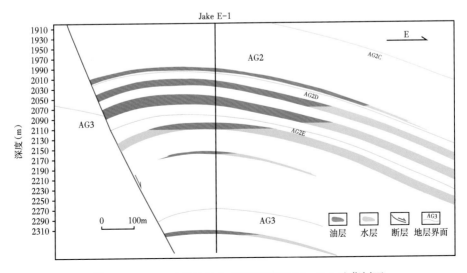

图 5-18 Muglad 盆地 Fula 凹陷西陡坡 Jake E-1 油藏剖面

143

三、典型油藏解剖

（一）上组合典型油藏解剖

上组合 Darfur 群和古近系油气在活动型断陷以及晚期/长期活动断层的下降盘最为富集，区内上组合油气发现主要分布于 Kaikang 坳陷周边的 Hilba 地区、Diffra 地区及 Unity 凹陷长期活动断层附近的 G Unity 地区，在 Fula 凹陷西部陡坡带长期发育的边界断层下降盘也在局部有分布（图 5-19、图 5-20）。

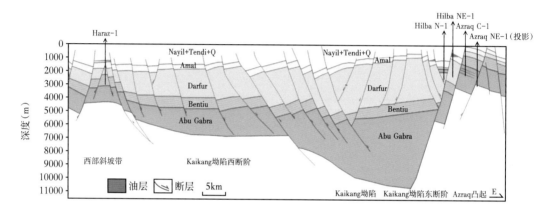

图 5-19　苏丹 4 区 Haraz-Hilba-Azraq 区域油藏剖面

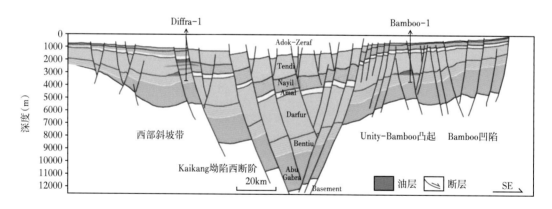

图 5-20　苏丹 4 区 -1/2 区 Diffra-Bamboo 油藏剖面

以 Diffra 地区油藏为例，虽然靠近 Kaikang 坳陷，但 Baraka 组烃源岩不发育，依然靠 AG2 段—AG4 段烃源岩供烃。储层以 Darfur 群和古近系河流—三角洲相砂体为主，盖层以 Darfur 群和古近系、新近系泥岩为主。由于靠近 Kaikang 活动型叠加凹陷，三期裂谷断裂活动强烈。第一期裂谷断裂活动强烈，断距大，控制了凹陷主体结构；第二期和第三期断裂活动也较为强烈，断距较大，使凹陷内次级构造带复杂化。AG 组生成油气向上运移，部分早期形成的油藏遭受破坏，油气二次运移在浅层聚集。同时在 Kaikang 坳陷单井沉降量也可发现三期裂谷沉降量均很大，三期裂谷沉积地层厚度差距不大（图 5-21），即长期活动的切割烃源岩层或早期油层的断层是上组合油气成藏的关键。

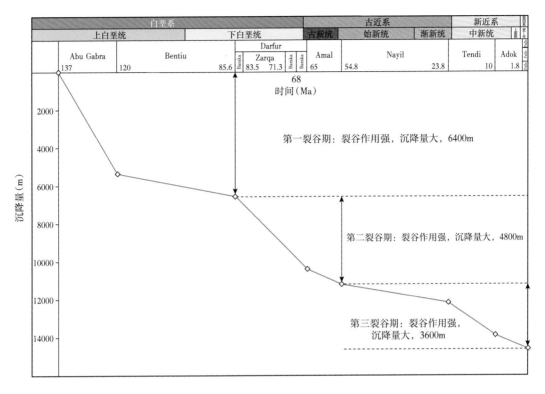

图 5-21 Kaikang 坳陷 Simsim-1 井沉降曲线

（二）中组合典型油藏解剖

中组合 Bentiu 组 +Aradeiba 组油气在继承型叠加凹陷的古隆起及中央断裂构造带最为富集，多以块状油藏为主，层厚，规模大。有利区带为 Unity 凹陷、Heglig 凹陷、Bamboo 凹陷和 Fula 凹陷及周边（图 5-20）。在第二断陷期形成广泛分布的、几乎覆盖全盆地的区域盖层 Aradeiba 组泥岩，第三期断陷活动不强烈，大多数油气保留在该套泥岩之下，使 Bentiu 组砂岩成为全区主要的油气储层。控制 Bentiu 组油藏的关键因素是 Aradeiba 组泥岩的侧向封堵，油藏的油柱高度取决于控制断层断距大小和 Aradeiba 组泥岩厚度。

第一期裂谷断裂活动强烈，断距大，控制了凹陷主体结构，第二期断裂活动也较为强烈，断距较大，使凹陷内次级构造带复杂化，第三期断裂活动弱。同时沉降量分析也可发现第一期裂谷沉降量大，第二期裂谷沉降量较大，第三期裂谷沉降量小，凹陷内以第一期和第二期沉积充填为主（图 5-22），有利于中组合成藏。

（三）下组合典型油藏解剖

下组合 AG 组油藏在早断型叠加凹陷最为富集，主要分布于 Neem-Azraq 凹陷、Sufyan 凹陷、Nugara 西部凹陷等地区（图 5-23）。晚白垩世，AG 组主力生油岩进入成熟期，开始大量生烃、排烃，并大规模运移聚集，在 AG 组砂岩中形成下组合油气藏。

与活动型、继承型凹陷不同的是，在早断型叠加凹陷中，第一期裂谷活动强烈、第二期和第三期裂谷活动弱（图 5-24）。整体表现为第一期裂谷断裂活动强烈，断距大，控制了凹陷主体结构，第二期和第三期断裂活动弱，断距小，使凹陷内次级构造带复杂化。

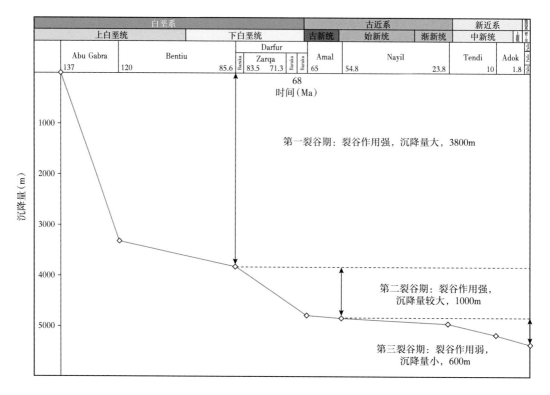

图 5-22　Fula 凹陷 Baleela-1 井沉降曲线

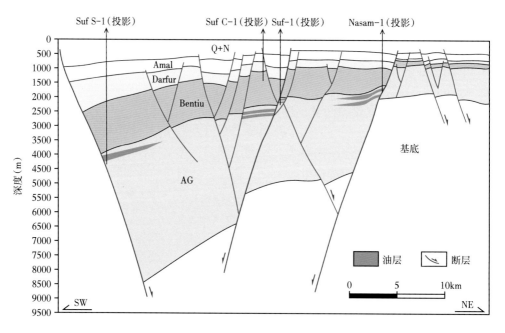

图 5-23　Sufyan 凹陷下组合 AG 组区域油藏剖面

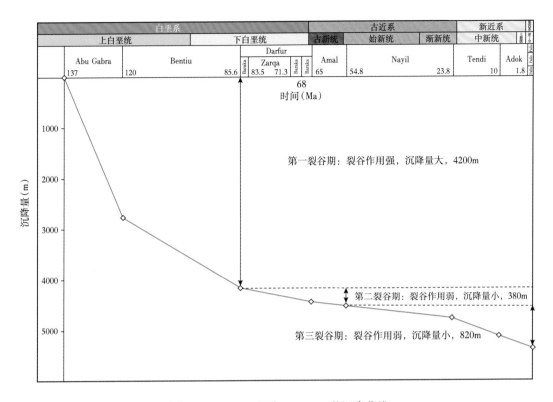

图 5-24　Sufyan 凹陷 Suf SE-1 井沉降曲线

四、油气富集主控因素

Muglad 盆地在早白垩世裂谷形成区内优质烃源岩后，在晚白垩世再次发育一期强烈的断陷，形成优质的区域盖层，对整个早白垩世裂谷坳陷期形成的砂体起到封盖作用，形成该盆地的主力成藏组合（图 5-1）。平面上主要分布于东部（图 5-9），纵向上主要分布于中组合（图 5-1）。

油气在垂向上的分布受后期叠置裂谷发育程度的控制。一般来说，盆地内的区域盖层控制了主力成藏组合在垂向的分布，而区域盖层的形成与裂谷发育程度关系密切。如果后期叠置裂谷区域盖层发育程度大于早期裂谷，那么后期叠置裂谷就可能形成盆地内最主要的区域盖层，进而控制盆内主力成藏组合及油气在垂向上的分布。

研究区被动裂谷形成的应力场环境导致控盆主断层相对陡立，缺乏深层滑脱，因而局部构造以反（顺）向断块、断垒为主，少见与铲式断层伴生的滚动背斜。这种地球动力学背景和构造样式特征导致了盆地圈闭类型以构造圈闭为主，反向断块是主要类型，这与中国东部渤海湾盆地的主要圈闭类型有很大的区别。

由于盆地的边界断层一般呈雁行状排列，导致各坳陷也呈雁行状排列。这样的结构特点导致发育数量丰富的翘倾断块，这些翘倾断块形成中西非裂谷系最常见的圈闭类型，即反向断块。反向断块对于油气聚集具有得天独厚的优势，首先是在反向断块两侧均发育沟通油源的大断层，可以双向为此类圈闭供油；其次是侧向封堵条件好，大断层使断层两侧的砂泥对接形成封堵，油气易于保存。

（一）裂谷旋回演化时空差异性控藏

受大西洋张裂和中非剪切带等影响，Muglad 盆地经历三期断陷—坳陷裂谷演化旋回、三期断裂发育、三次抬升剥蚀，形成垂向继承叠合、平面相对分割的构造格局。早白垩世、晚白垩世及古近纪三期裂谷旋回演化的时空差异性主要形成"早断型、继承型、活动型"三类叠加凹陷（图 5-25、图 5-26）。

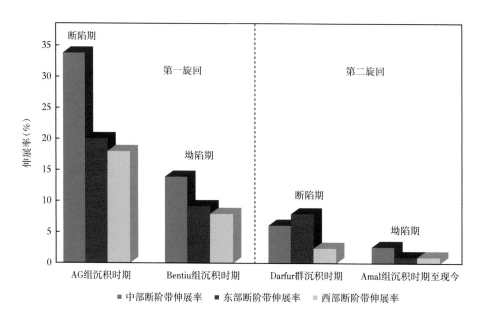

图 5-25 "早断型"凹陷（Sufyan 凹陷）演化及不同时期伸展率柱状图

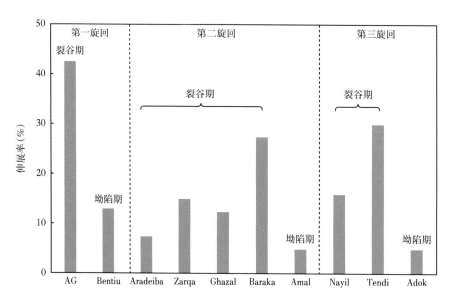

图 5-26 "活动型"凹陷（Kaikang 坳陷）演化及不同时期伸展率柱状图

"早断型、继承型、活动型"三类叠加凹陷在沉降量、伸展速率和断层活动性方面均表现为明显不同的差异性。"早断型"在早白垩世第一裂谷旋回期活动强烈、晚白垩世第二期和古近纪第三期裂谷活动弱；"继承型"在早白垩世第一裂谷旋回期活动强烈、晚白垩世第二期裂谷活动相对较强、第三期裂谷活动弱；"活动型"在三期裂谷旋回活动均强烈。

受构造活动控制的三类叠加凹陷形成多套成藏组合，进而造成不同类型凹陷的主力成藏组合不同。"早断型"以下组合下白垩统 AG 组为主，"继承型"以中组合上白垩统 Bentiu 组 +Aradeiba 组为主，"活动型"以上组合 Darfur 群（Zarqa 组、Ghazal 组和 Baraka 组）及古近系为主力成藏组合（图 5-27）。

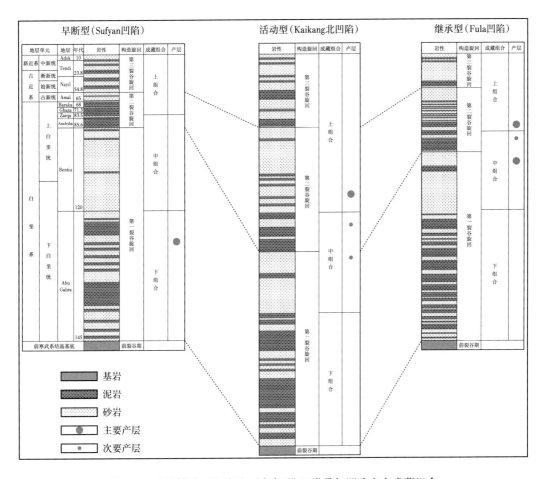

图 5-27 "早断型、继承型、活动型"三类叠加凹陷主力成藏组合

区域上 Muglad 盆地的盖层包含上白垩统 Aradeiba 组区域盖层和多个局部盖层（图 5-1）。Aradeiba 组一般厚 180~500m，在坳陷中心可超过 1000m。该组是高水位期沉积的分布广泛的以泥岩为主的沉积地层，是 Muglad 盆地最好的区域盖层，以角度或平行不整合上覆于 Bentiu 组砂岩之上，构成了全区最好的储—盖组合。该套地层分上下两段：上段为一大套泛滥平原相（局部为浅湖相）泥岩，颜色为各种红褐色、绿灰色、灰色（偶见深灰色）等较强氧化色，局部含粉砂岩薄夹层，基本上不含砂岩，电性上为平直的低电阻曲

线和齿状的低伽马曲线；下段以红褐色、绿灰色、灰色泛滥平原泥岩为主夹曲流河道和三角洲分流河道砂岩。

但在"早断型"凹陷内，由于只发育第一裂谷旋回期，后两期裂谷不发育，区域盖层在此类凹陷中不太发育，且后期构造稳定，形成以 AG 组自生自储的下组合为主。

在"继承型"凹陷内，发育第一裂谷旋回期和第二裂谷旋回期，第三期裂谷不发育，区域盖层在此类凹陷中最为发育且后期构造稳定，形成以 Bentiu 组 + Aradeiba 组的下生上储中组合为主。

在"活动型"凹陷内，发育三期裂谷，形成多套成藏组合，但由于第三期强烈裂谷作用，油气多分布于以 Darfur 群和古近系的上组合中。

（二）单一烃源岩控油

勘探实践表明盆地第一裂谷期表现为短暂湖盆相序和短暂河流—三角洲相序间互叠置，即断陷期砂岩和泥岩间互，断陷间歇期砂岩厚度稳定、可连续追踪。

1. 多层叠加效应

第一裂谷期 AG 组沉积发育优质湖相泥质烃源岩，砂泥岩互层，单层泥岩厚度薄，但累计厚度大，形成总厚度大的单一烃源岩；后裂谷期的沉降作用发育有利的盖层。盆地烃源岩主要发育于早白垩世同裂谷期沉积地层中，储盖组合则主要发育于晚白垩世后裂谷期沉积地层中。独立的裂谷凹陷往往发育独立的生烃灶。如盆地中部发育 4 个早白垩世同裂谷期凹陷，它们均被勘探证实为有效生烃灶。

2. 晚而持续的生烃窗

Muglad 盆地初期无地幔上拱，地温低；裂谷高峰期由于地壳均衡地幔小幅上拱，地温有所升高；后期冷却收缩，逐步降低。盆地早期大地热流值仅为 $36\sim40mW/m^2$，生烃时间晚，以生油为主，且持续时间长。研究表明 Sufyan 凹陷烃源岩从 50Ma 就开始生油，一直持续至现今。因此，盆地下生上储时间跨度大，盆地晚期形成的圈闭也可成藏。

3. 高排烃效率

盆地烃源岩为在砂泥岩互层中的泥岩层，生烃泥岩单层厚度小，往往砂泥间互频繁，导致烃源岩排烃效率高，一般可达 50% 以上（而一般裂谷盆地在 20%~25% 之间），加上后期断裂发育，大量油气可排出聚集。

（三）圈闭类型单一

盆地边界断层多为陡立式的深大断裂，断层继承性活动，早期的构造圈闭被改造成若干断块，绝大部分圈闭与断层相关。主要目的层上部发育良好的优质区域分布的泥岩盖层，局部构造以反（顺）向断块、断垒为主，与铲式断层伴生的滚动背斜相对较少。

第三节　资源潜力与勘探领域

油气资源评价研究有助于认清盆地的资源潜力及其分布，优选出有利勘探区带和层位，能有效指导勘探规划与部署。Muglad 盆地经过 40 余年的勘探，证明该盆地的油气资源十分丰富。随着近年来油气勘探与地质研究的不断深入，以前的资源潜力认识已不能有效指导勘探实践，而油气资源潜力的准确性和可利用性，影响盆地下一步勘探决策、部署的成败，因此需要在石油地质条件新认识基础上，对盆地资源潜力重新进行分析。

一、资源潜力

通过对盆地烃源岩发育特征以及生烃潜力的详细分析，明确下白垩统 AG 组是主力烃源岩，其中 AG2 段为优质成熟烃源岩，有机质丰度高，有机质类型主要为Ⅰ—Ⅱ₁ 型，全盆地广泛分布，生烃潜力大。上白垩统 Baraka 组为低成熟—成熟烃源岩，有机质丰度中等，有机质类型主要为Ⅱ₂ 型和Ⅲ型，仅发育于 Kaikang 坳陷中，生烃潜力有限。新近系 Tendi 组有机质丰度高，有机质类型主要为Ⅰ—Ⅱ₁ 型，仅发育于 Kaikang 坳陷，由于整体未成熟，为无效烃源岩。

（一）下白垩统 AG 组主力烃源岩资源潜力

钻探结果揭示 AG 组主要为一套半深湖相—深湖相深灰色砂泥岩互层沉积，代表 Muglad 盆地的早期沉积。早期受基底结构和中非剪切带活动的影响，发生区域构造伸展作用，基底断块活动强烈，沿断层下降盘形成的半地堑呈封闭汇水区，有较高的沉降速率，各凹陷发育湖相泥岩，富含有机质的沉积物得以快速埋藏保存，最终演化为各凹陷的主要烃源岩。

镜质组反射率 R_o（%）资料表明，盆地边部或构造高部位钻遇的 AG 组烃源岩接近成熟或低成熟，如 Baleela-1 井、Bamboo-1 井、Nabaq-1 井、Taiyib-1 井和 Azraq-1 井，R_o 为 0.52%~0.63%。沉积中心或埋深较大的烃源岩应处于生油高峰阶段，甚至已达高成熟—过成熟。

在 Kaikang 坳陷，利用 May25-1 井采用被动裂谷盆地早期裂谷低热流（36~40mW/m²）模型，模拟出 AG 组烃源岩的生烃时间和持续时间。结果表明 AG 组主力烃源岩在晚白垩世早期 Darfur 群沉积时期开始生烃，一直持续到晚白垩世 Baraka 组沉积时期，生烃持续整个晚白垩世。

区域地质分析、钻井资料、地球化学分析和地震剖面解释追踪表明，Muglad 盆地 AG 组发育 AG1 段、AG2 段、AG3 段、AG4 段四套泥质烃源岩，其中 AG2 段泥岩最为发育，为优质烃源岩。为数不多的钻井揭示 AG4 段烃源岩生烃潜力可以类比 AG2 段。AG1 和 AG3 段也有优质烃源岩发育，但仅局部发育，规模有限，比如 Kaikang 坳陷北部、Neem-Azraq 地区发育有 AG1 段优质烃源岩，在 Nugara 坳陷 Gato 凹陷发育 AG3 段优质烃源岩。

油气勘探的目的是评价沉积盆地的油气远景，查明储量。因此，尽可能准确地计算资源量就显得特别重要。目前油气资源的估算主要途径是统计分析、数值模拟和专家系统等。常用的盆地资源评价方法可分为体积法、地球化学法、勘探效果分析法及类比法等。

地球化学法在解决油气资源量的估算中占有重要地位。资源评价的地球化学法是从生烃量计算入手进行资源量估算，其研究途径是从生烃量到排烃量再到聚集量。目前生烃量计算的方法很多，其中最常用的方法主要有有机碳法、氯仿沥青"A"法、干酪根降解的数学模型、数字化积分法和热模拟法等。本文根据区块所拥有的资料状况，选用有机碳法来计算盆地资源量。计算公式如下：

$$Q = H \cdot S \cdot \rho \cdot TOC \cdot I_H \cdot K_c \qquad (5-1)$$

式中　Q——生烃量；

　　　H——有效生油岩厚度；

    S——生油岩面积；

    ρ——烃源岩密度；

    TOC——平均有机碳含量，%；

    I_H——有机质生烃潜力；

    K_c——有机碳恢复系数。

据此计算 Muglad 盆地以 AG 组为烃源岩形成的总资源量超过 $100×10^8 t$。

（二）上白垩统 Baraka 组烃源岩资源潜力

构造和沉积相分析表明 Baraka 组为盆地一次弱断陷期形成的滨浅湖—沼泽相，其断陷规模和强度较 AG 组沉积时期弱得多。

Kaikang 坳陷中钻井揭示 Baraka 组为一套灰色—灰绿色薄层泥岩，厚度较小；地震揭示 Baraka 组泥岩较为发育。Kaikang 坳陷 23 口井 Baraka 组暗色泥岩有机碳和热解分析表明，Baraka 组烃源岩由北向南、由西向东变好：Shammam-1 井 Baraka 组泥岩为非烃源岩，Timsah-1 井 Baraka 组泥岩主要为差烃源岩，Amal-1 井、Khairat-1 井、El Ghazal-1 井 Baraka 组泥岩为中等—好烃源岩，Elmahafir-1 井 Baraka 组泥质烃源岩最发育，以好—极好烃源岩为主。但氢指数和干酪根镜检表明 Baraka 组泥质烃源岩有机质类型以 II_2 型、III 型为主，Timsah-1 井、Shammam-1 井、Khairat-1 井、Elmahafir-1 井少量的镜质组反射率资料表明 Baraka 组烃源岩已经成熟，但其分布范围和厚度均较小，资源潜力有限。

（三）古近系 Tendi 组烃源岩资源潜力

主要发育于 4 区 Kaikang 坳陷，从钻井揭示的地层来看，以灰色—灰绿色泥岩沉积为主，夹有棕色、棕黄色泥岩，砂岩主要发育于 Tendi 组下部。单井地球化学剖面均表明 Tendi 组泥岩有机质丰度高，TOC 大于 2.0%，S_1+S_2 大于 2mg/g，多数大于 6mg/g，有机质类型主要为 II_1 型。有机质丰度较高的泥岩分布于 Tendi 组的顶部，但其埋深小于 1700m，有机质普遍不成熟，为无效烃源岩。

二、勘探领域

与国内裂谷盆地勘探程度相比，目前 Muglad 盆地依然处于低—中等勘探程度阶段（以构造圈闭勘探为主），油田周边复杂断块油气藏以及岩性地层、潜山油气藏等"三新"领域是今后勘探的重要领域。

（一）复杂断块油气藏

Muglad 盆地早白垩世、晚白垩世及古近纪三期裂谷旋回演化的时空差异性控制了油气的平面分布和纵向分布，形成垂向继承叠合、平面相对分割的构造格局。三期裂谷旋回演化的差异性形成"早断型、继承型、活动型"三类叠加凹陷。早断型典型凹陷为 Sufyan 凹陷、Nugara 西部凹陷，继承性典型凹陷为 Fula 凹陷、Unity-Bamboo 凹陷、活动型典型凹陷为 Kaikang 坳陷。

通过区带综合评价，认为不同组合的勘探有利区带与其构造成因紧密相关："中组合" Bentiu 组 +Aradeiba 组油气在继承型凹陷周边古隆起及中央断裂构造带最为富集，有利区带为 Unity 凹陷、Heglig 凹陷、Bamboo 凹陷和 Fula 凹陷及周边；"下组合" AG 组在早断型凹陷及周边古隆起最为富集，主要分布于 Sufyan 凹陷、Nugara 西部凹陷；"上组合" Darfur 群和古近系油气在活动型凹陷及晚期／长期活动断层的下降盘最为富集，有利区带为 Kaikang 坳陷下降盘。

在系统梳理已发现油藏成藏规律的基础上，通过对用精细复杂断块刻画技术识别出的圈闭进行综合评价，认为 Fula 凹陷 AG 组和 Darfur 群复杂断块圈闭是下步勘探的重要方向，其中 Fula-Moga 构造带、FW 陡坡带、FS 构造带为 AG 组深层精细勘探最现实的地区。Sufyan 凹陷下组合 AG 组自生自储成藏是有利接替层系，南部陡坡带以及北部构造带是下一步风险勘探重点领域。Kaikang 坳陷东（西）断阶带是寻找上组合（上白垩统 Darfur 群组合和新生界成藏组合）最有利的区域。综合分析认为 Kang E 构造带为下一步勘探有利区带，Darfur 群是有利层系；Unity 凹陷东部斜坡是开展滚动勘探的潜力区域。

（二）岩性地层油气藏

岩性地层圈闭是富油气凹陷勘探后期重要的增储领域。Muglad 盆地具备岩性地层圈闭形成条件，在提升地震品质情况下可能成为未来勘探的重要增储领域。Fula 凹陷、Unity-Bamboo 凹陷及 Neem-Azraq 地区均是证实的富油气凹陷区带。研究表明，Fula 凹陷烃源岩条件优越、类型各异的沉积体提供了有利储集体，是具岩性地层勘探潜力的二级构造单元，有利区带包括 Moga-Fula 构造西侧斜坡带、Fula 凹陷西部洼槽带及东部斜坡带等。

（三）基岩潜山油气藏

Muglad 盆地目前已钻遇基岩探井 39 口（12 口油气显示井集中分布在 Fula 和 Bamboo 等富油气凹陷），试油 6 口，仅 Fula 凹陷 SA-4 井获低产，另 Bamboo B 井注氮气后产出地层水 5160bbl（详见第八章），证实基岩存在一定的储集性能，是有待探索新领域。在盆内发育的 Fula、Unity-Bamboo 等富油气凹陷是探索基岩潜山潜力油气藏的有利地区。通过对 Muglad 盆地基岩潜山构造格局、类型、成藏条件与分布等综合分析，预测 Muglad 盆地 Fula-Moga 早生型断块、Fula 西部继承型盆缘单面山、Tomat 早生型断垒为 3 个 I 类有利潜山构造带。

本章小结

Muglad 盆地自下而上可划分出下、中、上三套成藏组合。其中，下组合以下白垩统 AG 组泥岩为烃源岩，AG 组内部薄层砂体为储层，AG 组泥岩为盖层，为自生自储自盖型；中组合以下白垩统 AG 组泥岩为烃源岩，Bentiu 组砂岩为储层，Aradeiba 组泥岩为区域盖层；上组合以下白垩统 AG 组泥岩为烃源岩，Zarqa 组、Ghazal 组、Baraka 组及 Amal 组内部砂岩为储层，Zarqa 组、Ghazal 组、Baraka 组及 Nayil 组内部泥岩为直接盖层。

三期裂谷作用在盆地范围内发育与叠合的时空差异对油气分布具有重要控制作用。早断型凹陷的主力成藏组合为 AG 组自生自储自盖组合，继承型凹陷的主力成藏组合为中组合，而活动型凹陷则以上组合和中组合为主。平面上早断型凹陷油藏主要分布在断陷缓坡及中央断裂构造带的三角洲前缘—前三角洲相带，主力成藏组合 AG 组主要发育断层相关的构造型和岩性—地层型油气藏，继承型凹陷的主力成藏组合为中组合，主要受断裂带控制；活动型凹陷主力成藏组合为上组合和中组合，主要受继承性断裂和晚期断裂带控制。

Muglad 盆地目前依然处于低—中等勘探程度阶段，以构造圈闭勘探为主，油田周边复杂断块油气藏及岩性地层、潜山油气藏等"三新"领域是今后勘探的重要领域。

第六章 复杂断块油气藏勘探领域

Muglad 盆地历经四十多年构造圈闭勘探，成熟探区已进入勘探开发中后期，剩余构造圈闭规模小、数量少。目前已发现油藏以断层控制的复杂断块圈闭为主。随着勘探程度的深入，主力勘探层系 Bentiu 组—Aradeiba 组勘探程度已经很高，勘探目的层不得不向深层 AG 组转移，勘探难度越来越大，剩余圈闭越来越小、越来越少，复杂断块等构造圈闭精确刻画面临新挑战。受三期断裂活动的影响，Muglad 盆地存在上、中、下三套成藏组合，断块圈闭构造和成藏条件非常复杂，已有单一的常规解释和圈闭评价技术难以满足复杂圈闭识别和评价的要求。因此复杂断块如何识别和精细刻画评价成为勘探突破的关键。

针对以上难题，在"十二五"研究的基础上，"十三五"期间科研人员产学用结合开展攻关，集成创新了独具特色的复杂断块精细刻画技术系列和复杂断块圈闭评价技术，解决了复杂断块识别和同沉积断层岩性对接封闭评价等难题，为复杂断块圈闭识别和评价提供了有效手段，创新应用新技术在 Muglad 盆地识别出了新的系列断块圈闭，优选实施勘探目标取得了很好的效果，揭示了复杂断块油气藏的勘探潜力。实践证明在 Muglad 盆地勘探中后期，复杂断块精细勘探技术的突破仍是油气增储上产的主要保证和探索方向。

第一节 勘探现状

在勘探初期，Muglad 盆地按照地域被划分成 6 区和 1/2/4 区，随着苏丹的解体，1/2/4 区又被分成 1/2/4 区和南 1/2/4 区。由于不同区块的合同模式不同，所经历的勘探历程也各有不同，以下分区块介绍。

一、勘探历程

（一）苏丹 6 区

苏丹 6 区地处苏丹南部地区、Muglad 盆地北部，原始面积约为 59583km²，多次退地后目前保留面积 17875km²。6 区的油气勘探历史可以上溯到 20 世纪 70 年代。从 1975 年至今，雪佛龙公司、苏丹共和国能源矿产部石油局、中油国际（苏丹）公司先后在该区进行了油气勘探工作。勘探活动大致可以分为三个阶段。

第一阶段（1975—1992 年），以雪佛龙公司为主的勘探阶段，勘探主要集中在 Abu Gabra-Sharaf 凸起带，共钻井 32 口，仅发现了 Sharaf 和 Abu Gabra 两个小油田，探明储量＋控制地质储量 170×10⁴t。1983—1992 年，雪佛龙公司除了对 Abu Gabra-Sharaf 凸起的构造做进一步探索外，对 6 区的 Bagarra 凹陷、Fula 凹陷、Kaikang 坳陷、Nugara 坳陷东部凹陷、Nugara 坳陷西部凹陷进行了区域勘探，但无任何发现。随之，受多种影响因素，雪佛龙公司退出了苏丹勘探市场。其后在 1992 年，苏丹国能源矿产部石油局针对 Sharaf 含油构造实施钻探，钻井 2 口，均告失利。

第二阶段（1996—2000 年），以中原石油管理局为主的勘探阶段，共钻井 5 口，实施二维地震勘探 1404.8km，三维地震勘探 121km²，扩大了 Abu Gabra 油田规模，新发现了 Fula-1 油田，探明储量 + 控制地质储量 740×10⁴t。1995 年 9 月 26 日，中国石油与苏丹政府签订了 6 区石油产品分成协议（PSA），该协议于 1996 年 1 月 1 日生效，由中原石油勘探局（ZPEB）承担勘探作业。1996—1997 年针对 Sharaf 和 Abu Gabra 两个含油构造分别采集了 57km² 和 63km² 的三维地震勘探数据，先后钻评价井 3 口，其中 Abu Gabra 构造两口井获工业油流。此外，在 Sufyan 凹陷和 Kaikang 坳陷部署实施了二维地震勘探数据。1997 年于 Nugara 凹陷东部钻探了 Gato C-1 井，见油气显示，但未获得工业油流。1998 年将勘探重点从 Abu Gabra-Sharaf 凸起带转移带 Fula 凹陷，并于 2000 年 6 月在 Fula-1 井获得重大突破（童晓光等，2004）。该井在 Bentiu 组和 Aradeiba 组获工业油流，从而拉开了苏丹 6 区大规模勘探的序幕。

第三阶段（2001 年至今），以中国石油所属的中国石油国际勘探开发有限公司（CNODC）为主的加快勘探阶段。截至 2020 年底，共采集二维地震勘探数据 11589km，三维地震勘探数据 3667km²，探井 96 口，评价井 54 口，发现油田 11 个：Fula、Moga、Jake、Keyi、FNE、Bara、Arad、Naha、Shoka、Hadida、Sufyan。累计新增探明石油地质储量（EV）24.18×10⁸bbl，可采储量（EV）7.08×10⁸bbl。2002 年，在产品分成协议的基础上，中国石油与苏丹政府签署了补充协议，2004 年 12 月勘探期到期，自发现之日起可以保留 1.8×10⁴km² 面积 20 年。中国石油占 95% 股份，苏丹国家石油公司（Sudapet）占 5%。2001—2003 年，继续大规模勘探 Fula 凹陷，FN-4 和 Moga-26 等探井的发现揭开了 Great Fula 油田和 Greatmoga 油田的雏形。区域甩开钻探也相继取得突破，2002 年在 Nugara 东部凹陷发现 Hadida-1 油田和 Shoka-1 油田，进一步证实了 Fula 凹陷外围地区的勘探潜力；2003 年在 Kaikang 坳陷 Naha-1 井于 Aradeiba 组获高产稀油；2003 年 9 月，在 Sufyan 凹陷区域勘探再获重大突破，Suf-1 在 AG 组发现高产稀油，Bentiu 组获稠油。2004 年，在 Fula 凹陷西部陡坡带 AG 组勘探获突破，Keyi-1 井在 AG 组获稀油 1810bbl/d，2005 年在该井北部钻探的 Keyi-2 井也同样在 AG 组获高产稀油。这些区域勘探的不断突破，展示了 6 区良好的勘探前景。2006—2013 年，随着主力油藏 Bentiu 组 /Aradeiba 组勘探程度的提高，加之西部安全形势导致西部生产一度停滞，仅 Fula 凹陷滚动勘探陆续有些发现。2014 年以来，通过总结复杂断块关键地质认识和油气成藏规律，将勘探方向由以往的上白垩统转向下白垩统，创新集成应用适用性复杂断块勘探技术，取得了显著的勘探成果。Fula 凹陷优选部署的 FN ED-1 井首次在下白垩统 AG 组深层获得高产油流，突破常规储层下限；Sufyan 凹陷新发现了 Suf、Sufyan 和 Sufyan W 三个千万吨级油田及四个含油气构造。分 3 期开展产能建设，一期 2004 年投产，建成 60×10⁴t/a 产能；2006 年二期投产，产能达到 200×10⁴t/a；2010 年三期投产，产能达到 300×10⁴t/a。

（二）苏丹—南苏丹 1/2/4 区

苏丹—南苏丹 1/2/4 区位于盆地的中段，原始面积约 50000km²，其中，1 区面积 7382km²，2 区面积 8999.52km²，4 区面积 32582.9km²。2011 年南苏丹独立，1/2/4 区沿着苏丹、南苏丹国界一分为二。1/2/4 区勘探整体上经历了 3 个阶段。

1. 美国雪佛龙公司勘探阶段（1975—1992 年）

雪佛龙公司的勘探活动开始于 1975 年，当年完成航磁调查 80000km，范围覆盖了整个合同区。通过这轮航磁调查，大致确定了工区内主要沉积盆地的分布范围。在航磁解释结果的基础之上，雪佛龙公司于 1975 年底使用直升机开展了大范围的重力普查。根据普查结果基本确定了工区内大的构造格局，圈定了几个主要的北西向和南北向延伸的沉积盆地的基本范围，并且对盆地内的主要二级构造带有了初步的认识。1979 年，雪佛龙公司又开展了新一轮航磁和重力调查，这一轮重力调查采用了 984ft 和 1312ft（300m 和 400m）的网格距，而且测线与 1976—1982 年间部署的 30000km 二维地震测线相符。加上 1975 年的重力普查，雪佛龙公司的重力调查已达十万个重力点以上。据大致统计，雪佛龙公司单在 1/2/4 区完成的工作量分别为航磁调查 20100km、重力调查 52175km。

雪佛龙公司的地震采集开始于 1976 年初，在十多年的作业时间内，在 1/2/4 区共采集 17692km，其中 1 区 5350km、2 区 4920km、4 区 7422km。另外，雪佛龙公司还在 1 区 Unity 地区采集了 129km^2 的三维地震勘探数据。

雪佛龙公司的钻井作业开始于 1977 年 10 月。初期钻探的目的主要是想尽可能多地获得地质资料，最初的 6 口井全部位于 Muglad 盆地。第一口见油气显示的井是 1 区的 Unity-1 井（钻于 1978 年 5 月），第一口重要发现井是 1 区的 Unity-2 井（1980 年初）。到雪佛龙公司退出之前，该公司在原苏丹 1/2/4 区共钻探井（预探井加评价井）38 口。

就 1/2/4 区而言，雪佛龙公司所发现的油田主要有 1 区的 Unity 油田和 2 区的 Heglig 油田和 Bamboo 油田，在 4 区内钻获 Kaikang-1 含油构造，所找到的原始地质储量为 10.2×10^{6}bbl，可采储量 2.73×10^{6}bbl。

2. SPC 勘探阶段（1993—1996 年）

从 1993—1996 年，SPC 公司开始在 1/2/4 区作业，共完成二维地震勘探 1174km，三维地震勘探 129km^2（Heglig 地区），钻探井 10 口（预探井和评价井），发现了 Toma South 和 El Toor 两个主要油田，探明石油地质储量 480×10^{6}bbl，可采储量 129×10^{6}bbl。

3. GNPOC 勘探阶段（1997 年至今）

自 1996 年 11 月起，由中国石油、马来西亚国家石油公司（Petronas）、加拿大塔利斯曼能源公司（Talisman）和苏丹国家石油公司（Sudapet）四家油公司组成的联合作业公司 GNPOC（Greater Nile Petroleum Operating Company，大尼罗河石油公司）接管 1/2/4 区勘探开发项目，开始在该区进行大规模的油气勘探。在此期间，GNPOC 共完成重力测线 17867 点 /4452.5km，航磁精查 55562km，范围覆盖了除 El Arab 河以南的所有地区。二维地震勘探 43788km，三维地震勘探 5517km^2，探井 221 口，评价井 94 口，探明石油地质储量超 60×10^{8}bbl，可采储量约 19×10^{8}bbl。发现了以下主要油田：1 区 El Nar、El Saqr、El Harr、Talih、Khairat、Greatmunga、El Toor North、Nabaq 等油田；2 区 Bamboo West、Garaad、laloba、Tailib、Simbir、Hamar 等油田；4 区 Shelungo、Neem、Azraq、Hilba、Haraz、Suttaib、Diffra West、Hamam、Balome、Lol 等油田。

2011 年 7 月 9 日，原 1/2/4 区项目一分为二，南苏丹境内 1/2/4 区 GNPOC 权益由 2012 年新成立的联合作业公司南苏丹达尔石油公司（GPOC）接管。GPOC 组织了大量地质综合研究工作，对南苏丹 1/2/4 区进行了新一轮研究与评价，夯实了剩余资源量基础，为南苏丹 1/2/4 区的勘探策略制定和勘探规划奠定了基础。因安全因素，GPOC 未实施勘探作业。

二、近期勘探成果

2014 年以来，通过集成创新应用复杂断块勘探技术，对 Muglad 盆地 4 区和 6 区各凹陷重点有利区带开展系统梳理，针对不同凹陷重点层系精细刻画，适时转变勘探方向，发现系列断块圈闭，评价优选出 30 个有利目标，优选上钻井位 13 口，11 口获得成功，探井成功率达 85%。

针对苏丹 6 区西部 Sufyan 凹陷长期没有突破的僵局，在失利井分析基础上系统剖析复杂断块成藏规律，明确 Sufyan 凹陷与 Muglad 盆地其他凹陷成藏机制不同。Sufyan 凹陷属于早断型凹陷，后期活动弱导致区域 Darfur 群盖层在该区变薄变差，东部主力成藏组合 Bentiu 组 /Aradeiba 组在 Sufyan 凹陷不利，而源内 AG 组由于控制圈闭的断层后期不活动导致其保存条件变好。在此认识指导下适时转变勘探方向，将勘探目标由源上 Bentiu 组 /Aradeiba 组合转向源内 AG 组下组合，获得突破。针对 AG 组下组合层状油藏深层勘探存在的难题，将地震地质有机结合，创新应用复杂断块精细刻画技术，识别出了常规解释未发现的系列断块圈闭，结合储层和沉积相研究开展综合评价、部署，优选井位 10 口，发现了 Suf、Sufyan W 和 Sufyan 三个千万吨级富油区和 Higra、Suf S、Nasma 和 Mariod-1 等含油气构造带，实现了 6 区西部油气勘探的规模突破，并快速建成 Sufyan 油田 30×10^4t/a 产能。

1/2/4 区 2010—2019 年主要发现在 4 区的 Neem-Azraq、Hilba 地区。2009—2011 年探明 4 区 Azraq 油田，新增石油地质储量 3.85×10^8bbl。Neem-Azraq 凸起带位于 4 区东北部，面积约 2000km^2，其西南为 Kaikang 坳陷北部凹陷，东北毗邻 6 区 Fula 凹陷，东南以鞍部与 Shelungo 凸起相望，是一个构造复杂的古凸起。2014—2016 年在 Hilba 构造探明石油地质储量超过 1×10^8t。在 Kaikang 坳陷东部断阶带发育的 Hilba 构造是复杂断背斜，为北东南西走向，构造面积超过 20km^2，分为南北两个构造高点。在最初的圈闭评价过程中，由于现今的南部构造圈闭清楚，面积大，被视为有利目标优先钻探，完钻测试后仅在上白垩统发现了薄层层状稠油，不具备商业开发价值。研究人员通过构造重新解释和构造演化认为这是一个多期构造叠加、构造高点迁移的复杂断背斜构造，综合研究认为古构造发育的北部构造高部位勘探潜力大于南部构造高部位。2014—2016 年北部构造被作为勘探重点目标进行钻探，发现了上白垩统 Aradeiba 组原生稀油油藏，测试自喷日产原油量超过 1000bbl；在浅层 Baraka 组发现厚层低阻油层，单层油层厚度超过 50m；同时，在构造翼部也首次发现古近系 Amal 组次生稠油油藏，油藏高度超过 100m；Hilba 构造探明石油地质储量超过 1×10^8t（汪望泉等，2017）。

2 区在 2010—2019 年的主要发现位于 Simbir 地区、Hamar 地区、Garaad N 地区，1 区由于南苏丹独立等政治因素和安全原因没有开展勘探作业。2010 年在 2 区 Simbir 地区、Hamra 地区 AG 组和 Bentiu 组下段目的层勘探获得突破，展示了一个新的勘探领域。2013 年实施的 Garaad N-1 井实现勘探突破，证实了 Bamboo 凸起西翼复杂构造带的油气潜力。

就勘探发现的成藏组合而言，2010 年以来下组合发现主要分布于 Azraq 凸起和 2 区 Simbir 地区、Hamar 地区，纵向上主要位于 AG2 段，以层状边水构造油藏为主；上组合发现主要是 4 区的 Kaikang 坳陷东部断阶带 Hilba 构造。

三、面临的问题和挑战

Muglad 盆地经历 40 多年构造圈闭勘探，成熟探区现有油气田多数进入勘探开发中后期，剩余构造圈闭规模小、数量少。目前已发现油藏以断层控制的复杂断块圈闭为主。随着勘探程度的深入，主力勘探层系 Bentiu 组—Aradeiba 组勘探程度已经很高，勘探目的层向下组合深层 AG 组转移，勘探难度越来越大，复杂断块等构造圈闭精确刻画面临新挑战。

Muglad 盆地受三期断裂活动的影响存在上、中、下三套成藏组合，断块圈闭构造和成藏条件非常复杂。加上地震资料采集时间跨度大（1976—2018 年），深层 AG 组地震资料品质普遍较差，信噪比和分辨率都很低，断块圈闭识别困难，现有单一的常规解释和圈闭评价技术难以满足复杂圈闭识别和评价的要求。因此如何识别、精细刻画、评价复杂断块成为勘探突破的关键。

断层相关油气藏勘探中，断层侧向封堵有效性是形成有效断块圈闭的关键，断距和相邻断盘的地层岩性决定了圈闭的有效性和含油高度，同一条断层对不同层位的封堵作用不同，同一断层的同一层位在横向上不同部位封闭作用也不同，因此有必要开展断层封闭性评价。

第二节　复杂断块精细勘探技术

对 Muglad 裂谷盆地来说，复杂断块圈闭的识别是成熟探区中后期勘探能否突破的关键。苏丹地区受资料采集条件和复杂地质条件的限制，复杂断块识别技术上面临以下难点：（1）下白垩统 AG 组埋藏深，由于盆地内部地处热带季节性干旱荒漠，地表条件复杂，环保要求高，地震采集不允许深层高能量放炮，深层资料品质普遍较差。地震资料深层主频低（分辨率低，最高仅能分辨 30m 厚砂层）、成像不清、层断波不断现象严重，断点识别困难；（2）在多期区域应力作用下，盆地发育多期、多级断裂，断裂相互交叉切割形成复杂的网状断裂系统，断点识别和断裂系统解释多解性强、圈闭落实评价困难。针对以上难点，考虑在苏丹受经济、合同条款、地质条件和环保等各种条件限制，大面积二次采集地震资料几乎无可能，需要提高地震资料品质，地震地质相结合，开展处理解释技术攻关。通过在处理解释一体化思想的指导下开展攻关，集成创新一套以复杂断块圈闭识别和目标精细评价技术为核心的"断陷盆地复杂断块精细刻画"技术，并应用于 Muglad 盆地勘探生产，取得了良好的勘探效果。

复杂断块识别和评价技术流程如图 6-1 所示。

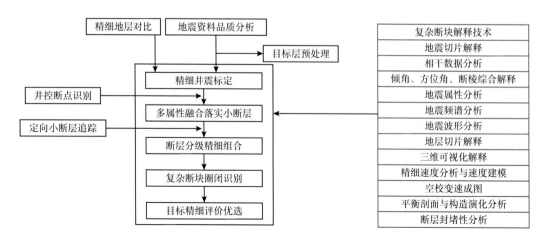

图 6-1　复杂断块识别和评价技术流程

一、复杂断块圈闭识别技术

（一）针对目标层滤波处理技术

Muglad 盆地地震资料采集年度跨度大（1981—2018 年），二维地震勘探多，三维地震勘探少。前期采集资料主要针对浅层（2000ms 以上），大部分偏移距小，导致深层 AG 组地震资料存在品质差（信噪比和分辨率很低，频带窄）、成像效果差、能量弱、断点不清等问题（图 6-2）。因此需要针对不同的目的层段开展目标预处理，以快速提高资料的信噪比和分辨率，满足精细解释识别小断层的需要。

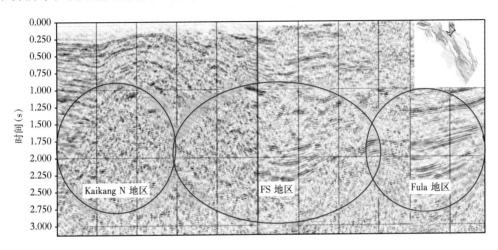

图 6-2　苏丹 6 区 Fula 凹陷地震剖面

1. 滤波预处理技术

不同年代采集的资料受限于资料采集设计时间和参数的差别，同一个地区资料信噪比和分辨率差别较大，而且受早期针对目的层浅的影响，采集设计排列长度小，最大偏移距小，导致无法得到好的深层反射信息，资料品质往往是浅层好、深层差。而且受早期处理突出浅层的影响，深层资料大部分被压制。针对地震资料状况，首先对原始资料进行频率扫描，明确目的层有效频带范围；然后进行目标区滤波预处理以压制深层高频噪声，提高有效信息信噪比，突出断点。在此基础上通过分频段精细解释识别小断层和隐蔽圈闭。

2. 构造滤波处理技术

目的是沿着构造方向去除随机噪声，以达到增加有效地震反射波连续性的目的。构造滤波的核心是区分构造的倾角方位角与其周围噪声的不同。在地质构造的约束下，一旦遇到预计倾角和方位角，就可应用一种滤波方式来加强反射轴的信号强度，这比单一的运用解释软件来做一些时间—构造和振幅提取的工作便捷得多。

构造滤波可以把不同方向的构造计算并且绘制出来，使其对构造形态、高点、轴线位置一目了然，便于分析不同方向的构造受力情况；不同方向构造滤波的高点、轴线等部位，同样是主曲率大、受力强、裂缝发育、有利油气聚集的部位，是三维曲面受力最大的地方。在现今构造图上不是高点、轴线的地方，通过构造滤波后，可将早期存在、而被后期改造消失的高点、轴线显示出来，了解地层潜在受力的地方。通过构造滤波分析可反映出各个时期、各个方向受力变形情况与构造特征以及分布规律，为研究构造的形成与裂缝的发育、发展及区域构造，提供准确的发展过程依据。

通过开展构造导向滤波（Hoecker et al., 2002）分析，地震剖面上断层特征得到明显加强（图 6-3、图 6-4）。通过构造导向滤波后得到的数据体，地震剖面上箭头处呈现明显的断面特征，而在原剖面上表现为一处小型褶皱。

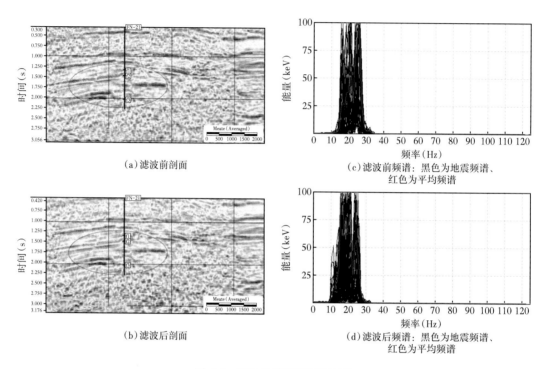

　　（a）滤波前剖面　　　　　　　　　　　（c）滤波前频谱：黑色为地震频谱、
　　　　　　　　　　　　　　　　　　　　　　红色为平均频谱

　　（b）滤波后剖面　　　　　　　　　　　（d）滤波后频谱：黑色为地震频谱、
　　　　　　　　　　　　　　　　　　　　　　红色为平均频谱

图 6-3　滤波处理前后剖面对比

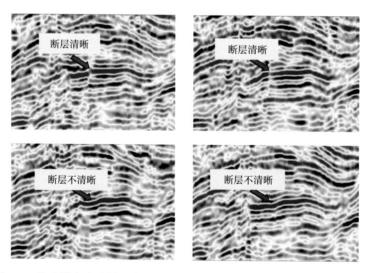

图 6-4　构造导向滤波剖面效果对比（上：构造导向滤波后；下：原始数据）

　　构造导向滤波技术对于地震剖面上的断层解释具有较好的效果。同样，利用构造导向滤波后的地震数据开展相干属性分析，也有利于对最终的平面断裂组合及区域断裂发育情况的认识。从图6-5中可以看出，通过构造导向滤波技术后的地震数据开展相干属性分析，断层细节更加丰富，原相干平面图上局部不能识别或者形态较为模糊的小断层得到了加强。

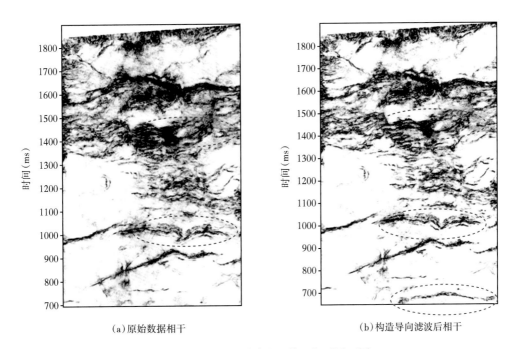

(a)原始数据相干　　　　　　　　　　　　(b)构造导向滤波后相干

图6-5　Kaikang 坳陷北三维区相干平面图

（二）复杂断裂"井控"断点识别和定向追踪解释技术

1."井控"断点识别技术

　　针对 AG 组小断层发育、地震分辨率低难以识别的特点，利用井资料的高分辨率优势，通过连井对比识别出井上小断层，然后井震结合将断点标定到地震剖面上，再结合地震开展小断层的识别和追踪。

　　首先将 AG 组细分到四级层序，分地区、分构造层建立标准地层剖面，明确各油组或砂层组岩—电特征、沉积旋回及标志层，开展油组或砂层组精细地层对比，可识别出井上断距 10m 以上的小断层；然后通过精细标定将井断点投影到剖面上，在断点引导下，在剖面上拾取断层；最后结合方差体切片等平面属性上的投影，开展断层空间追踪（图6-6）。

2.地质模型约束下的定向小断层追踪技术

　　常规解释都是以主测线和联络线为解释网格开展解释。主测线采集时以垂直于区域构造和大断层走向为原则，而小断层走向与大断层有一定交角，导致存在解释盲区，在剖面上就很难反映出来。根据地震测线反射的这个特点，针对不同小断层的走向，建立地质模型，在模型约束下选取垂直断层方向任意线（AB）开展精细刻画，与方差体切片结合，对异常去伪存真识别小断层，发现常规解释未发现的断块圈闭（图6-7）。

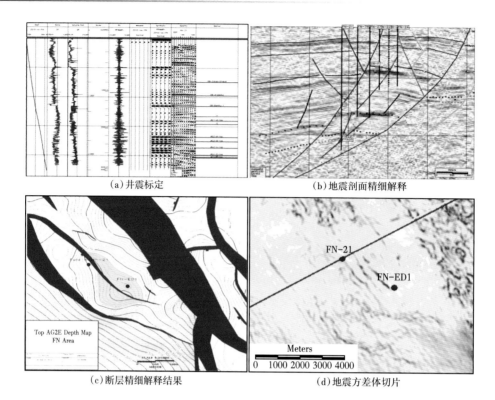

（a）井震标定　　　　　　　　（b）地震剖面精细解释

（c）断层精细解释结果　　　　　　（d）地震方差体切片

图 6-6　井控断点解释技术

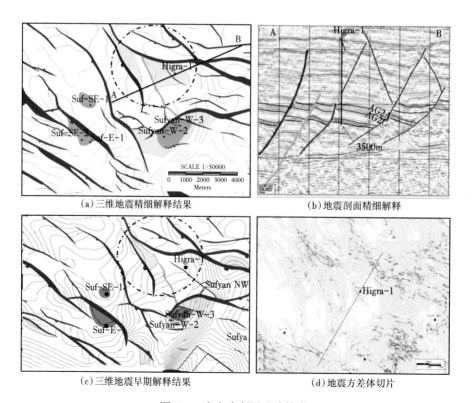

（a）三维地震精细解释结果　　　　　（b）地震剖面精细解释

（c）三维地震早期解释结果　　　　　（d）地震方差体切片

图 6-7　定向小断层追踪技术

（三）复杂断裂组合技术

对 Muglad 裂谷盆地来说，多期裂谷叠置和反转，多期多方向应力场导致断裂系统多期、多级、多走向、倾向，有多个转换带，存在多解性，断层组合和断块圈闭识别困难。受地震资料品质的限制，单独依靠地震剖面和单一属性无法解决断裂组合的多解性问题。因此需采用多项技术落实断裂系统展布。

1. 断层分期分级解释技术

利用 2D move/3D move 和层拉平等技术开展古构造恢复，明确断层发育时期及其对构造的控制作用，在此基础上对断裂体系开展分期分级精细解释，然后平面、剖面结合进行断裂追踪，借助三维可视化，落实各期断层空间展布，从而合理组合断层。

2. 多属性融合确定断裂组合技术

应用方差体、混沌体、相干切片，结合"蚂蚁"追踪、曲率体、Geofeature 等多属性融合对断裂系统展布方向进行相互佐证，以保证断裂组合的准确性。相干切片比较常见，重点介绍一下方差体、"蚂蚁"追踪和体曲率。

1）方差体

在设定的时窗内，利用振幅相似系数或相关性完成倾角扫描，利用多道完成方位扫描得到方差体，然后进行切片处理，可得到方差体切片。方差体切片或沿层方差可以很好地刻画断层等地质特征，从而指导断层组合（图 6-8）。

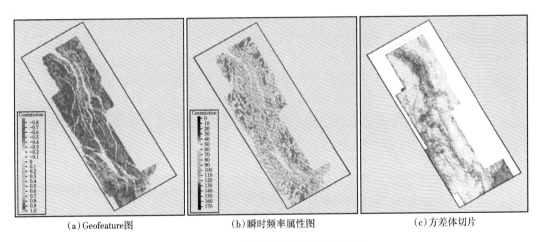

(a) Geofeature图 (b) 瞬时频率属性图 (c) 方差体切片

图 6-8 多属性融合识别断裂系统技术

2）"蚂蚁"追踪

"蚂蚁"追踪是根据蚂蚁觅食的原理而提出的一种通过计算机实现最优化算法。蚁群在爬行过程中分泌一种信息素，可以被其他蚂蚁感知，从而达到信息传递的目的。"蚂蚁"追踪是在地震数据体中散播电子"蚂蚁"，"蚂蚁"遇到断裂将用"信息素"做出明显的标记，否则将不做标记或作不太明显的标记，以指导其他"蚂蚁"的追踪。跟真实的蚂蚁相比，人工"蚂蚁"具有一定的记忆功能。人工"蚂蚁"按照一定的算法规律有意识地寻找最短路径，而不像真实蚂蚁一样盲目地选择。

3）体曲率

早期，构造曲率是在解释层位上进行计算的，受人为影响大。对于三维地震数据体，在以构造为导向的基础上，利用地层倾角与曲率的关系计算构造体曲率，利用地震数据振幅横向二阶导数来计算振幅体曲率，实现了三维体曲率计算，避免了人为因素影响，提高了精度。体曲率的出现是继相干体技术以后的又一次重大突破（图6-9）。

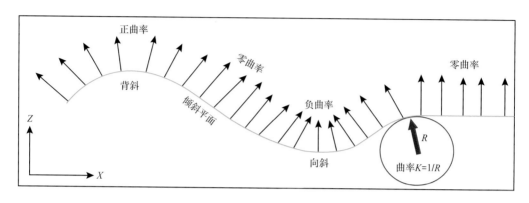

图 6-9 体曲率计算示意图（据 Andy，2001）

3. 井约束下的三维可视化空间追踪技术

三维可视化技术始于20世纪80年代后期，但由于受到计算机硬件条件的限制，技术应用受到一定制约。20世纪90年代中期以后，三维可视化技术才日趋成熟。Kidd（1999）、Sheffield 等（1999）和 Neff 等（2000）对地震解释中三维可视化技术的软硬件及技术原理进行详细阐述。帕拉代姆地球物理公司（Paradigm Geophysical）、兰德马克绘图公司（Landmark Graphics）和斯伦贝谢地质探索公司（Schlumberger/ GeoQuest）等公司推出或升级三维可视化软件，使三维可视化技术逐渐成为一种全新的地震解释技术。

在勘探程度比较高的地区，在井约束下应用三维可视化技术，在三维空间对断层进行快速追踪，既提高了解释精度，也提高了断裂组合效率。通过多层叠合建模，可以验证断裂系统空间解释的合理性（图6-10）。

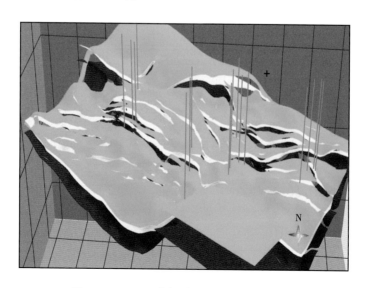

图 6-10 Fula 凹陷断裂系统三维空间叠合图

二、复杂断块圈闭评价技术

结合 Muglad 盆地勘探实践，开展了断裂活动与圈闭形成关系、圈闭形成过程与油气充注时空耦合、断层侧向封闭性评价等研究及断层圈闭有效性评价。首先进行遮挡断层侧向、垂向封闭性评价；然后进行圈闭形成时间与油气运移时期匹配时间有效性评价，从而形成了针对 Muglad 盆地复杂断块圈闭的评价技术。该技术是一套以圈闭形成与油气充注时空耦合关系评价技术，阐述了断裂活动与圈闭定型时期、断裂活动与油气充注时期、断裂与构造再活动对断块圈闭有效性的影响。

（一）断裂在油气成藏中的作用厘定

根据断裂在油气成藏中的作用划分出三种类型控藏断层，分别是油气源断层、调整断层和聚集（遮挡）断层。油气源断层是指在成藏关键时期活动开启，并沟通烃源岩和储层的一类断裂系统；调整断层是指主要在成藏期之后活动，对深部早期形成的古油气藏向浅部进行调整的一类断裂系统；聚集断层或遮挡断层是指在成藏关键时期不活动，主要起侧向遮挡作用而形成油气聚集。在复杂断块油气藏的评价过程中，对三类不同控藏断裂关注的重点不同。对于油气源断层，主要考虑其在成藏期的油气垂向运移通道；对于遮挡断层，主要评价其侧向封闭油气能力，关注所能封闭的烃柱高度和油气的富集程度；而对于调整断层，主要分析其对上覆盖层的破坏，以及对油气调整的程度和调整后油气的富集程度。

1. 不同时期断层活动特征

以 Kaikang 坳陷为例，讨论不同时期断层活动特征。古滑距值平面图可以定量表征断陷期断层活动的平面分布（李娟等，2018）。早白垩世 Kaikang 坳陷强烈裂陷，以拉张应力为主，Kaikang 坳陷东部、西部断层呈斜列式对称发育，控洼断层普遍分 3~4 段生长，连接处多数为软连接，西部控构造带断层 Fkk1、Fkk2、Fkk3 开始活动，受区域剪切应力影响在控洼断层 Fk4 末端呈马尾状发育。东部控构造带断层 Fkk4、Fkk5 活动弱，与控洼断层 Fk1 平行排列（图 6-11）。

晚白垩世控洼、控构造带断层重新活动，控圈断层开始发育，东部、西部活动强度差异明显。东部 Fkk5、Fkk4 活动强度增大，Fk1 北部 Fk1-1、南部 Fk1-2 两段活动强，中部活动弱。西部断层活动弱，Fk4 表现为 3 段式生长，Fk2 断层仅为北段 Fk2-1 及南段 Fk2-2 有活动，中段断层不活动。

古近纪断层活动再次增强，控洼断层分段连接成为完整断层，控构造带断层继承性活动。控圈断层 Fd1、Fd2、Fd3 强烈活动，受中非剪切带走滑作用影响发育花状构造。

2. 对圈闭有效性的影响

（1）控洼断层早白垩世分段式生长形成多个沉降中心，控制盆地主力烃源岩分布，断层分段生长连接处形成的早期古高地是油气运移指向区，古高地或临近古高地的断块圈闭靠近生烃中心，在捕获油气方面具有优势条件。Muglad 盆地主力烃源岩为下白垩统 AG 组暗色泥岩，控凹断层 Fk1、Fk2、Fk3、Fk4 早白垩世活动，强度大的断层生长段控制沉积洼槽分布，控制优质烃源岩发育范围。断层分段生长且连接处同向并置，在构造转换带发育横向背斜、翘倾断块构造，靠近生烃中心，是油气运移聚集的有利部位，如 Diffra 地区、Balome 地区。

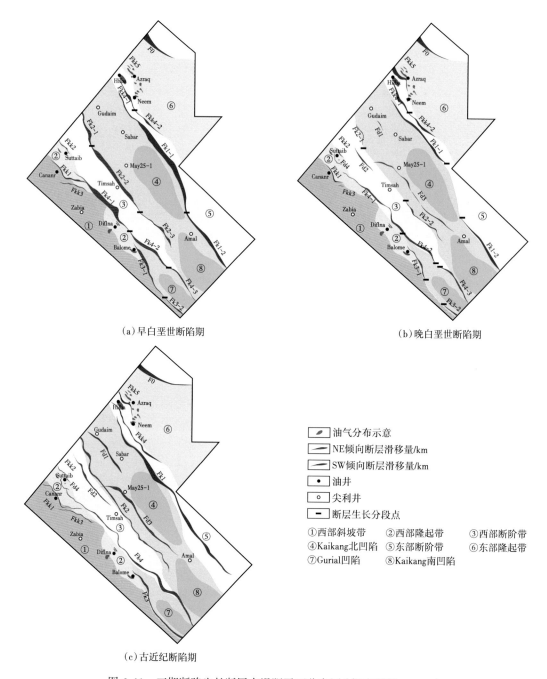

（a）早白垩世断陷期　　　　　　　　（b）晚白垩世断陷期

（c）古近纪断陷期

图例：
- 油气分布示意
- NE 倾向断层滑移量/km
- SW 倾向断层滑移量/km
- 油井
- 尖利井
- 断层生长分段点

①西部斜坡带　　②西部隆起带　　③西部断阶带
④Kaikang 北凹陷　⑤东部断阶带　　⑥东部隆起带
⑦Gurial 凹陷　　⑧Kaikang 南凹陷

图 6-11　三期断陷生长断层古滑距平面分布图（据李娟等，2018）

（2）不同层系成藏概率与相关生长断层晚白垩世与古近纪活动强度比值有关。钻井实测数据显示，已钻井出油情况与相关生长断层晚白垩世与古近纪活动强度比值有对应关系。干井的该比值小于 1，古近系出油井该比值为 1~2，白垩系出油井该比值为 1.5~4.5（图6-12）。因此在圈闭评价阶段，对于研究区断层多期活动控制下的深浅层继承性发育的断块、断鼻等构造圈闭，该比值可作为优选勘探目的层的重要参考。当该比值为 0~1 时，成藏概率为 0，当比值为 1~1.5 时，浅层古近系成藏概率大；比值为 1.5~2 时，白垩系与古近系均具备成藏可能；当比值大于 2 时，在白垩系成藏概率大（表 6-1）。如 Hilba 地区、Neem 地区、Azraq 地区的断层 Fkk5 表现为晚白垩世强烈活动，古近纪中等活动强度，形成白垩系—古近系多套层系含油。若古近纪断层活动弱，则只在白垩系有发现，如受 Fk4 断层中段控制的 Diffra 地区、Balome 地区。而晚白垩世活动极弱或不活动的断层控制的圈闭则钻井失利，如受 Fd1 控制的 Gudaim 地区、Sabar 地区。

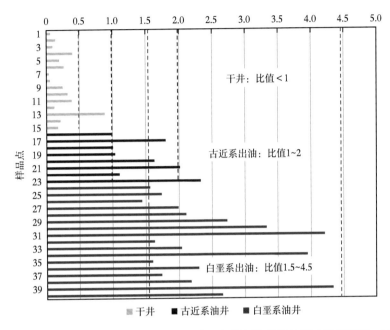

图 6-12　晚白垩世与古近纪断层滑移速率比与钻探结果统计图（据李娟等，2018）

表 6-1　研究区构造圈闭目标层系评价标准表

晚白垩世 / 古近纪滑移速率	目标层系 / 成藏概率大的层系
0~1	成藏概率小
1~1.5	古近系
1.5~2	白垩系与古近系
>2	白垩系

（3）白垩纪断层活动控制的古构造背景及古近纪构造调整、断层侧向封堵能力耦合关系决定了油气在深层、浅层的聚集程度。白垩纪生长断层活动形成的地垒、反向断块、背斜古构造，在晚白垩世末烃源岩主生排烃期聚集成藏，古近纪断层重新活动，且发育大量派生断层，其中地垒型古构造溢出程度高，油气倾向于向浅层运移，形成次生油气藏；反向断块、背斜型古构造古油藏被部分破坏，深层可能还残留部分油藏，断块圈闭油柱高度取决于圈闭侧向封堵条件及对接泥岩厚度。白垩系顺向断块型古构造，早期虽可以聚集油气，但伴随晚期断层活动古油藏溢出，浅层圈闭侧向封堵条件差，不易形成

次生油气藏。

（二）断层圈闭定型与油气充注时空耦合关系评价技术

按照圈闭定型时期和油气关键充注时期早晚的匹配关系，将断块圈闭评价为三类：圈闭定型时期早于油气关键充注时期、圈闭定型时期与油气关键充注时期基本同期、圈闭形成时期晚于油气关键充注时期。

根据前文所述，Muglad 盆地油气大规模生排烃发生在上白垩统 Darfur 群沉积的中后期，1/2/4 区关键成藏期是在晚白垩世末期、Amal 组沉积时期之前。

1. 圈闭定型时期早于油气关键充注时期

对于构造圈闭定型时期早于油气关键充注时期的圈闭，其捕获油气是具备优势条件的。可以细分为圈闭定型后保持稳定类型和圈闭定型后晚期调整类型。

1）圈闭定型后保持稳定类型

若圈闭在晚白垩世末期定型，古近纪断层活动弱，早白垩世构造活动剧烈，晚白垩世末期断层活动也强烈，则普遍在白垩系有发现，如受早期大型凸起控制的 Unity-Talih-Bamboo 油田就是此类型的典型代表，受断层控制的 Diffra 地区、Balome 地区也属于此类。因为圈闭捕获油气后由于后期没有受到断层强烈活动的影响而发生调整，保存条件较好，依然在白垩系保存，该种类型的圈闭油气最富集。

若控圈断层在晚白垩世末期活动弱、早白垩世构造活动剧烈，则不利于油气在关键时期沿断裂垂向运移。

若控圈断层在早白垩世活动弱，即使晚白垩世末期断层活动强烈，也不利于生烃凹陷的形成。

2）圈闭早形成晚期发生调整类型

此类圈闭在第一旋回的断陷末期（早白垩世末期）伴随着断裂的发育已经形成雏形，幅度普遍不高；第二旋回的断陷末期（晚白垩世末期），伴随着早期形成的断块圈闭构造幅度加大，形成了大量的断块，之后这些断块保持稳定，但古近纪末期的构造运动中活动剧烈，导致之前定型已经捕获了油气的圈闭遭到破坏，构成晚期调整。圈闭最终在古近纪末期定型，定型时期晚。

Kaikang 坳陷内断层古近纪活动强烈，对油气的二次成藏具有重要意义，在 Kaikang 坳陷南部古近系获少量油气发现，例如 Kaikang-1 井在 Tendi 组获得日产 2000bbl 以上的工业油流。评价认为 Kaikang 坳陷东断阶带、Kaikang 坳陷西断阶带内断块圈闭形成多以此类型为主（图 6-13）。

2. 圈闭定型时期与油气关键充注时期基本同期

若圈闭在晚白垩世末期定型，构造活动与油气充注的高峰期基本叠加，也是很有利的成藏因素，典型代表为 Hilba 亿吨级油田（图 6-14）。

图 6-14 显示现今构造东高西低。Aradeiba 组沉积之后，构造东高西低，Hilba C-2 构造没有形成；Ghazal 组沉积之后，Hilba C-2、Hilba K-1 是同一完整背斜构造，该构造形成于 Aradeiba 组沉积之后、Baraka 组沉积之前；Baraka 组沉积末期构造运动使得 Hilba C-2、Hilba K-1 完整背斜构造分割为 2 个断块，油气充注到已经形成的构造中。古近系 Nayil 组沉积末期地层沉降发生翘倾，H-K-1 以东整体西高东低。Tendi 组同沉积现象明显，构造东高西低，新形成的断裂破坏原有油藏，油气向上调整，现今维持凹陷沉积阶段。

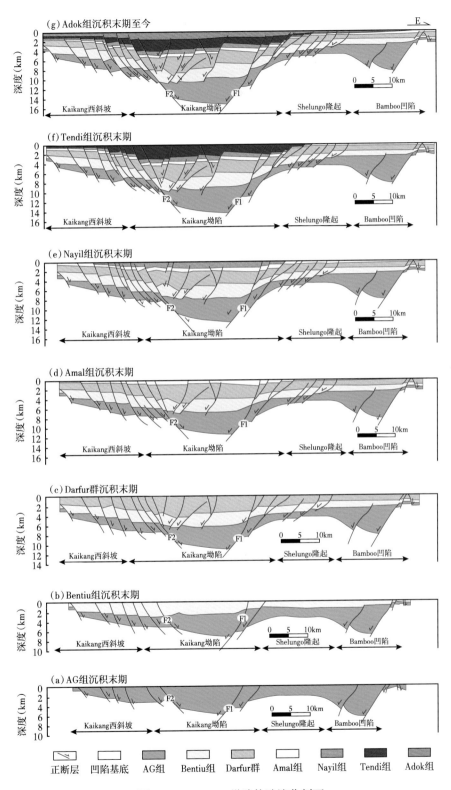

图 6-13　Kaikang 坳陷构造演化剖面

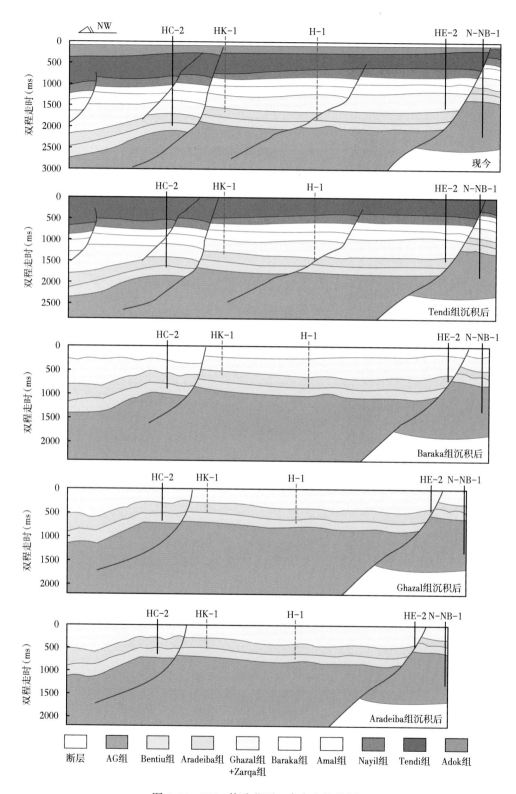

图 6-14　Hilba 构造北西—南东向演化剖面

整体而言在 Nayil 组沉积之前，构造高点和主要油藏位于 Hilba 地区北部高点，南部位于低部位。由于古近纪构造运动，Hilba 地区东抬高成现今格局。

（三）Muglad 盆地断层侧向封闭机理与类型

在盖层条件和油源条件较好的情况下，断层圈闭是否具备有效性，主要取决于断层的封闭性和封闭性演化史，对于已经识别出的断层圈闭，如果断层现今是开启的，该断层圈闭肯定是无效圈闭。如果断层是封闭的，该断层圈闭是否有效地聚集了油气还取决于断层封闭性的演化历史，如果断层在油气大规模运移之后形成的封闭，圈闭中没能捕获油气，该圈闭是无效圈闭，或者断层是在油气大规模运移之前形成封闭，但是在油气充注之后断层再次活动，断层遭到破坏，油气在此期间已经散失，后来尽管断层重新恢复了封闭能力，但圈闭中油气已经遭到了破坏，该圈闭仍然是无效的。只有在油气大规模运移之前断层形成封闭，且油气注入之后断层的活动性较弱或没活动，断层封闭性没有被破坏，充注到该圈闭中的油气没有因断层的活动而发生散失，或散失得较少，断层圈闭中至今仍然保持着油气的聚集，该断层圈闭才是有效的。在对所识别的断层圈闭进行钻探之前，应该对该圈闭先进行有效性评价，以减小钻探风险（Cowie et al.，1992；Scholz et al.，1993；Berg et al.，1995；mcGrath et al.，1995；Caine et al.，1996；Yielding et al.，1997，2002；Faulkner et al.，2003；Kim et al.，2004；Geraud et al.，2006；吕延防等，2013）。

针对不同断裂封闭机理和类型，采取不同的评价方法。

1. 断层侧向封闭机理

断层侧向封闭性是指断层阻止断层一盘中的油气穿过断层侧向运移到断层另一盘的作用（吕延防等，2013）。

断层能够形成侧向封闭油气的本质是储层与断裂带或对盘之间存在着差异渗透能力即排替压力差，当断裂带或对盘的排替压力大于储层排替压力时，断层将阻止储层中的油气向围岩侧向运移。反之，当断裂带或对盘的排替压力小于储层排替压力时，断层侧向开启，油气将穿越断层向围岩侧向运移（图 6-15）。

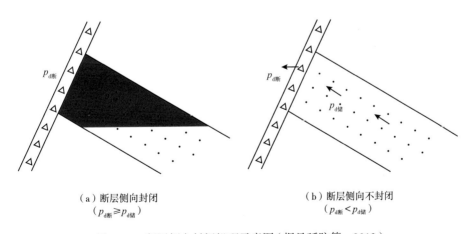

（a）断层侧向封闭
（$p_{d断} \geqslant p_{d储}$）

（b）断层侧向不封闭
（$p_{d断} < p_{d储}$）

图 6-15 断层侧向封闭机理示意图（据吕延防等，2013）

2. 断层侧向封闭类型

基于断裂活动造成这种差异渗透的地质过程，可以将断层封闭类型划分为两大类：岩性对接封闭和断层岩封闭。

岩性对接封闭指的是储层与渗透性相对较差的岩层通过断层发生并置，由于渗透性的差异阻止油气运移，例如断层面砂岩—泥岩对接或是砂岩与胶结单元对接。断层依靠对接封闭其侧向封闭能力是很强的。

Muglad 盆地 Bentiu 组断块油藏基本以块状底水类型为主，例如在 Unity、Talih、El Toor、Munga、Heglig、Bamboo、Diffra 等油田普遍见到。Bentiu 组砂岩侧向对接到 Aradeiba 组厚层区域泥岩盖层（图 6-16），形成了典型的岩性对接封闭类型。

断层岩封闭指的是断层在形成和演化过程中同时伴随着物理变化和化学变化，在断裂带内形成渗透性较差的充填物质而阻止油气侧向运移。

Muglad 盆地 Darfur 群、AG 组以砂泥互层为主，具备形成断层岩封闭类型的断块圈闭。断层两侧地层以砂岩—砂岩的形式对接，但是油水界面和压力系统各异，在 Talih、Unity、Neem、Hilba、Fula、Sufyan、Shoka、Haraz、Balome 等油田的 Darfur 群中发育。

野外观察证实断层岩是普遍发育的，断层两盘并不是简单的一个面接触，而是以断裂带的形式相接触的，因此断层侧向封闭类型以断层岩封闭为主。根据母岩的岩性、变形过程、环境及相关的胶结作用等可以将断层岩封闭类型细分为以下五种类型。

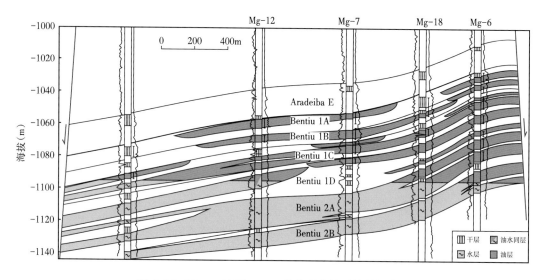

图 6-16　Munga 油田 Bentiu 组典型岩性对接封闭类型

1）解聚带封闭

纯净砂岩在埋深较浅且低有效应力环境中形成的断层岩，因没有经历过颗粒减小的过程而具有与母岩相似的结构和构造，这一类断层岩称为解聚带。解聚带若没有发生快速胶结、机械压实，那么通常会恢复其以前的颗粒排列方式，即断层岩不能形成有效的侧向封闭。

2）碎裂岩封闭

在黏土含量很低的砂岩中，由于断层的活动使岩石发生破裂并充填于断层裂缝中，伴随两盘岩层的错动，碎屑颗粒被研磨形成小粒径的碎屑充填物质，其成岩后形成碎裂岩，碎裂岩具有比储层更高的排替压力，由此形成对目的盘储层油气的封堵。此类封闭一般能力较差，可对稠油形成一定的封堵，对天然气不起封堵作用。

3）层状硅酸盐框架断层岩封闭

当断层岩的泥质含量很高时，断层岩的排替压力也随之增高，使之与储层之间产生排替压力差，形成对储层内油气的封闭，其封闭能力大小取决于二者排替压力差的大小。断层岩中的泥质有两个来源，一是从泥岩层中由断层切削下来的泥岩碎屑充填于断层裂缝中，二是非纯净砂岩层中泥质成分随砂岩碎屑进入断层裂缝中，断层岩往往是由泥岩碎屑和不同泥质含量的砂岩碎屑混合而成，Knipe（1992）定义此类断层岩为层状硅酸岩框架断层岩。

4）泥岩涂抹封闭

在砂泥岩互层的地层段内，由于巨大的构造应力和上覆岩层重量的作用，在断层两盘削截砂岩层上形成一个薄薄的泥岩层，由于泥质颗粒侵入到砂质颗粒中，而且发生了动力变质和重结晶作用，使其成分均一化，物性明显降低，具有非常高的排替压力，对被涂抹砂层的油气起到侧向封堵作用。

5）胶结封闭

胶结作用指的是由于地下地质条件的改变，而使得矿物质在断裂带内沉淀胶结，使得断层带内充填物质孔渗性变差，对油气具有很高的排替压力，因此断裂具有很强的侧向封闭油气能力。常见的胶结封闭有两种类型，即热液胶结封闭和变形造成局部溶解与再沉淀胶结。

实验室样品测试表明（Rasoul，2005）。解聚带封闭类型具有最高的渗透率即最差的侧向封闭能力，而胶结断层岩和泥岩涂抹封闭类型具有最低的渗透率即最强的侧向封闭能力，而其他类型介于其间。

（四）断层侧向封闭能力评价方法

通过上述分析得到，断层能够形成侧向封闭的机理是断裂带与围岩之间存在差异渗透能力，基于断裂活动而造成这种差异渗透的地质过程，可以将断层封闭类型划分为岩性并置封闭和断层岩封闭两大类，因此需要针对不同断层侧向封闭类型采用相应的断层侧向封闭能力评价方法。

1. 岩性并置型断层侧向封闭能力评价方法

1）Allan 图解

Allan 图计算机化对于断块圈闭快速评价提供了很好工具。由 Allan（1989）发展的断层并置分析技术非常易用，考虑了上下盘沉积地层在断面处对接情况，图件称为断面剖面图，简称 Allan 图。

Allan 图的做法是：首先，利用精细地震构造解释方案识别出断裂所断移地层的构造形态；其次，利用钻井资料识别出断裂所断移地层的岩性特征；最后，将断裂所断移的两侧地层的构造形态及其岩性特征同时投影到断层面上，便形成了 Allan 图。Allan 图假设断层面自身不具有封闭能力，同时砂并置区域是烃类穿断层面运移的路径。

2）Knipe 图解

根据断层两盘渗透性地层与非渗透性地层对接可以形成对油气封闭的基本原理，Knipe 等（1992）对 Allan 图做了改进，采用了三角形对接图来进行断层封闭性分析。相较 Allan 图，Knipe 图解法具有操作性更强，所需的资料更易获取及可在短时间内做出快速评价的优点。

Knipe 三角图的具体做法是：利用钻井资料识别出断裂所断移地层的岩性特征，以三角形代表断层面，横向轴代表断距，纵向轴代表断层上升盘沉积地层，三角形中的某一斜边表示断层下降盘中的某一点随着断距的增加而与对置盘对接岩性的变化轨迹。根据钻井资料可以建立其目的层段的岩性柱状图，剪开该岩性柱状图并使一半固定（视为上升盘），逐渐从断距为零到该断层最大断距错位移动另一半柱状图（视为下降盘），做下降盘中各小层与上升盘岩性对接轨迹，最终形成 Knipe 图。实际分析过程中根据断层的实际断距及目的盘储层的厚度，便可在图中查得该储层在该断距的情况下对置盘所对接岩层的岩性，并根据对接岩性的渗透与非渗透性质确定出目的储层是否被封闭，封闭厚度大小及油水界面具体位置。

以南苏丹 1 区 El Harr-1 井区为例说明该方法。该井钻探结果表明 Bentiu 组最大断距为 150m，Bentiu 组顶部砂岩错断 150m 后，对接的是 Aradeiba 组泥岩中部，断层封闭性良好，与实际油藏地质情况吻合。若断距增大到 400m，则完全断穿 Aradeiba 组，由此对接的是 Zarqa 组砂岩和泥岩互层的地层，封闭性风险加大。

2. 断层岩封闭型断层侧向封闭能力评价方法

大量野外露头观察证实，绝大多数情况下，断层两盘之间并不是一个简单的面，而是在断层裂缝之间充填有厚度、岩性等分布不均一的断层岩。断层的侧向封闭能力不是取决于两盘岩性对接情况，而是取决于断层岩与目的盘储层之间的物性差异。如果断层岩的排替压力高于目的盘储层的排替压力，断层具有侧向封闭性，其封闭能力的大小取决于二者排替压力差的大小，排替压力差值越大，断层的侧向封闭能力越强，否则越弱。如果断层岩的排替压力小于目的盘储层的排替压力，断层不具备侧向封闭能力。对于砂岩 / 泥岩地层而言，在断层倾角和埋深一定的情况下，断层岩排替压力的大小主要取决于断层岩中泥质含量的大小，断层岩中泥质含量越大，断层侧向封闭能力越强，反之越弱。

断层岩中的泥质主要有三种存在形式：一是断裂活动过程中具有塑性特征的泥岩层被剪切拖拽或被压入断层裂缝中形成的泥岩涂抹层；二是断层活动过程中两盘相互错动，将两盘错断的岩石、岩体研磨成为极细的类似泥状物质，通常被称为断层泥；三是断层错动两盘砂泥岩地层时，两盘地层被刮削下来充填到断层裂缝中形成的砂泥混杂充填物质。从国内外研究的现状看，目前主要侧重于来自泥页岩层的泥岩涂抹研究和砂泥混杂充填物研究，而对其他情况仅能给予定性分析。调研发现存在页岩涂抹因子 SSF（shale smear factor），还有泥岩涂抹势 CSP（clay smear potential）等研究方法，但国际上最认可的方法是断层岩泥质含量评价 SGR（shale gouge ratio，页岩断层泥比率）。本次研究以 SGR 方法评价断层岩封闭类型。

无论是页岩涂抹因子 SSF，还是泥岩涂抹势 CSP，仅考虑了断距和泥岩层厚度，没有考虑不同位置泥岩涂抹量不同。另外，目前泥岩涂抹研究中普遍忽略了泥岩的塑性问题。在成岩早期，泥岩易于塑性流动，当断层活动时，必然会造成泥岩沿断面的大量拖曳现象（或是剪切带），导致泥岩更大范围地涂抹断面。而岩石成岩之后，处于脆性状态的岩层，在错断的过程中更易于发生岩石的碎裂作用，形成与围岩岩性相关的岩屑混杂充填物，当断层停止活动以后，这些充填物逐渐压实成岩，成为构成断层核部的断层岩。显然，断层岩中泥质含量的多少直接反映了其侧向封闭油气的能力，泥质含量越高，断层岩的排替压力越大，断层的侧向封闭能力越强，反之越弱。于是，研究者们试图通过研究断层岩泥质含量的办法间接或直接评价断层的侧向封闭油气能力（吕延防等，2013）。

自从 Yielding 等（1997）等提出 SGR 算法以后，便被研究者们所接受，并成为大家推崇的评价断层封闭性方法。从所建立的计算公式中也可以理解成断层岩中泥质含量，即为断层在断移过程中滑过某点泥岩层累计厚度与断距的比值［图 6-17（a）］，其数学表达式为：

$$SGR = \frac{\sum h_i}{D} \times 100\% \qquad (6-1)$$

式中　SGR——断层岩泥质含量，%；

　　　h_i——泥岩层单层厚度，m；

　　　D——断层的垂直断距，m。

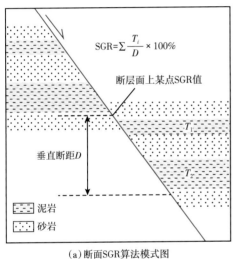

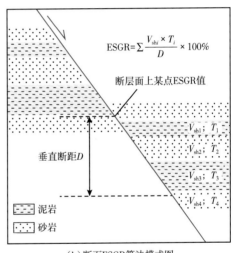

（a）断面 SGR 算法模式图　　　　　　（b）断面 ESGR 算法模式图

图 6-17　断层岩泥质含量计算模式（据 Yielding et al.，1997）

SGR 计算公式建立的前提是：认为进入到断层裂缝中的充填物质形成的断层岩，其成分组成取决于断层所断移的地层岩性，如果所错断的地层均为砂岩层，断层岩主要为砂岩碎屑组成，如果所错断的地层均为泥岩层，断层岩则均由泥岩碎屑构成，如果所错断的地层各由 50% 的砂岩和泥岩层互层组成，则组成断层岩的砂泥含量各占 50%，即断层岩中的泥质含量完全取决于所错断地层段内的泥岩层所占厚度百分比。这一假设得到了野外实际资料的证实（图 6-18）。

需要注意的几个问题：（1）利用 SGR 与过断层压力差数据来拟合断层侧向封闭性，必须来自油源充足且已达到侧向封闭失效的断层；（2）这种方法评价的是断层现今的侧向封闭能力；（3）断面侧向封闭能力最弱的地方是 SGR 最小的区域；但是，断层发生侧向渗漏的地方并不一定是 SGR 最小区域，这取决于断裂带各点侧向封闭能力三维空间分布与圈闭内流体压力的匹配关系（刘哲，2012）。

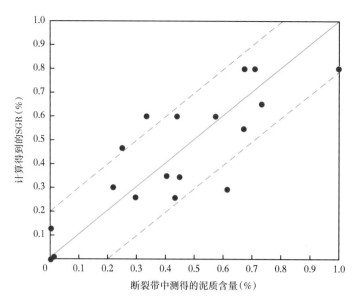

图 6-18　野外测得的泥质含量与计算得到的 SGR 相关性比较（据 Yielding，2002）

实际的断裂作用过程中，砂岩中的泥（硅酸盐）对断裂带中断层泥的比率也有贡献，为此 Yielding（1997）对 SGR 的概念进行了完善，提出了 ESGR（effective shale gouge ratio，有效断层泥比率）的概念，同一条断裂 ESGR 与 SGR 的值存在一定差异，ESGR 能更准确预测断裂带中断层泥含量和泥岩涂抹的程度，其数学表达式为：

$$ESGR = \frac{\sum V_{shi} \times T_i}{D} \times 100\%　　　　　（6-2）$$

式中　ESGR——断层岩泥质含量，%；

T_i——地层单层厚度，m；

V_{shi}——地层中的泥质含量，%；

D——断层的垂直断距，m。

当 ESGR < 14% 时，断裂带内部主要发育碎裂岩；

当 14% < ESGR < 40% 时，断裂带内部主要发育类泥质砂岩；

当 ESGR > 40% 时，主要发育泥岩涂抹。

第三节　勘探有利区

按照最新的盆地构造单元划分原则，Muglad 盆地可以划分为五个一级构造单元：Sufyan 坳陷（Ⅰ）、Nugara 坳陷（Ⅱ）、东部坳陷（Ⅲ）、西部斜坡带（Ⅳ）和 Kaikang 坳陷（Ⅴ）（图 2-1）。每个一级构造单元又可以进一步划分为次一级的二级构造单元。由于每个构造单元其所处的地质背景和成藏条件不同，存在着不同成藏组合的有利区带。应用前述复杂断块识别和评价技术，对 Muglad 盆地开展系统解剖和研究，发现目前 Muglad 盆地尚有数百个剩余圈闭未钻，以复杂断块圈闭为主，因此复杂断块精细勘探仍然是未来的主要勘探方向。勘探有利区带主要分布在以下地区：东部的 Fula 凹陷、Bamboo-Unity 凹陷、西部的 Sufyan 凹陷、Nugara 坳陷和 Kaikang 北凹陷。

一、Fula 凹陷

Fula 凹陷位于 Muglad 盆地东北部，苏丹 6 区最东侧，东西宽约 41km，南北长近 120km，面积约 5000km² （汪望泉等，2007；何碧竹等，2010）。2000 年，Fula 凹陷获得勘探突破，开展了大规模的油气勘探，截至 2003 年共发现 Fula 和 Moga 两个油田，获得十分可观的石油地质储量，产能建设初具规模。

2004—2005 年，在 Fula 西部陡坡带发现了 Keyi 油藏、Jake-1 油藏，在 Fula 东部斜坡带发现了 Fula NE 油藏，在 Fula-Moga 油田区滚动勘探发现了 5 个含油断块。既有 Bentiu-Aradeiba 组的稠油发现，又有 AG 组稀油发现。随着勘探程度不断提高，主力成藏组合 Bentiu-Aradeiba 组剩余未钻圈闭越来越少，勘探方向逐渐向 AG 深层、岩性地层圈闭转移。深层白垩系 AG 组作为主力烃源岩层系，发现的油气储量日益增多，逐步成为近年来勘探工作的热点。2014 年以来，创新应用复杂断块精细识别和综合评价技术，发现系列断块圈闭，优选实施获得突破，揭示了 Fula 凹陷下组合 AG 组具有很大的勘探潜力。

（一）构造特征

Fula 凹陷西临 Babanusa 凸起，东倾的 Fula 西大断层是凹陷的西部边界，也是凹陷的主控断层。凹陷的东部边界是西倾的 Fula 东大断层，该断层主要控制凹陷南部的地层沉积，凹陷南部以 Kaikang 北断层与 Kaikang 坳陷分开，东北部则以斜坡形式超覆到凸起之上（图 6-19）。

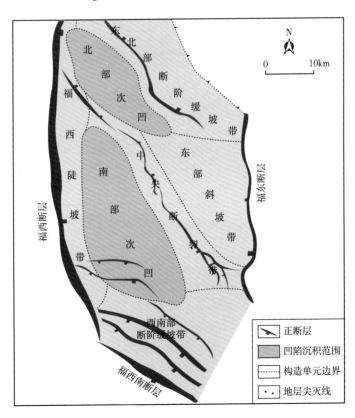

图 6-19　Fula 凹陷构造纲要图

Fula 凹陷属于"继承型"凹陷，发育第一裂谷旋回和第二裂谷旋回，第三期裂谷不发育，多期断裂活动共同作用，形成复杂叠加构造，因而存在着多种复杂断块圈闭类型。平面上，Fula 凹陷具有"南北向的凹陷、北西向的断裂和二级构造带"的特点。发育南北向和北北西向两组断裂，南北向断裂控制着凹陷格局，北北西向的断裂控制构造带的形成和发育。通过对区域构造背景、演化特征、断裂期次、主要构造特征等的分析研究，根据最新的构造解释成果，对 Fula 凹陷构造单元和构造带重新进行了划分，共划分出了 5 个次一级有利构造带，即 Fula 断裂构造带、Moga 断裂构造带、西部陡坡带、南部断阶带和北部断裂带。

（二）成藏组合与成藏控制因素

Fula 凹陷属于"继承型"凹陷，区域盖层在此类凹陷中最为发育，形成以 Bentiu 组 + Aradeiba 组的下生上储中组合为主、下组合和上组合为辅的成藏特征（图 6-20），主要圈闭类型包括断背斜、断鼻、反向断块、顺向断块等。

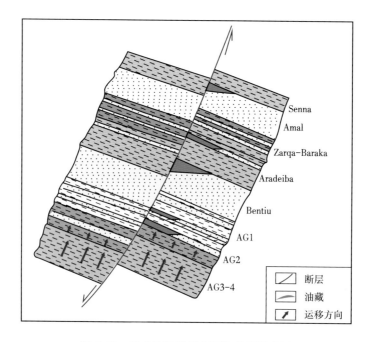

图 6-20　重点构造带反向断块成藏模式图

根据 Fula 凹陷构造演化史及油源地球化学分析，Fula 凹陷油藏的形成可分为三个阶段（图 6-21），晚白垩世早期即 Darfur 群沉积时期是第一成藏期；晚白垩世末期即 Amal 组沉积末期和古近—新近系沉积早期是第二成藏期，该成藏期控制了 Fula 凹陷现今的油气藏；古近—新近纪以后的构造运动仅对前期的油藏进行了调整。

Fula 凹陷目前已经证实的发现大体上可分为三套成藏组合，从下至上依次为 AG 组自生自储油藏、Bentiu 组下生上储油藏和 Darfur 群油藏（以 Aradeiba 组油藏为主）。还有两套潜在的成藏组合，即基底和 Amal 组。其中，Bentiu 组上段和 Aradeiba 组油藏为主力成藏组合，在多个构造得到证实；Bentiu 组中段油藏在南部断阶带 Fula S-2 井得到证实；Fula-Moga 中央断裂带多口井都在源内 AG 组（AG2 段、AG1 段）发现了油层，西部陡坡带的 Jake E-1 在 AG3 段获得突破，证实了 AG 组也是凹陷内重要的成藏组合，揭示了 AG 组是 Fula 凹陷稀油油藏的主要层系。

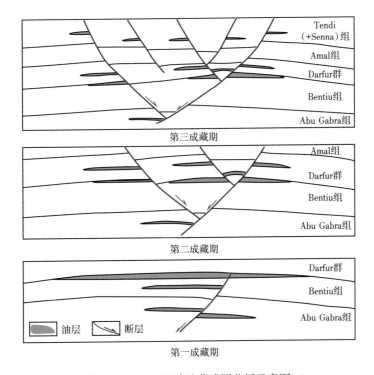

图 6-21 Fula 凹陷油藏成因分析示意图

AG 组成藏的控制因素主要是侧向封堵条件和储集层的发育。因此，（断）背斜构造和顺向断鼻（块）是降低侧向封堵风险、形成 AG 组油藏的有利圈闭。

Bentiu 组成藏组合包括 Bentiu 组上段和 Bentiu 组中段成藏组合。Bentiu 组上段油藏是 Fula 凹陷的主力油藏，储量的 80% 来自该组合。由于断层的多次活动，使深部烃源岩与上面的 Bentiu 组砂岩沟通，生成的油气可以沿断层往上大规模运移，进入 Bentiu 组厚层块状砂岩。由于 Bentiu 组砂岩厚度较大，进入其中的油气首先垂向运移至 Bentiu 组上部，当遇到 Aradeiba 组区域盖层时，则在区域盖层的控制下向上倾方向发生区域侧向运移。Bentiu 组成藏的关键因素是 Aradeiba 组泥岩的侧向封堵。

Darfur 群可分为 Aradeiba 组成藏组合和潜在的 Zarga 组—Ghazal 组成藏组合。在油源断层（切至 AG2 段）发育的情况下，断块圈闭 Darfur 群内部的砂岩可以被其内部泥岩在断层另一侧形成遮挡而成藏。其成藏主控因素是油源断层和圈闭封堵条件。

Fula 凹陷成藏控制因素主要有：（1）长期继承发育的构造带是油气聚集的有利场所；（2）调节带和调节断层控制的局部构造（背斜、反向断块和断鼻）是油气富集的主要构造单元；（3）圈闭应具备有效的生—储—盖组合；（4）Darfur 群泥岩的侧向封堵是形成 Darfur 群、Bentiu 组油藏最主要控制因素，它决定着 Darfur 群、Bentiu 组油藏规模和质量；（5）切入 AG 组的大断裂是油气纵向运移的主要通道；（6）油藏靠近大断裂、断层活动期长、保存条件差是浅层形成稠油油藏的主要原因。

（三）有利成藏带及平面分布

通过对 Fula 凹陷已发现油气藏成藏规律分析，发现 Fula 凹陷已发现油藏在平面分布上均表现出明显的规律性，呈半环凹陷分布，根据构造展布、成藏组合等特征，将 Fula 凹陷分成以下五个油气成藏带：中部构造带和西部陡坡带、南部断阶带为现实的成藏带，北部断阶带和南北次凹结合部为潜在的成藏带。

近期的研究和勘探实践表明：AG 组和 Darfur 群是下部挖潜的重要方向。通过对 Fula 凹陷 AG 组沉积、构造、成藏条件等综合评价，优选出 Fula-Moga 构造带、FW 陡坡带、FS 构造带为 AG 组深层精细勘探最现实的地区，北部斜坡带为 Darfur 群油藏有利区带。

二、Sufyan 凹陷

Sufyan 凹陷是 Muglad 盆地西北端的一个地质构造单元，是中非剪切带的一部分，南部以托北断层为界，北部以断阶过渡，西接 Sufyan 西断层，东到 Nugara 中央披覆背斜带南断层（黄彤飞等，2017）。轴向为近东西向，南断北超，为早白垩时期的凹陷，沉积下白垩统—第四系，最大厚度 12300m。凹陷内地势平坦，为第四系沉积覆盖，气候为热带沙漠气候、热带草原气候，只有旱季和雨季之分，居民稀少，交通不便。Sufyan 凹陷是 6 区西部唯一一个完整的油气地质单元。

Sufyan 凹陷勘探程度低，勘探潜力一直不被看好。1982 年雪佛龙公司在凹陷东部钻探 Abu Sufyan-1 井，进尺 3341.5m，仅在 AG 组见 19m 油迹—油斑显示，认为勘探潜力不大而放弃。2003 年，中国石油在凹陷中部钻 Suf-1 井获商业油流，但因储量规模较小而未能动用，后续钻探两口探井 Suf C-1 井和 Sufyan N-1 井均告失利，加之位于局势动荡的达尔富尔地区，导致 Sufyan 凹陷勘探长期陷入停滞状态。

2013 年，6 区项目成熟探区 Fula、Hadida 等老油田含水快速上升、产量递减迅速、稳产难度加大，勘探工作急需由东部成熟探区转向西部低勘探程度地区。但前期一系列勘探与研究工作表明，Sufyan 凹陷属于早断型陆相裂谷盆地，地质条件复杂，断裂系统丰富，目的层单一且埋藏深，已发现储量规模小且分散，油气成藏地质条件及油气富集规律不清，勘探开发面临诸多困难。

针对 Sufyan 凹陷长期没有突破的僵局，通过一体化攻关，创新地质认识，指导勘探目的层由 Bentiu 组 /Aradeiba 组转向源内 AG 组。从复杂断块成藏规律研究和系统解剖入手，综合应用复杂断块精细刻画技术，识别出了常规解释未发现的系列断块圈闭，结合储层和沉积相研究开展评价、部署，发现了 Suf、Sufyan W 和 Sufyan 三个千万吨级富油区和 Higra、Suf S、Nasma 和 Mariod-1 等含油气构造带，揭示了 Sufyan 凹陷下组合 AG2 段和 AG3 段的勘探潜力，并快速建成 Sufyan 凹陷 30×10^4t/a 的产能。

（一）构造特征

Sufyan 凹陷位于非洲中部的苏丹境内，Muglad 盆地的西北端，构造位置紧邻中非剪切断裂带。该凹陷面积约为 5000km²，长轴方向近东西向，与盆地整体方向（北西—南东）呈大角度相交。凹陷北部与东北部逐渐超覆于 Babanusa 隆起之上，南部以 Tomat 凸起与 Nugara 凹陷相邻，西部以中非剪切断裂带的一支为界。凹陷结构整体呈现南深北浅的地堑，其内部断裂走向主要为北西—南东向。凹陷自南向北可划分为南部断裂洼陷带、中央断裂构造带及北部断裂构造带。

（二）油气藏控制因素及油气成藏模式分析

目前在 Sufyan 凹陷发现的油气，除 Suf-1 井在 Bentiu 组发现一个小规模油藏外，绝大多数位于下白垩统 AG 组内部，其烃源为 AG 组内部成熟泥质烃源岩，储层为与泥岩互层的薄层砂岩储层，其储盖组合为自生自储自盖式。通过对已发现油藏的烃源岩、构造、沉积、储层、运移及保存条件等综合分析，明确了油气藏分布的主要控制因素。

1. 有效烃源岩范围控制油气平面分布

AG 组为三角洲、扇三角洲相沉积。陆相小型断陷盆地通常沉积相带窄，相变快，砂体分布不稳定，油气难以长距离侧向运移，以垂向运移为主，靠近生烃中心的圈闭近水楼台先得月。此外 AG2 段油藏为自生自储的油藏，位于有效烃源岩范围内的圈闭具有优越的成藏条件。目前已发现油藏基本靠近生烃中心，而远离生烃中心的 Dalieb-1 井未发现油气显示。

2. 储—盖组合控制了油气纵向分布

Sufyan 凹陷 Bentiu 组为巨厚砂岩沉积，在中央构造带厚达 1500m，上覆 Darfur 泥岩层厚度介于 200~500m 之间，在中央构造带一般为 350m，Darfur 群在 Sufyan 凹陷表现为正旋回沉积，下部岩性稍粗，向上过渡到纯泥岩，从而降低了底部的封堵性。这套储—盖组合要形成圈闭，还需要有利的侧向封堵条件，因此对断层断距要求也非常严格。以上地质条件决定了该储—盖组合成藏难度相对较大，目前为非主要储—盖组合。

AG2 段为砂泥岩互层沉积，富含有机质的暗色泥岩发育，地层埋藏深度适中，储层物性较好，因此可以形成自生自储自盖的组合，是目前已发现油藏的主力油层段。

3. 储层分布和储层物性是 AG 组油气藏形成的关键控制因素

沉积相研究表明，AG 组沉积时期，Sufyan 凹陷南北继承性发育了几个扇三角洲和三角洲沉积。由于（扇）三角洲相内砂岩与泥岩在平面上交互发育，使得储层分布不均。Sufyan 凹陷 AG 组已发现油藏油气富集程度明显受储层分布影响，单砂层厚度大、泥质含量低、物性好的优质储层发育带油气富集程度高，而单砂层厚度薄、泥质含量高、物性差的区域油气富集程度低。

储层物性同样控制了油气的充注，目前已发现油藏绝大多数位于 AG2 段中上部，在其之下，由于成岩程度逐渐升高，胶结致密，基本上为干层。

4. 断陷期同生断层控制油气聚集带，中晚期断层控制油气成藏

与东部凹陷不同，Sufyan 凹陷 AG 组油藏在顺向断块更有利。由于 Bentiu 组为一套厚层的块状砂岩沉积，AG1 段沉积时期属于湖泊萎缩阶段，地层砂岩含量要明显高于湖泊深陷扩张期的 AG2 段、AG3 段地层，因此对于 AG 组，由顺向断层控制形成的圈闭，主力油层段 AG2 段与对盘 AG2 段、AG3 段对接，易于形成侧向遮挡，而受反向断层控制形成的圈闭，对断层规模要求比较严格，断层规模小，形成的圈闭规模往往较小，断层规模大，则 AG2 段与对盘 Bentiu 组或 AG1 段对接，不能形成侧向遮挡或遮挡条件较差，现发现的主力油藏（Suf、Suf E、Sufyan W 及 Sufyan）均是受顺向断层控制的油藏，而受反向断层控制的油藏目前仅发现 Sufyan E 井和 Suf N-1 井，Suf N-2 井所处的断块由于受反向断层控制，侧向封堵条件差，未钻遇油层。

5. 油气成藏模式

油气成藏模式是综合油气藏形成所需的生、储、盖、圈闭等诸多地质要素的空间配

置，以及油气运移与聚集动态过程的油气藏地质模式。

Sufyan 凹陷 AG2 段湖相烃源岩为较好—好烃源岩，低地温梯度有利于烃源岩进入生油高峰期，湖相—三角洲沉积体系及湖平面频繁变化形成了良好的储—盖组合，构造后期弱沉降利于有效储集空间的保存、持续充注及富集，早白垩世走滑伸展运动形成了大量调节构造及相关圈闭。其自生自储油藏成藏模式为：近源成藏，断砂双控，高点富集，油藏规模小数量多。垂向上油藏主要分布在 AG2B 亚段、AG2C 亚段；中央构造带邻近生烃中心，油气运移距离短，是油气聚集的最有利场所，预测紧邻南部洼陷的南部断裂带的孤立砂体（水下扇）可形成岩性油气藏（图 6-22）。

（三）勘探潜力与有利区带

Sufyan 凹陷有利区带评价主要包括两个层次：一是垂向上锁定关键成藏组合和主要目的层；二是针对关键目的层或成藏组合平面上确立有利区带。

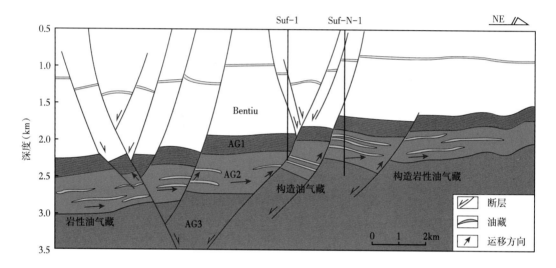

图 6-22　Sufyan 凹陷油气成藏模式示意图

通过区域构造分析和成藏组合划分，明确了盆内 Bentiu 组—Aradeiba 组主力成藏组合存在诸多不利因素。盆地数值模拟结果也表明只有 2.2% 烃类聚集到 Bentiu 组，仅 2.6% 烃类聚集到 AG1 段，而约 36.8% 聚集到 AG2 段砂岩中，47.9% 聚集到 AG3 段砂岩中，只有大约 8.7% 进入 AG4 段和 1.9% 进入 AG5 段。因此，AG2 段是最主要勘探目标（图 6-22）。

在锁定 AG 组关键目的层系后，通过开展精细地震解释、层序地层学研究将主要目的层段进行细分，并搭建了统一的层序格架。利用盆地数值模拟技术，进行生排烃量计算和油气运聚平面分布预测，确立了油气运聚集有利区带。

综合评价认为 Sufyan 凹陷有利区带有 3 个：中央构造带中东部为 I 级勘探区、南部断裂带中东部为 II 级勘探潜力区、凹陷北部断裂构造带中东部为 III 级勘探潜力区，盆地西部探潜力有限，风险较大（图 6-23）。

下组合 AG 组自生自储成藏，是有利勘探接替层系。目前的油气发现集中于中央构造带，南部陡坡带及北部构造带是下一步勘探重点领域；北部构造带整体地层抬升，处于油气优势运移方向，边界断层下降盘发育一系列圈闭群，有待突破。

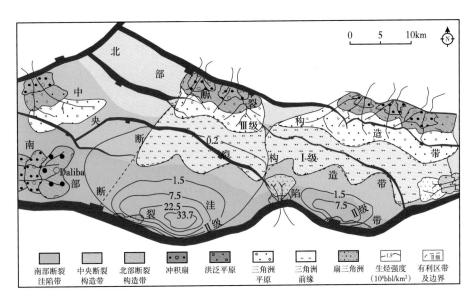

图 6-23 Sufyan 凹陷有利区带平面分布图

三、Nugara 坳陷

Nugara 坳陷位于苏丹 Muglad 盆地西北部，面积 4100km²，其西北方向是北东走向的中非剪切带，盆地东侧与东非大裂谷的西支为邻。Nugara 坳陷由一系列斜列的断陷组成，中间被小型凸起分割，可进一步划分为 Nugara 西部凹陷、Abu Gabra-Sharaf 凸起、Nugara 东部凹陷、Nugara-Kaikang 低凸起和 Gato 凹陷。该区面积大，成藏条件复杂，目前勘探程度较低，综合分析认为 AG-Sharaf 构造带、Hadida 地区和 Shoka 地区为最有利区域。

（一）构造特征

Nugara 坳陷具凹凸相间的地质结构，呈南西—北东分带特征，由西向东可划分为西部凹陷、Abu Gabra-Sharaf 低凸起、东部凹陷。其中东部凹陷埋藏深、规模大。构造发育与演化属于中生代、新生代断坳多期叠置的复合盆地类型（王国林等，2017）。

Nugara 坳陷构造演化经历了三次大的裂谷断陷活动、三次凹陷沉降活动。其中，AG 组沉积时期为盆地初始裂陷构造活动期，Bentiu 组沉积时期为盆地统一后的凹陷沉降阶段；Darfur 群沉积时期为盆地的第二裂陷构造活动期，Amal 组沉积时期为第二凹陷沉降阶段；Senna-Tendi 组沉积时期为盆地第三裂陷构造活动期，Adok 组—第四系沉积时期为第三凹陷沉降阶段。在"三断三坳"控制下沉积盖层纵向上表现为三个大的沉积旋回。

（二）油气藏控制因素分析

Nugara 坳陷属于早断型凹陷，区域盖层 Darfur 群在该凹陷变薄。存在三套成藏组合：上组合 Darfur 群（以 Aradeiba 为主）、中组合 Bentiu 组 /Aradeiba 组和 AG 组内部组合。AG 组、Bentiu 组及 Aradeiba 组三套主力勘探层系主控因素不同（表 6-2）。

Nugara 坳陷烃源岩为 AG 组的 AG2 段、AG4 段，具有有机质丰度高、类型好、生烃潜力大的特点。AG2 段烃源岩 TOC 平均值为 0.38%~2.62%，多数达到好—极好级别，S_1+S_2 平均值为 0.98~17.7mg/g，多数达到中等—好级别，HC 平均值为 585~606mg/g，达到好级别；AG4 烃源岩 TOC 平均值为 0.24%~2.29%，达到中等—极好级别，S_1+S_2 平均值为 0.65~16.42mg/g，多数达到中等—好级别，HC 平均值为 440mg/g，达到中等级别。

主要目的层段有三套储层，即白垩系 AG 组、Bentiu 组和 Darfur 群，全区均有分布，但随相带不同发育特征也不同。Darfur 群和 AG 组内部泥岩可以作为区域和局部盖层。Bentiu 组的成藏主控因素是盖层和断层侧向封堵，Darfur 群和 AG 组的成藏主控因素是储层物性和圈闭落实程度。

（三）有利区带分布与潜力分析

Nugara 坳陷实钻发现 AG 组、Bentiu 组、Aradeiba 组三套主力勘探层系，三个层系油气发现区带存在差异。根据区域沉积背景、油气运聚输导体系特征、盖层条件、钻探成功率等多方面综合分析，在本研究区内优选出三个有利的潜力区带，即 Hadida 地区、Shoka 地区和 Adila 潜山带。

表 6-2　Nugara 坳陷油气发现分布

层位	主力产油层段	油气发现区带
AG 组	中上部 AG2 组	Hadida、Abu Gabra-Sharaf
Bentiu 组	Bentiu 上部 Bentiu1	Hadida、Shoka
Darfur 组	Darfur 组底部 Aradeiba 组	Nugara-Kaikang 低凸起

Hadida 三维区 Darfur 群获低产油层、Bentiu 组获油层、AG2 段发现油层，是下一步勘探的有利区带。Shoka 三维区 Bentiu 组获油层，AG 组有含油层，是 Bentiu 组和 AG 组下一步勘探的有利区带。Adila-1 井潜山带具有成藏条件，是基岩下一步勘探的潜力区带。

四、Kaikang 坳陷

（一）Kaikang 坳陷北部凹陷东北部成藏带

Kaikang 坳陷由南凹陷和北凹陷组成。Kaikang 北凹陷是白垩纪裂谷和古近—新近纪裂谷叠置形成的构造单元，在平面上呈北西—南东向展布。东西两侧由边界断层控制，使得基底以上的沉积盖层尤其是古近—新近系在地堑内明显加厚，其中古近—新近系厚度最厚可达 4500m，而在凸起区仅为 0~1000m。

Kaikang 坳陷北部凹陷东部成藏带油气成藏条件优越，临近生烃中心 Kaikang 坳陷，是油气运移聚集有利指向区。目前东部斜坡带油气发现主要集中在东部的 Azraq-Hilba-Neem 构造带，周边 Shelungo 地区有零星油气发现。东部构造带纵向上含油层系众多，主要为 Azraq 地区的 AG 组，其次在 Bentiu 组、Aradeiba 组和 Darfur 群具有一定的油气发现。

Kaikang 北地区位于 Kaikang 坳陷北部凹陷东北部，该区为 4 区 Neem-Azraq 油气富集带向北西方向的延伸，包括 Kang 构造和 Kang 东构造。该地区大部分被 Kaikang 北三维地震勘探覆盖，其余地区为资料品质较差的老二维地震资料。相邻三维地震勘探区包括 4 区的 Neem 三维地震勘探、Azraq 三维地震勘探和 6 区的 Fula S 三维地震勘探。

对 Kaikang 坳陷北部凹陷的勘探实践和石油地质综合研究表明，裂谷期 AG 组作为单一优质湖相泥质烃源岩晚期持续生烃提供了丰富油气来源，晚白垩世后裂谷期形成的 Darfur 群多套良好储—盖组合垂向叠置发育提供了广阔聚集空间，后期断层持续活动和渗透性砂岩为油气向上广泛运移提供了通道，尤其是三条继承性发育的西倾大断层能够直接与 AG 组油源沟通，成为油气运移的优势通道（图 6-24）。该区具有复式油气聚集带的特征和断块构造叠合油气成藏的特点，揭示出立体多层系勘探的潜力。

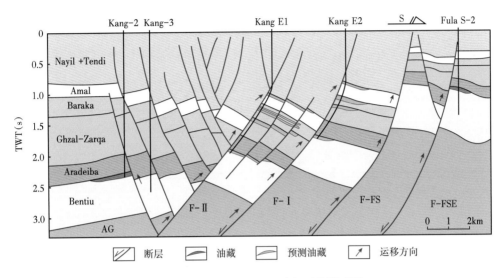

图 6-24　Kaikang 北地区油气运移模式图

Kaikang 北地区邻近南侧的 Hilba 亿吨级油田，两者位于同一构造带。研究表明，两者有相似的构造演化及成藏条件。在区域发育下白垩统 AG 组优质湖相烃源岩的背景上，上白垩统和古近系具有较好的储—盖条件，为主要勘探目的层。断层持续活动至古近纪，使古近纪裂谷期为主成藏期。

在 6 区 Kaikang 北地区的 Kang 构造曾经实施探井、评价井共 3 口，在 Zarqa 组—Aradeiba 组均有较好油气显示，但仅 Kang-2 井在 Bentiu 组获得低产油流，不具开发价值，其余两口井失利。此外，在 Fula 南地区实施钻井 5 口，仅 FS-2 井和 Maha-1 井分别在 Bentiu 组和 AG 组获得低产油流，地质成功率仅为 40%。

根据 4 区和 6 区跨区块的二维地震资料、三维地震资料和钻井资料，开展地震联合解释、精细构造成图和综合评价，更为清晰地展现了该区的构造格局和特征。总体上，研究区整体西低东高，三条西倾大断层（F-Ⅰ、F-Ⅱ、F-FS）继承性活动，控制了工区基本构造格局和沉积背景。晚期断层活动使工区构造复杂化，发育了一系列北西—南东向次级断裂以及两个构造调节带（即 Kang 和 Hilba 两个断背斜构造带，图 6-25）。

F-Ⅰ 断层为 Kaikang 北地区与 Fula S 地区的分界。Fula S 地区和 Azraq 地区均位于 F-Ⅰ 断层上升盘，属于同一构造带；Kaikang 北地区与 Hilba 地区均位于 F-Ⅰ 断层下降盘，属于同一构造带。相比 Kang 地区，Hilba 地区更靠近 F-Ⅱ 等持续活动的油源断层，且地层埋深相对较浅、储层物性好，证实 AG 组烃源岩生成的油气向上部组合运聚成藏（图 6-24）。

Kaikang 北地区与 Hilba 地区位于同一构造带。Hilba 地区原油经历两期混合充注，晚白垩世早期成藏，古近纪 Tendi 组 +Nayil 组沉积断裂活动期可能为主成藏期。该区共有 11 个未钻圈闭，圈闭主要分布于 Kang-Kang E 构造、Hilba 构造及 F-Ⅰ 断层、F-Ⅱ 断层以东，主要圈闭类型为断背斜背景上的反向断块（图 6-25）。

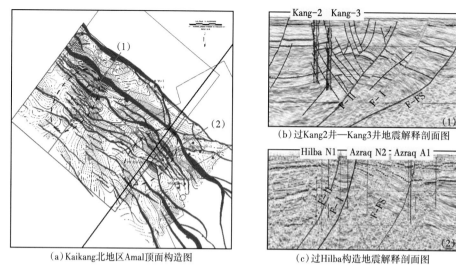

（a）Kaikang 北地区 Amal 顶面构造图

（b）过 Kang2 井—Kang3 井地震解释剖面图

（c）过 Hilba 构造地震解释剖面图

图 6-25　Kaikang 北地区 Amal 组顶面构造图

根据最新的三维地震勘探构造图和已钻井分析，在 6 区的 Kang 构造内，前期三口探井均以深层的 Aradeiba 组和 Bentiu 组为主要目的层，但是在浅层的 Baraka 组顶面构造图上，三口已钻井均位于构造低部位。且 Kang-3 井、Kang-1 井在 Ghazal 组以下均有油气显示，说明该构造比 Ghazal 组—Baraka 组等上部层系具有更大的勘探潜力。

东侧断阶带内的 Kang E 构造与 Hilba 地区成藏条件更相似，临近油源断层，受相同断层控制，地层埋藏相对较浅，推测储层物性较好，在古近纪主成藏期，油气沿油源断层向上运聚，是油气成藏的有利区，勘探潜力较大。6 区范围内大断层上升盘均未钻井，Kang E 构造是大断层上升盘最大的断鼻构造。通过井震结合预测，Amal 组、Baraka 组上部、Gahzal 组—Zarqa 组中下部的储—盖组合和侧向封堵条件较好，均为潜在的含油层位（图 6-26、图 6-27）。

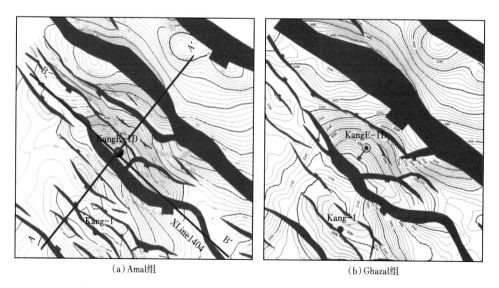

（a）Amal 组

（b）Ghazal 组

图 6-26　Kang E 圈闭 Amal 组（a）、Ghazal 组（b）顶面时间域构造图

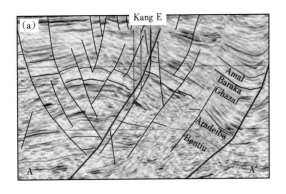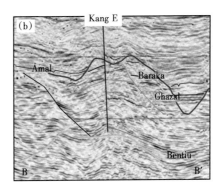

图 6-27 Kang E 圈闭主测线（a）和联络线（b）地震剖面（剖面位置见图 6-26）

Hilba 地区的构造演化史表明：Aradeiba 组沉积早期无圈闭，Ghazal 组沉积时期断层开始活动形成了一定的圈闭幅度，白垩纪末期 Hilba 构造幅度加大，随后保持稳定，油气充注并被捕获。Tendi 组沉积末期的构造运动使得 Hilba 构造复杂化，后期构造运动进一步复杂化，部分油气发生向上调整，在古近系中成藏，浅层具有次生油藏特征（图 6-28）。

Azraq 地区由于后期遭受的强烈整体抬升，浅层遭受严重剥蚀，但晚期的断层活动并不强烈，中组合、下组合的原生油藏得以保存。深层的 AG 组整体埋藏浅，发现的油藏以下组合 AG 组中的断块油气藏为主。

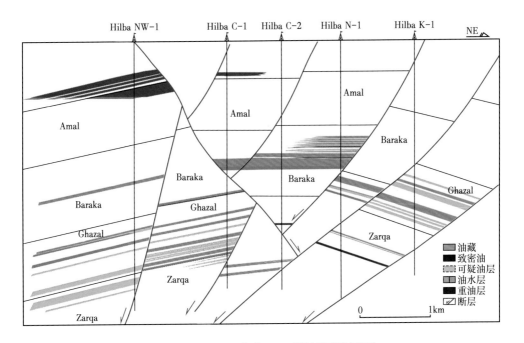

图 6-28 Muglad 盆地 Hilba 断块油藏剖面图

Neem 地区是白垩系 Bentiu 组—Aradeiba 组组合的原生油藏，多见反向断块、断垒，目前在 Neem 南地区尚存有多个断块圈闭。综上所述 Kaikang 坳陷北部凹陷东北部成藏带上 Kang E 构造、Hilba 地区的上组合和中组合、Azraq 地区的下组合、Neem 南地区中组合和上组合具备较为有利的成藏条件，是该地区下一步勘探的有利区带。

（二）Kaikang 坳陷两侧断阶带

与 Nugara-Kaikang 突起形成机制不同，在 Kaikang 坳陷两侧受到走滑作用较弱的同沉积断裂带，顺向断块很难旋转、掀斜，难以形成反向断块，而是形成断距持续加大的顺向断阶，而且在三期裂谷沉积时期均发生了强烈的同沉积活动，使得该断裂带内所形成的油藏经历多期调整和改造。受晚白垩世和古近纪构造活动影响，Kaikang 坳陷东断阶带、西断阶带上中组合 Bentiu 组埋藏很深，下组合目的层埋藏更深，推测储层物性也较差，同时顺向断块不利于中组合断块圈闭侧向封堵，伴随着古近系裂谷强烈活动，后期保存条件很差。

因此，勘探 Bentiu 组—Aradeiba 组原生油藏只能着眼于 Kaikang 坳陷外侧、古近纪活动或沉降不太强烈的地区，如 Kaikang 坳陷东（西）断阶带古近纪大断层的外侧。在这些地区，当 Kaikang 坳陷内 AG 组烃源岩还处于大量生烃阶段时，油气经长距离侧向运移、成藏，而后来由于古近纪活动相对较弱，因此油藏有可能被保存至今。Kaikang 坳陷西侧同沉积断裂带内的 Timsah-Rahaw 地区的勘探实例是典型的案例。

Kaikang 坳陷西侧同沉积断裂带内的 Timsah-Rahaw 反向断块圈闭带虽构造圈闭落实，且规模较大，钻井揭示 Bentiu 组也见大量油气显示，构造演化表明该反向断块圈闭带在关键成藏期（Ghazal 组—Baraka 组沉积时期）具有完整的反向断块圈闭，但在历经第Ⅲ期裂陷后，原有的完整断块被晚期发育的断层切割碎块化，圈闭遭受破坏，原有的油藏发生了改造和调整，这也是该地区部署的 Timsah-1 井、Rahaw-1 井、Rahaw E-1 井的录井资料都表明白垩系和古近系有油气显示，但未能获得油气流发现的原因。

受第Ⅲ期裂陷作用的影响，在 Kaikang 坳陷内部和两侧断阶带的同沉积边界断层下降盘发育众多似花状构造，但与之相关的断块、断背斜由于形成期晚，与油气充注高峰期不匹配，只能捕获先期形成的"油气中转仓"经后期调整后的油气，若无早期油藏，则成为没有油气充注的无效圈闭，例如 Kaikang 坳陷北部凹陷内的 Gudaim 似花状构造，尽管构造圈闭落实，储—盖组合发育，由于圈闭形成期晚于油气充注期，钻探未获得油气发现。

目前在 Kaikang 坳陷东部断阶带上，已有 El Mahafir-1、Khairat W-1 等井在 Aradeiba 组和 Nayil 组获得发现，证实其具备成藏条件。

通过对 1 区钻穿 Darfur 群的钻井、测井资料分析，明确 Darfur 群存在两套主要储—盖组合：Darfur 群上组合，即 Baraka 底部泥岩与 Ghazal 组砂岩；Darfur 群下组合即 Zarqa 组顶部湖泛泥岩与 Zarqa 组砂岩。自 Unity 凸起带向 Kaikang 坳陷方向，泥岩含量逐渐增多，盖层条件变好。

在 Kaikang 坳陷东断阶带和西断阶带，上组合是重要的勘探领域，以该带内断背斜、断块圈闭为主要的勘探目标。在这些区带以寻找上组合油藏为主，在位于古近纪构造活动弱的白垩系有利构造带寻找 Darfur 群油藏，在长期活动的切割烃源岩层或早期油藏的断层附近寻找新生界次生油藏。

五、Nugara-Kaikang 凸起和西部斜坡带

Nugara 坳陷 Nugara-Kaikang 凸起和西部斜坡带目前已发现 Shoka、Haraz、Suttaib、

Canar、Diffra、Balome、Kaikang 和 LoL 等含油气构造（图 6-29）。西部斜坡带发育多套储—盖组合与含油层系，以白垩系 Bentiu 组 /Aradeiba 组主力成藏组合为主，其次在 Dafur 群（Baraka 组、Ghazal 组、Zarqa 组）、AG 组、Nayil 组、Tendi 组有油气发现（图 6-30）。

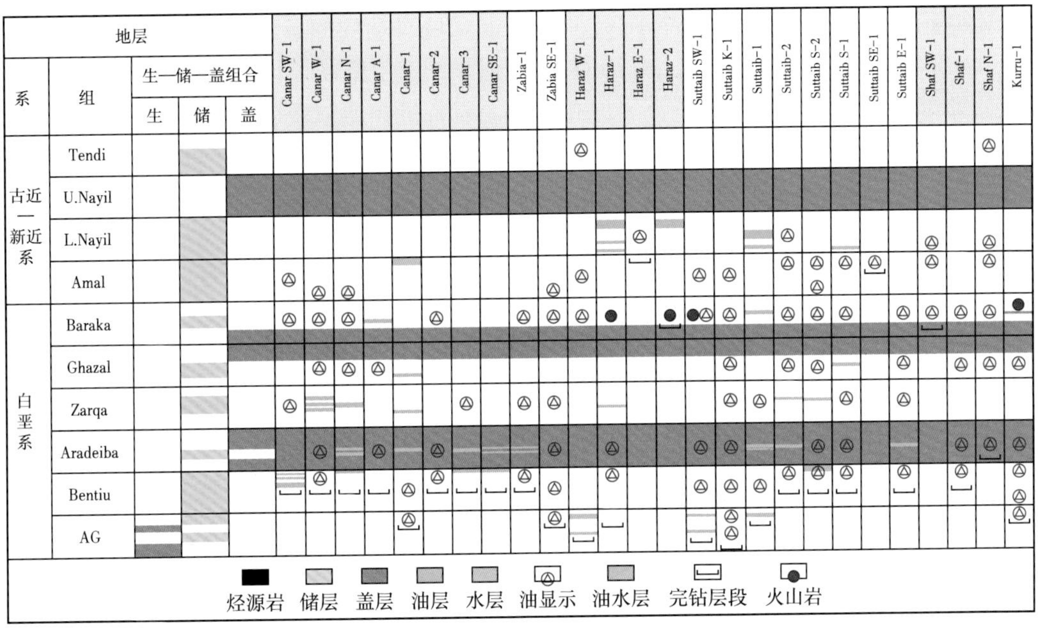

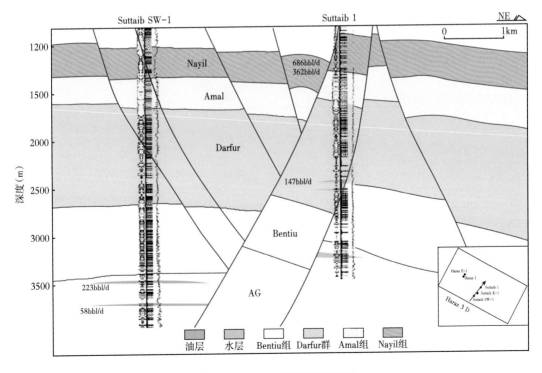

图 6-29　Muglad 盆地 4 区西部斜坡油气垂向分布图

图 6-30　Suttaib 地区油藏剖面

Kaikang 坳陷西侧早白垩世—古近纪的构造运动和沉积演化形成了两套成藏组合，一套为 Nayil 组上段湖相泥岩盖层与 Nayil 组下段三角洲相砂岩储层所构成的成藏组合，另一套为 Aradeiba 组湖相泥岩盖层与 Bentiu 组河流相砂岩储层所构成的成藏组合，为勘探有利区。

Kaikang 坳陷西侧发育的三角洲外前缘相带是最有利的储盖组合发育带，而 Nugara-Kaikang 突起正好位于该相带上（图 6-31），同时该凸起上断块圈闭普遍发育，为有利勘探区带。西部斜坡带由于位于三角洲平原相带，泥岩含量较低，盖层质量变差，加之与烃灶距离远，从整体而言勘探地质风险较大。

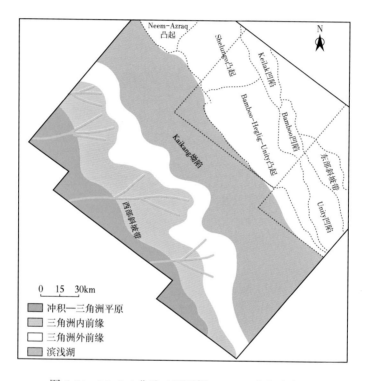

图 6-31　Muglad 盆地 4 区西部 Aradeiba 组沉积相图

六、Keilak-Bamboo-Unity 凹陷西侧凸起带

（一）Shelungo-Bamboo-Unity 凸起带

该带已发现大 Unity、El Harr、Toma South、Simbir、Heglig、Bamboo 等多个油田，是 Muglad 盆地内勘探程度最高的地区。

1/2 区目前所发现的大多数油气藏均围绕凹陷分布。1 区油藏多围绕 Unity 凹陷分布，如凹陷东侧斜坡上分布的 El Toor—Great Munga—Umm Bareira 油田带，西侧为大 Unity-Talih-El Harr-Toma South 油田带；2 区油藏多围绕 Bamboo 凹陷分布，如凹陷西侧的 Heglig-Tayib-Bamboo 油田带。该区油气田主要围绕凸起带顶部及其东翼分布，西翼发现较少。2010—2013 年，在 2 区 Heglig 油田西侧相继发现了 Simbir 油藏、Garaad N 油藏，证实凸起带西翼的油气潜力。本区发育的构造圈闭类型有顺向断块（断鼻）、反向翘倾断块（断鼻）、断背斜等。断背斜主要分布在中央凸起带和 Azraq 凸起，具有基底和 AG 组发育凸起、Darfur 群发育地堑的剖面特征，如主 Unity 断背斜和 Bamboo 断背斜，两翼发育许多反向断块，反向断块成为最主要的圈闭类型。

该成藏带的油气主要靠东侧的 Unity 凹陷和 Bamboo 凹陷提供。该成藏带主体部分的构造背景为一大型构造脊，构造整体呈北北西—南南东向延伸，在 Heglig 油田南端附近分成两支，一支经 Bamboo 油田、Heglig 油田继续呈北北西向往南延伸至 Unity 油田，另一支则变成北西向朝 Garaad-Tafab 地区延伸，并被多期北北西向断层切割。大 Unity 油田、Toma South 油田、Simbir 油田、Heglig 油田、Bamboo 油田即位于构造脊部。由于该构造带为一明显的白垩系构造带，古近—新近系相对稳定，故大多数油气集中分布于 Bentiu 组—Aradeiba 组成藏组合内。

断层的多期活动使来自东侧 Unity 凹陷、并沿 Bentiu 组地层侧向运移过来的油气不仅在 Bentiu 组—Aradeiba 组储—盖组合中聚集，且沿断层向上运移，进入上覆 Zarqa 组—Ghazal 组储—盖组合内。在 Unity-Talih 地区，Zarqa 组—Ghazal 组砂泥岩交互形成的储盖组合对断层的侧向封堵条件要求降低，因而形成自 Bentiu 组—Aradeiba 组到 Zarqa 组—Ghazal 组的多套成藏组合，Bentiu 组以块状底水油藏为主，其他以层状油藏为主（图 6-32）。

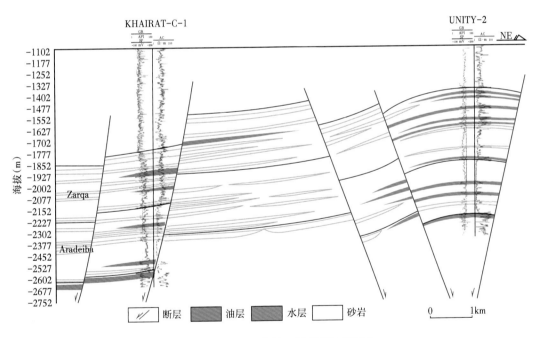

图 6-32 Muglad 盆地 1 区多套油藏组合

该区的油气圈闭类型多为反向断块和断垒。油气藏展布明显受构造走向控制，多分布于凸起脊部和东侧面向油气运移方向一侧，西侧除 Simbir、Garaad N 等油藏外发现较少。

向 Garaad-Tafab 地区延伸的另一分支——北西走向构造平行于 Kaikang 坳陷新生代构造体系，其西侧是 Kaikang 坳陷东断阶带的一部分，因受到了新生代构造活动的强烈改造，而具有明显的新生代构造活动特点，例如西倾新生代断层发育，现今局部构造形成或者定型时间晚。Garaad 地区还发生古近—新近纪岩浆活动。由于许多构造形成晚，与生排烃时间不匹配，易成无效圈闭。

大型继承性古凸起是油气运聚的有利指向，对该区油气的聚集起到明显的控制作用（图 6-33）。目前发现的规模较大的油田都在白垩纪末期 Bentiu 组古构造高部位或斜坡上，如 Unity、Toma South、Simbir、Heglig、Bamboo 等多个油田。

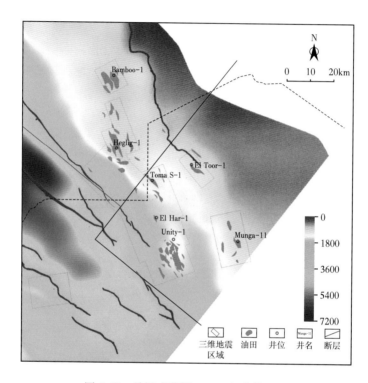

图 6-33　关键成藏期 Bentiu 组古构造图

整体而言，该凸起带勘探程度在全盆地已很高。但在 Shelungo-Bamboo-Unity 凸起带向南延伸倾覆，在 Unity 油田以南地区，目前勘探程度较低。该区受地表条件所限，地震资料品质差，但其邻近凹陷，而且从地震资料上推测构造圈闭发育，是有利勘探区，需要对地震资料品质差的潜力区加强地震资料采集和处理攻关，并开展精细构造解释进一步落实圈闭。

北北西向白垩系断层和北西向古近系断层分支交会的 Faras 地区、El Harr SW 地区，位于大型背斜西翼，由于断层活动的复杂性，形成系列小断块；目前钻探的井较少，是滚动勘探的有利地区，断块圈闭精细刻画是勘探的难点。

（二）El Toor 凸起

El Toor 凸起主体在 Unity 凹陷东侧，已发现大 Munga、Umm Bariera、El Toor、El Toor North、Nabaq East、Jamouse 等油田。该区油源来自西侧 Unity 凹陷。由于构造相对简单，断层活动只有白垩纪一期，故油气多集中分布于 Bentiu-Aradeiba 组组合内，未见上组合油气发现；该区构造上主体处于盆地的缓斜坡，并由一组北北西向断层（以盆倾为主）切割成大小不等的反向断块和垒块，油气就聚集在这些反向断块和垒块构成的圈闭内。

北段位于 Unity 和 Bamboo 两个凹陷之间的构造转换带，已发现 Toma South 油田。Jamouse-Nabaq 地区在 Toor 凸起北段，构造上属于 Bamboo 半地堑东侧的陡坡带。在大断层下降盘发育一系列滚动背斜，如 Nabaq、Jamouse 和 Jamouse North 等。该带不仅是 Bentiu-Aradeiba 组成藏有利带，也是 AG 组自生自储自盖成藏有利带。但由于该带处于断陷陡坡带，沉积物较粗，储—盖组合的风险较大。

El Toor 地区靠近凹陷一侧大断裂带上，Bentiu 组中段内部发育泥岩层（地震资料上表现为强发射层），可以作为上覆盖层；在断距足够大时，Bentiu 组中段砂岩侧向对接 Aradeiba 组泥岩，具备封堵条件，具备一定勘探潜力。

围绕 El Toor 油田、Nabaq East 油田周边，存在的构造显示较多，有一批反向断块圈闭尚未钻探，是滚动勘探的有利地区。该地区应围绕主力成藏组合 Bentiu-Aradeiba 组和 AG 组 AG2 段、AG3 段等目的层开展勘探。

本章小结

结合 Muglad 盆地勘探实践，已形成了针对复杂断块构造目标识别与精细刻画技术系列和复杂断块圈闭评价技术系列，在 Muglad 盆地勘探生产中推广应用，勘探取得显著成效。此外还明确了有利勘探方向，储备了一批有利勘探目标，是进一步获得发现和增储的重要领域。

第七章　岩性地层油气藏成藏条件分析与评价

在 Muglad 盆地开展油气勘探工作尽管已有 40 余年，但勘探程度总体上依然很低。按照目前的认识程度，仍处于构造勘探阶段。随着盆地内部勘探程度的不断提高，可供钻探的构造圈闭面积越来越小、数量越来越少，构造圈闭已不再是增储的主力。按照与国内类似盆地的勘探历程类比，下一步将进入岩性地层油气藏勘探阶段。但由于地质条件、资料品质、适用技术等种种原因，该盆地内的岩性地层油气藏勘探尚未能取得突破，可望成为接替领域。

Muglad 盆地 AG 组内部烃源岩成熟度高、三角洲前缘远沙坝、席状砂发育，且与浅湖相泥岩交互发育，在盆地边缘还发育近岸扇三角洲等有利相带，在盆地内部深层坡折带部位还可能发育规模水下扇砂体，使得 Muglad 盆地在不同构造部位可能具有优越的岩性地层圈闭发育条件（童晓光等，2004；Dou et al.，2007；汪望泉等，2007；何碧竹等，2010）。截至目前，勘探家们一直在 Muglad 盆地内部探索规模岩性地层油气藏发现的可能性，也取得了可喜的成果和认识，但由于 Muglad 盆地采集的地震资料品质差，目的层砂岩厚度小，储层预测手段无法满足 AG 组薄层砂岩预测、岩性地层圈闭准确识别的要求，需要建立有针对性的 Muglad 盆地地震资料优化处理、储层预测与反演技术。结合国内勘探经验，针对陆相裂谷盆地沉积特点，开展精细小层对比分析，建立高精度层序地层格架，在四级层序格架的基础上开展沉积相研究与划分，在识别出的层序内部采用提高分辨率处理、多属性约束统计学反演等手段进行有效砂体预测。

借鉴国内有关精细勘探理论及技术（贾承造等，2008；蔡希源，2014），建立了全盆地统一的层序地层格架，明确了 AG 组发育完整的二级层序，主力烃源岩发育于层序中部湖泛期，是寻找近源岩性地层油气藏的主力层系，建立了盆地缓坡带、陡坡带、中央隆起带岩性地层油气藏成藏模式。认为中央隆起带由于断裂系统发育，处于 AG 组油气运移优势方向，可能发育三角洲前缘水下分流河道、河口坝、远沙坝、席状砂等砂岩储层，是构造—岩性地层复合圈闭有利勘探区；陡坡带靠近生烃中心、发育近岸扇三角洲、小断裂众多，是岩性地层圈闭、构造—岩性地层复合圈闭有利勘探区；缓坡带由于远离生烃中心，油气以沿断裂的垂向运移与侧向运移为主，靠近盆地边缘还发育不整合面，是地层圈闭、构造—岩性地层圈闭勘探有利区。

第一节　岩性地层油气藏形成条件分析

从岩性地层圈闭形成的构造、沉积背景来看，岩性地层圈闭既可形成于单斜和鼻状构造背景，又可形成于不同级次的正向构造单元的轴部、翼部和端部，还可产生于负向构造单元（如向斜）的斜坡上。岩性地层圈闭也常形成于水进、水退变化较频繁的古河道、湖岸、海岸线附近，或湖盆、海盆中古地貌变化较大的地带，这些地区频繁的水进和水退引起沉积古地理条件的更替，并导致岩性、岩相的急剧变化，为岩性地层圈闭的形成创造了有利条件。Muglad 盆地开展多级层序划分与沉积微相认识使得人们可以认为，在 Muglad 盆地 AG 组在全区具有良好的岩性地层油气藏形成条件。

一、层序地层格架特征

参考前文叙述的 AG 组层序地层格架可知，AG 组内部自下而上可分为 5 个三级层序，各三级层序内部的烃源岩条件、储层条件、输导条件、保存条件各不相同，其中，AG2 段在全区整体以滨浅湖相、半深湖相、三角洲相为主，垂向地层序列常常具有多套薄层砂泥岩互层组合，比较容易形成"泥包砂"的条件。

SQa5 层序发育的沉积相类型有扇三角洲、辫状河三角洲、曲流河三角洲、湖底扇和湖泊。SQa5 层序共发育 25 个辫状河三角洲、23 个扇三角洲，主要发育在 Sufyan 凹陷北侧、Gato 凹陷东侧及北侧斜坡地带、Fula 凹陷北侧斜坡带、Kaikang 北凹陷东侧、Bamboo 凹陷和 Unity 凹陷东侧斜坡带，西部斜坡带局部。

SQa4 层序发育的沉积相类型有扇三角洲、辫状河三角洲、曲流河三角洲和湖泊，共发育 13 个扇三角洲、21 个辫状河三角洲，主要发育在 Sufyan 凹陷北侧、Gato 凹陷东侧及北侧斜坡地带、Fula 凹陷北侧及东侧斜坡带、Kaikang 北凹陷东侧、Bamboo 凹陷和 Unity 凹陷东侧斜坡带、西部斜坡带。

SQa3 层序发育的沉积相类型有扇三角洲、辫状河三角洲、曲流河三角洲、湖底扇和湖泊，共发育 22 个扇三角洲、24 个辫状河三角洲，主要发育在 Tomat 凸起南北两侧、Sufyan 凹陷北侧、Gato 凹陷东南侧、Fula 凹陷北侧与东侧、Kaikang 北凹陷东侧、Bamboo 凹陷和 Unity 凹陷东侧。

SQa2 层序发育的沉积相类型有扇三角洲、辫状河三角洲、曲流河三角洲和湖泊，共发育 13 个扇三角洲、34 个辫状河三角洲，主要发育在 Tomat 凸起南北两侧、Sufyan 凹陷北侧、Gato 凹陷东南侧、Fula 凹陷北侧与东侧、Kaikang 北凹陷东侧西北侧、Bamboo 凹陷和 Unity 凹陷东侧斜坡带。

SQa1 层序发育的沉积相类型有扇三角洲、辫状河三角洲、曲流河三角洲和湖泊，共发育 13 个扇三角洲、28 个辫状河三角洲，主要发育在 Tomat 凸起南侧、Sufyan 凹陷北侧、Gato 凹陷东南侧斜坡地带、Fula 凹陷北侧与东侧及北侧斜坡带、Kaikang 北凹陷北侧与西北侧、Bamboo 凹陷和 Unity 凹陷东侧斜坡带。

因此，AG 组内部各级层序在不同构造位置发育有利于形成岩性地层圈闭发育的沉积相，分流河道、河口坝等可成为良好的储层。

二、烃源岩分析

各三级层序烃源岩成熟度分布表明，Muglad 盆地全区范围内 AG 组普遍成熟度较高，有利于油气生成后就近向有利圈闭运移并就近成藏。

下白垩统 AG 组烃源岩有机质丰度高，有机质类型主要为 I—II$_1$ 型，进入生烃高峰期，生烃潜力大；烃源岩生物标志物组成显示为淡水湖相弱氧化—弱还原沉积环境，水生生物繁盛，生烃母质优越；油源对比表明其生烃贡献占绝对优势。

AG2 段为勘探证实的区域分布优质烃源岩，有机质丰度高，有机质类型主要为 Ⅰ—Ⅱ₁ 型，处于生烃高峰阶段，烃源岩厚度大，生烃贡献大。AG4 段少量钻井证实为优质烃源岩：烃源岩厚度大，有机质丰度高，有机质类型主要为 Ⅰ—Ⅱ₁ 型，处于高成熟—过成熟阶段，地震剖面推测亦为全盆地分布。

AG1 段和 AG3 段在局部有优质烃源岩发育，但规模有限，如 Kaikang 坳陷北部 Neem-Azraq 地区发育 AG1 段优质烃源岩，在 Nugara 坳陷 Gato 凹陷发育 AG3 段优质烃源岩。

三、输导体系分析

油气运移输导系统的类型控制着油气运聚成藏模式，连通砂体系统控制可形成地层超覆、岩性尖灭、断层遮挡油气藏。受不整合面、砂体—不整合面组合、不整合面—断层组成的输导系统控制，可形成基岩风化壳油气藏，受断裂、砂体—断层组合、砂体—断层—不整合面组成的输导系统控制，可形成断块、背斜、构造—岩性地层和断层—岩性地层油气藏。

Muglad 盆地断陷期 AG 组同时存在同生断层和后生断层，两者对岩性地层圈闭成藏作用不同。在 AG 期与沉积作用伴生的同生断层对各种沉积砂体分布起重要作用，影响沉积古地貌、剥蚀区范围和剥蚀量，调整区域或局部可容纳空间，影响砂体沉积分布，对寻找储层具有重要意义。而因构造变形造成的后生断层往往对油气的输导、运移、聚集有一定作用，影响油气能否成藏及成藏规模大小，调整油气藏分布和丰度。

Muglad 盆地受到中非剪切带拉张伸展、走滑多重应力综合作用，盆地内部不同构造单元均发育不同类型、不同规模、数量众多的断裂系统，影响主力烃源岩层系所在的 AG 组的成藏，使输导体系复杂多样，以复合输导系统为主。

研究认为，Hadida 地区主要目的层段 AG1 段以上的地层埋深在 3290m 以上，预测砂岩属中孔隙度以上的储层，AG2 段局部厚度在 4000m 以上，预测储层属中—低孔隙度。总之，各层系具备良好储层，能形成油气运移通道，对油气成藏有利。

Bentiu 组发育有良好的砂岩，Darfur 群以泥岩为主，底部局部沉积的较薄砂体也可作为储层。而更深层发育的 AG2 段、AG4 段为烃源岩，上覆储层与下部烃源岩之间存在多套泥岩隔层，阻挡了油气的向上运移，油气主要靠断裂系统与下部烃源岩沟通。

从各井的油气显示井段柱状图看（图 7-1），各井含油总井段长，由于多个隔层的存在而分为多个层段，证实本区断层在油气运聚成藏过程中起到了关键的控制作用。根据构造解释成果，本区发育了一系列的较大断层，活动时间长，能够起到沟通油源与储层的作用。由于构造多期活动，主断层派生出系列次级断层，这些断层纵向上交织成"网"，加之与主断层交接，构成了油气上移的"直通车"。主断层来的油气就可以很容易地通过次级断层再分配运移。因此，复杂的断裂格局提供了油气纵向运移的有利条件。

在油气运移过程中，横向运移与纵向运移相伴生。AG2 段、AG4 段生成的油气，一方面通过有利砂体侧向运移，另一方面通过断层向上运移，在适当的层段沿有利砂体再横向运移，形成了垂向为主、侧向为辅、"网毯"式的油气运聚成藏模式（图 7-2）。

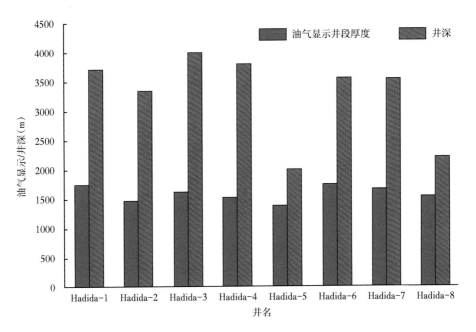

图 7-1 Hadida 地区各井油气显示井段柱状图

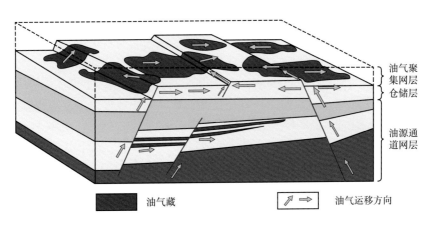

图 7-2 油气成藏模式（据张善文等，2003，有修改）

四、保存条件

在 Muglad 盆地，AG 组内地层油气藏、岩性油气藏、构造—岩性地层复合油气藏具有不同的发育特征，因此保存条件也不尽相同。

（一）岩性油气藏

Muglad 盆地可发育不同类型的岩性地层圈闭，推测以砂体上倾尖灭类型为主，主要体现在三角洲前缘席状砂逐渐减薄尖灭，被泥岩封闭形成有效圈闭。例如，在 Fula 凹陷东部斜坡区，已发现的 AG 组油藏中可见到该类型油藏。其他地区如 Sufyan 凹陷、Neem-Azraq 地区均发育该类型油藏。Neem-Azraq 地区沉积相类型以北部三角洲、西侧局部扇

197

三角洲和东南部大面积分布的辫状河三角洲为特征，西侧扇三角洲前缘斜坡带可形成浊积砂岩透镜体、砂岩上倾尖灭圈闭，东南部辫状河三角洲前缘斜坡带水下分流河道砂岩可形成岩性地层圈闭。

（二）地层油气藏

通常而言，地层油气藏的储层可以位于不整合面之上或之下。在不整合圈闭中，不整合面的封闭对圈闭的形成起主导作用，但同时也需要有其他因素（如构造因素或岩性因素）配合才能形成圈闭。总体上讲，对于地层油气藏，其储层的上倾方向直接与不整合面相切而形成的圈闭，圈闭的闭合面积由不整合遮挡线与储层顶面通过溢出点的构造等高线所圈定的闭合区决定。根据不整合圈闭形成条件及储层特征可将不整合圈闭油气藏分成地层超覆圈闭油气藏、不整合面下不整合圈闭油气藏、古潜山圈闭油气藏、基岩油气藏等。

该类型油藏在盆地中尚未发现。在不整合面附近下部地区，常常砂岩上倾方向被不整合面之上的泥岩地层封堵，构成有效地层圈闭。

（三）构造—岩性地层复合油气藏

在实际地质情况下，既存在受单一因素控制形成的油气藏，也存在大量由构造、地层、岩性等因素综合控制形成的复合油气藏，它们的成因和油气勘探方法不尽相同，其特点有别于单一因素形成的圈闭油气藏。因此，划分出复合油气藏，把复合油气藏作为独立的一大类，对油气勘探有一定的实用价值。

岩性地层—断层油气藏在 Muglad 盆地内部广泛分布，以层状砂岩地层在上倾方向被断层隔断，断层另一盘与泥岩地层侧向对接，形成良好的侧向封堵条件，同时圈闭范围不受圈闭闭合构造线的控制，在下倾方向以砂岩体尖灭线为边界，其圈闭面积可能大于或小于构造圈闭面积。例如 Sufyan 凹陷 Sufyan W 井区，产层为 AG2 段上部的三套席状砂储层，其上倾方向受到断层遮挡，形成构造—岩性复合油藏，储量规模达千万吨级。在 6 区 Fula 凹陷 Moga 地区 AG 组内，也同样发育了很多岩性—构造复合圈闭，例如 Moga-33 井区，AG1 段下部和 AG2 段上部以发育三角洲前缘河口坝、远沙坝、水下分流河道、席状砂为主，受 Moga-33 西倾断层控制，砂体在上倾方向有的层受到断层遮挡形成岩性—构造圈闭，有的层在上倾方向上尖灭，形成多层、多控制因素、多砂体类型的岩性—构造复合圈闭垂向复合体。

第二节　岩性地层油气藏成藏模式

由于裂谷盆地构造活动、沉积供给等不同，致使不同构造带沉积充填特征、沉积体系、生—储—盖层发育及相应的油气运移、成藏模式具有一定的差异性。通过研究 Fula 凹陷、Sufyan 凹陷、Abu Gabra-Sharaf 凸起、Azraq 地区、Bamboo-Unity 凹陷等地区油气成藏特征，将成藏模式划分为缓坡带、陡坡带、中央隆起带三种模式。

一、陡坡带成藏模式

陡坡带在 Muglad 盆地各个凹陷内部均有发育，陡坡带成藏模式以 Fula 凹陷 Jake 构造带为例。

　　Fula 凹陷西部断坡带深大断裂发育、古地形陡峭，巨大的可容纳空间使其往往发育近岸水下扇及扇三角洲等粗粒沉积，纵向叠置厚度大，横向展布范围小，是岩性地层油气藏形成的重要场所（图 7-3）。

　　断坡带紧临生油洼陷，有近源成藏的优势。同时深大断裂发育，断裂强烈活动带为油气运移的重要通道，近源扇体沿陡坡有规律地叠置，构成了陡坡带的断层—岩性油气藏序列。目前 Fula 凹陷已在西部断坡带发现油田，证实断坡带下巨厚的扇三角洲为油气聚集的有利储层。另外在构造高部位由于背向断裂形成了断隆，断隆处 SQa5 和 SQa4 均发育近源的扇三角洲沉积，油气沿深大断裂运移，形成岩性透镜体油气藏。

二、缓坡带成藏模式

　　缓坡带位于凹陷主物源方向上，可以发育多种类型的岩性体，如三角洲水下分流河道、河口坝、远沙坝等砂体，在缓坡带深层还可能发育湖底扇砂体，因此缓坡带成藏模式更为多样。缓坡带同样在 Muglad 盆地各个凹陷内发育，可以 Fula 凹陷 Moga 地区为例。

　　Fula 凹陷 Moga 地区发育深大断裂，是深部油气的有利运移通道，断裂下降盘发育曲流河三角洲、辫状河三角洲和扇三角洲砂体，是形成断层—岩性油气藏的重要场所。对于短轴方向的物源，常形成透镜状砂体，四周被泥岩包围，若有油气注入会形成岩性透镜体油气藏。另外，对于多期叠置的三角洲砂体可形成岩性上倾尖灭圈闭，形成岩性上倾尖灭油气藏，如果砂体与构造结合，也会形成构造—岩性油气藏或岩性—构造油气藏。隆起的潜山构造高部位也较容易形成基岩油气藏（图 7-4）。

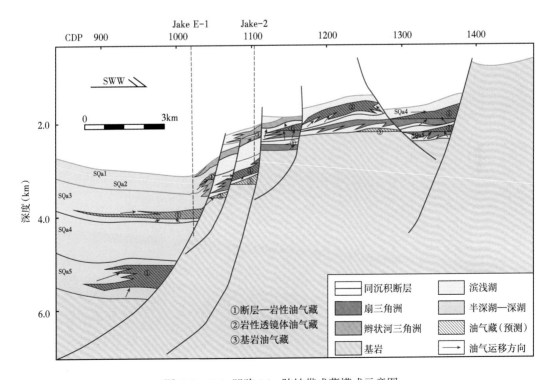

图 7-3　Fula 凹陷 Jake 陡坡带成藏模式示意图

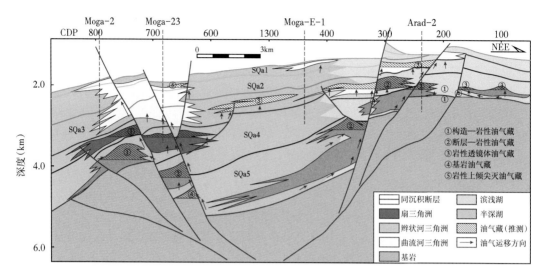

图 7-4　Fula 凹陷 Moga 地区缓坡带成藏模式图

三、中央隆起带成藏模式

中央隆起带可以发育各种不同类型的砂体，如三角洲水下分流河道、河口坝、远沙坝等砂体，在缓坡带深层还可能发育湖底扇砂体，因此中央隆起带成藏模式更为多样。中央隆起带在 Muglad 盆地各凹陷均有发育，如 Nugara 坳陷 Abu Gabra-Sharaf 凸起两侧主要沉积了湖底扇、辫状河三角洲和扇三角洲沉积体，构造高部位砂体如果与断裂结合可形成断层—岩性圈闭，如果上倾尖灭，可形成岩性上倾尖灭圈闭，以断层作为油气运移通道，可形成构造—岩性油气藏和岩性上倾尖灭油气藏（图 7-5）。

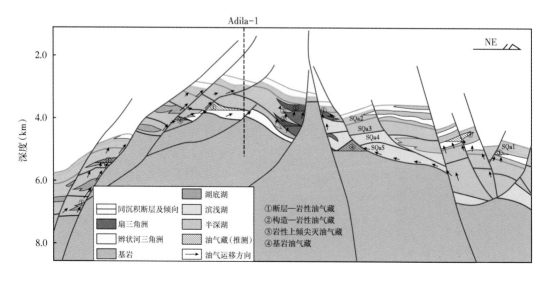

图 7-5　Nugara 坳陷 Abu Gabra-Sharaf 凸起成藏模式示意图

第三节　岩性地层油气藏勘探技术

近年来，在岩性地层油气藏勘探过程中，发展起来了许多先进的理论和技术方法，如层序地层学的研究、地震储层预测技术的大量涌现、新的油气检测方法的提出，形成大量实用的特色技术。地质工作者结合不同地区、不同类型岩性地层油气藏形成的地质背景及技术条件，采用相应的不同方法进行研究。

通过国内外调研，结合 Muglad 盆地实际，初步总结了 Muglad 盆地精细勘探技术系列，提出了岩性地层油气藏勘探技术方法，其核心技术为层序地层学技术、高分辨率三维地震勘探处理技术和储层预测描述技术。高精度层序地层学指导下的准确选区选带是岩性地层油藏勘探的基础；地震资料高分辨率高保真处理是岩性地层油藏勘探的保障；多井多层位标定、构造精细解释、变速成图是岩性地层油藏勘探成功的关键；地震属性分析、频谱分解、地震正反演等预测技术是岩性地层油藏勘探的手段；已钻井重新认识、"滚动勘探"模式是岩性地层油藏勘探的重要途径。

一、陆相高精度层序地层划分

在油气勘探程度高的老区，寻找大型构造油气藏已非常困难，随之而起的是寻找岩性地层油气藏。在勘探程度较低，但构造圈闭勘探效果不好的新区，情况也是如此。以层序地层学的新理论、新方法为基点，通过建立等时层序格架，并在这一等时格架内重建沉积体系的空间分布，综合高分辨率测井层序、地震层序、地震相和反射波属性分析，是解决这一问题的途径。

高精度的层序地层研究需要高分辨率的地震勘探，钻井资料虽可以精细划分出层序或旋回地层的高频单元，但只局限于井点上，在盆地中界面的对比仍以地震资料最为直观和有效。具体可分为六个步骤开展有关工作，即沉积背景分析、层序划分对比、层序界面追踪闭合、层序约束储层反演、沉积相综合分析和目标评价与成藏规律研究（简称"六步法"）。

"六步法"的提出提高了层序地层学研究成果的定量化程度和储集砂体的预测精度。同时在层序界面内追踪闭合基础上，将各种储层反演技术、等时切片技术、地震波形分类技术、三维可视化解释技术等新技术应用于层序分析，编制一系列砂岩厚度图、砂岩百分含量等值线图，从而提高层序分析的定量化水平。首先，以高分辨率地震资料为基础，通过层序地层学研究，在纵向上划分出不同级别的层序地层单元，并在等时地层格架控制下，综合利用测井资料、岩心分析结果、地震属性特征等，研究沉积微相的分布，在区域上预测岩性地层油气藏发育的有利区带；其次，为了在有利区带预测岩性地层油气藏的具体位置，进一步开展以层序地层学为基础的储层单元精细划分与对比技术研究，纵向上在层序地层单元控制下，细划研究单元，划分出可以用地震识别的砂组或砂体，采用相干分析、三维可视化解释、倾角、方位角、断棱综合检测等小断层识别技术，精确落实薄储层内岩性地层圈闭。

二、地震储层精细预测技术

对于 Muglad 盆地内部 AG 组砂岩储层，通过新技术、新方法的研究与应用，形成了一套精细储层预测技术：（1）基于岩性目标的叠前道集优化处理技术；（2）井控提高分辨率技术；（3）多方法相互约束反演技术；（4）叠后低频烃类检测技术等。

主要研究步骤如下：首先针对研究区叠前道集数据，依据准确刻画岩性体为主要目标，采取多种去噪声、去多次波、切除、提频等技术手段，使得叠前道集得到优化。之后在叠后利用已有测井曲线开展谱整形处理，使得地震剖面纵向上的分辨率在目的层段与测井曲线保持良好的对应关系，从而得到提高分辨率的叠后地震数据，并且剖面上获得岩性体超覆、尖灭、不整合、叠加等识别标志，实现岩性体的准确刻画；在反演得到的三维地震数据体上追踪砂层组和单砂层的空间展布，再与构造背景结合，圈定岩性地层圈闭范围；开展地震波形的正演模拟技术研究，通过研究砂组或砂体厚度的变化所引起的地震波形的变化，从而搞清不同地震属性参数（波形特征）所代表的岩性信息变化的地质含义。在此基础上，利用三维可视化技术研究地震属性在平面上的突变带，判别岩性的尖灭带，以达到准确落实岩性地层圈闭的目的（陆基孟等，2011）。

（一）地震属性预测

常用的地震属性预测技术有地震属性提取与频谱分解成像技术两种。

1. 地震属性提取

地震属性提取的目的是寻找与储层参数有最佳相关性的地震属性参数。首先是把地震数据体分解成振幅、频率、相位等属性体，然后通过钻井分析和地质规律对这些属性体进行敏感性分析，找出最能反映地质变化的属性，再把目标层段做沿层切片，得到瞬时信息，通过合成记录确定这些属性所代表的确切地质含义，最后根据已钻井，刻画特殊地质体的形态、厚度、相互叠合关系等。

2. 频谱分解成像技术

频谱分解成像技术是通过短时窗离散傅里叶变换（DFT）或最大熵（MEM）、小波变换法等方法，将地震资料从时间域转换到频率域。利用振幅谱及频率谱对地震资料进行分析，使地层或构造线更加清晰和易于识别，主要用于小断层解释和储层厚度预测。

频谱分解成像技术在地震资料中的应用始于 1997 年（Mansinha et al.，1997；Partyka et al.，1999），前人主要使用频率域振幅的调谐响应解释各种隐蔽的沉积现象以及薄层的厚度（Marfurt et al.，2001；Castagna et al.，2003；Zabihi et al.，2006），近年来也有用于小断层的解释（Satinder et al.，2007；Wei，2010）。实际地震剖面上的同相轴，往往不是一个单一岩性界面反射的结果，而是几个岩性界面反射波叠加的综合效应，这种叠加大幅降低了地震资料的主频范围。但是，高频对薄层有调谐响应，低频对厚层有调谐响应。频谱分解成像是采用离散傅里叶变换，将地震资料从时间域转换到频率域，得到离散的频率，大幅拓宽频带。再利用不同频率对应的振幅谱和相位谱识别特殊地质现象。频谱分解技术特点：（1）可以提高薄互层条件下的地震分辨率，横向上突出地层的横向变化和边界点，有利于储层的追踪和对储层边界的识别；（2）最大化地提高资料信噪比，可以利用不同地质目标频率响应的能量分布差异突出研究目标。

（二）薄储层处理与预测技术

由于 Muglad 盆地各凹陷地表条件（图 7-6）与当地法律所限，地震资料采集时无法采用深井放炮震源激发，造成地震波主频低、深层成像品质差，同时由于 Fula 凹陷、Sufyan 凹陷 AG 组以网状水道沉积为主，水道长宽比大、规模小，造成在地震剖面上识别困难。

针对上述不利条件，有针对性地开展了薄层储层预测技术探索，取得了一定效果，储层描述准确度提高，形成了针对低频资料、薄储层等特色薄储层预测技术系列，包括从井控提高分辨率、分层系精细对比与标定、多参数人工智能模拟分频反演、地质统计学随机反演、叠后烃类检测与分析技术等一套有效的薄储层预测技术，有力地支持了钻井论证工作（Ke et al., 2017, 2018）。

图 7-6　Sufyan 凹陷地表条件

上述一系列特色技术主要包括谱整形—井控提高分辨率处理技术、多参数人工智能模拟分频反演及约束地质统计学随机反演技术、低频增加（LFR）叠后烃类检测与分析技术等，总体上前后承接、承前启后，每一步都决定了后面的预测可靠性。

1. 谱整形—井控提高分辨率处理技术

谱整形技术源于复杂断块区。由于断裂复杂，砂岩体储层内部结构在地震上反射特征不明显，难以有效地识别储层，无法满足精细勘探及细分层精细构造解释的要求，本文提出了基于叠后数据的一种高频补偿方法，一种在叠后数据上基于原始叠加剖面频带控制的高频提升技术，进一步展宽频带，提高地震资料分辨率，满足小地质体和小型圈闭构造需求。目前，地震资料提高分辨率的方法主要有反 Q 滤波、谱整形技术和子波整形反褶积等。谱整形技术是高频补偿的一种有效手段，子波整形反褶积方法是设计一个子波整形滤波器，把地震道上的子波转变为期望输出子波，利用其子波滤波因子同地震道反褶积的方法提高分辨率。总之，地震资料提高分辨率的方法各有优劣，需要针对不同勘探任务、不同地质条件来选用。

谱调整法是指对给定的地震记录的振幅进行校正，使其处于给定的形态，这种形态通常给定的频率振幅谱为 1，在给定的频率之外，振幅谱为一个较小值。将地震记录作傅里叶变换，交换到频率域计算其振幅谱，并对其振幅谱根据振幅频率进行加权校正而相位谱不变，然后作反傅里叶变换得到谱整形后的记录。作为最常用的振幅谱调整技术，谱调整技术也存在以下问题：对频率内所有成分进行校正，使噪声有可能放大；整形谱由用户定义，人为控制因素较多。谱调整后的叠加剖面同相轴增加，低频、高频都有提高，频带明显变宽，但噪声增大问题也较为突出，信噪比低，未达理想效果。子波整形反褶积法通过设计一个子波整形滤波器，将地震道上的子波转变为期望输出子波，利用其子波滤波因子同地震道反褶积的方法来提高分辨率。

在井控提高分辨率方面，采用混合相位子波反褶积技术，这种技术在谱展宽的同时，也可以使剖面零相位化。其子波提取和希望输出的定义是关键。子波提取用新复赛谱技术交互完成，提取的子波振幅谱准确且客观。子波相位谱由振幅谱计算，相位特征交互完成，并用最小熵准则衡量零相位化的程度，对相位选择的合理性进行监控。希望输出形态采用谱模拟的思想，人工定义，确保合理的信噪比水平。进行提高分辨率处理遵循三个原则：（1）用信噪比谱作为参考，定义希望输出，合理挖掘高频潜力；（2）用井曲线监控提高分辨率的合理性；（3）用提高分辨率后的频谱作为质量监控；（4）输入子波相位特征的合理性，由反褶积后零相位化的最小熵准则和井曲线监控。因为提高分辨率的幅度用信噪比谱作为参考，用井曲线作为监控，所以可以找到分辨率和保真度之间的最佳平衡点。

苏丹地区整体分为干湿两季，雨季无法施工，旱季则地表被厚层沙土覆盖，对地震波吸收严重。同时为了保护环境，苏丹政府规定不允许使用深部炸药震源，只能用浅炮，造成能量表层衰减、深层信号微弱。这两个原因造成采集的地震资料主频偏低，分辨率较差，频宽窄，有效主频基本为 20Hz 左右，频宽在 15Hz 左右。通过谱整形处理，地震资料的有效频宽扩展了 30%，对应储层厚度预测精度提高到小于 10m。

通过测井曲线约束，在大套砂岩层位分辨率较低、砂泥薄互层发育层位，分辨率得到有效提高，剖面上可见薄层砂体。由于地震资料在反演工作中属于软约束条件，该资料被用来开展储层反演能够更好地反映储层纵向和横向发育特征。

2. 多参数人工智能模拟分频反演及约束地质统计学反演技术

人工智能模拟分频反演技术的最大优点是减少地震资料品质的影响及减小多因素如流体、岩性等储层响应的影响。该技术不同于常规波阻抗反演，不考虑反射系数与子波褶积结果的影响，而是将地质认识的岩性曲线智能分类，并对特定时窗内，在测井曲线的波形变化与地震道的波形变化之间建立一种人工智能模拟的非线性对应关系，实现基于波形的反演技术。既可以实现波阻抗的反演，还可以实现 GR 曲线、RT 曲线、CNC 曲线等多参数的反演，大幅拓展了储层敏感参数反演的研究思路，成果可靠、稳定。

具体来说，人工智能技术以不同频率对不同厚度的响应关系为基础，对参加运算的参数曲线根据岩性段的解释成果进行滤波处理，然后将地震数据分解为 15、25、45 等若干个单频体，建立不同频率地震数据目的层段地震波形与不同岩性控制下的测井曲线特征之间的人工智能模拟计算网络，网络可以选取 BP 网络、向量机两种，经过实测，BP 网络具有收敛速度快、计算过程稳定等优点，因此本次研究选用 BP 网络建立测井曲线与地震波形之间的非线性关系。

BP 网络的输入端为测井参数曲线，输出端为地震道波形，同时，为了提高横向稳定性与趋势约束，对于波阻抗参数网络使用常规稀疏脉冲反演数据体作为体约束条件。所有参数和约束条件确定后，通过大量反复训练，针对每个独立曲线都形成了一套稳定收敛参数和 BP 网络，从而建立了不同层系、不同岩性段地震波形与测井曲线之间的非线性关系，实现了多个测井参数曲线分频反演（图7-7、图7-8），结果精度较高，多参数综合分析，优选出最佳参数，精度大幅高于常规稀疏脉冲反演。

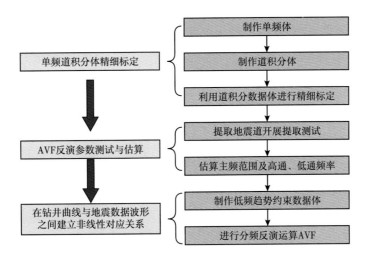

图7-7 人工智能波形模拟与分频反演流程图

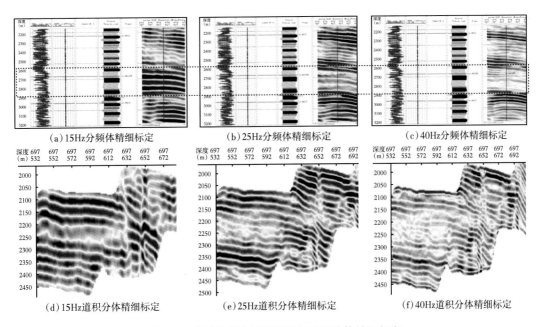

(a)15Hz分频体精细标定 (b)25Hz分频体精细标定 (c)40Hz分频体精细标定

(d)15Hz道积分体精细标定 (e)25Hz道积分体精细标定 (f)40Hz道积分体精细标定

图7-8 分频数据体精细标定与道积分体精细标定

储层敏感参数的选取需要充分结合录井、试油、地层沉积特征。经过分析，本次研究认为储层敏感参数可以包括波阻抗、电阻率、GR、密度等，因此分别做了四个测井敏感参数人工智能分频反演计算（图7-9）。从图7-9中分析可知，波阻抗体和电阻率具有较好的储层辨识度，其中对波阻抗体不同含油层系的均方根属性，可以作为地质统计学反演的水平方向约束条件使用，控制岩性水平方向上变化的合理性。

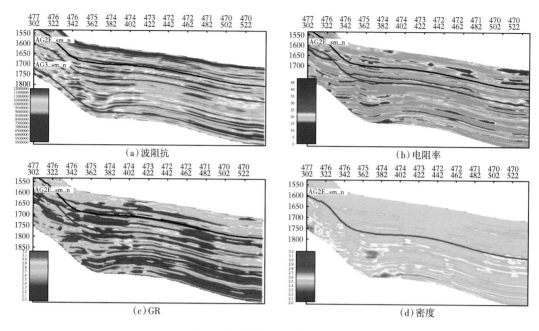

（a）波阻抗　　　　　　　　　　　　　（b）电阻率

（c）GR　　　　　　　　　　　　　　（d）密度

图 7-9　多参数反演 QC 剖面

3. 约束地质统计学反演

利用分频反演数据提取的目的层属性，作为统计学反演的平面约束条件，能够很好地实现统计学平面趋势约束控制。利用该属性进行约束地质统计学反演工作（图 7-10）。在

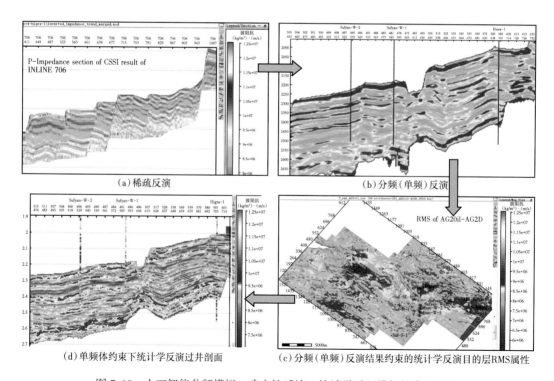

（a）稀疏反演　　　　　　　　　　　　　（b）分频（单频）反演

（d）单频体约束下统计学反演过井剖面　　　（c）分频（单频）反演结果约束的统计学反演目的层 RMS 属性

图 7-10　人工智能分频模拟、确定性反演、统计学随机模拟综合流程图

每一个实现的地震道上，将随机提取的反射系数与求取的地震子波进行褶积，生成合成地震道，比较合成道与原始地震道之间的误差，达到要求的精度后输出反演结果。选择合成地震记录最好的节点值作为反演的结果，然后对下一个随机选取的节点进行反演，直到完成一个随机实现的全部反演为止。本次计算了5个随机实现，最后通过将多个实现进行统计分析，得到平均波阻抗、最大波阻抗、最小波阻抗（图7-11）。

图7-11统计学反演波阻抗与岩性的过井剖面以Sufyan凹陷为例，其目的层为AG2段A亚段与B亚段，根据地质统计学随机反演结果做地层切片分析，结合已有钻井试油结果和储层认识，分别对AG2_AG2 oil层段内部的Layer2和Layer10小层、AG2Oil_AG2D层段内部的Layer1和Layer17小层等不同切片开展了分析。

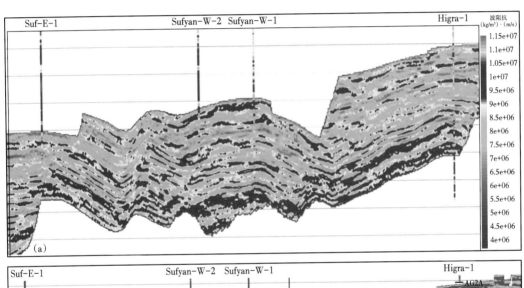

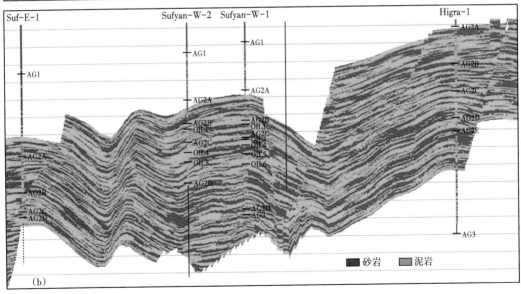

图7-11　统计学反演波阻抗（a）与岩性的过井剖面（b）

1）AG2_AG2oil 层段的 Layer2 小层

Layer2 小层在测井和录井上对应一套粒度较粗的箱形 GR 曲线（图7-12），为三角洲前缘的水下分流水道沉积。全区物源从北向南注入，可能存在东北部、西北部两个物源供给。该套储层延伸较远，可达 Sufyan 南部大断层，具有远距离输送砂体能力，为良好的近源储层。

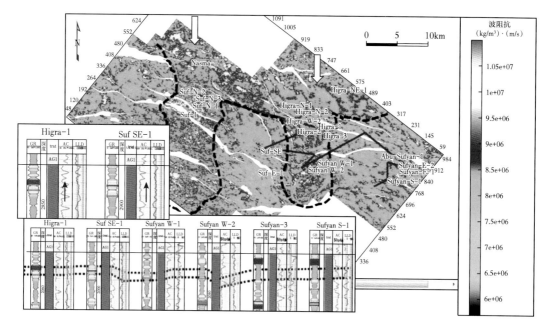

图 7-12　统计学反演 AG2_AG2oil_Layer2 小层切片显示

2）AG2_AG2oil 层段的 Layer10 小层

Layer10 小层在测井和录井上对应一套粒度下细上粗的反序砂岩地层，为三角洲前缘的河口坝、远沙坝沉积（图 7-13）。全区物源呈从北向南注入，可能存在东北部、西北部、东部

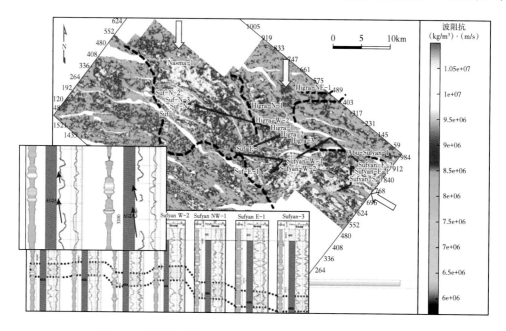

图 7-13　统计学反演 AG2_AG2oil 内部 Layer10 小层切片显示

三个物源供给。该套储层延伸距离未达到 Sufyan 凹陷南部大断层，砂岩主要分布于凹陷中部地区，近源条件较好。

3）AG2Oil_AG2D 层段的 Layer1 小层

Layer1 小层在测井和录井上对应一套粒度下粗上细的正序砂岩地层，为三角洲前缘水下分流河道沉积（图 7-14）。全区物源呈从北向南注入，可能存在东北部、西北部、东部三个物源供给。该套储层延伸距离未达到 Sufyan 凹陷南部大断层，砂岩主要分布在凹陷中部地区，整体位于凹陷中部，岩心上具有重力流沉积特征，物性、近源条件较好。

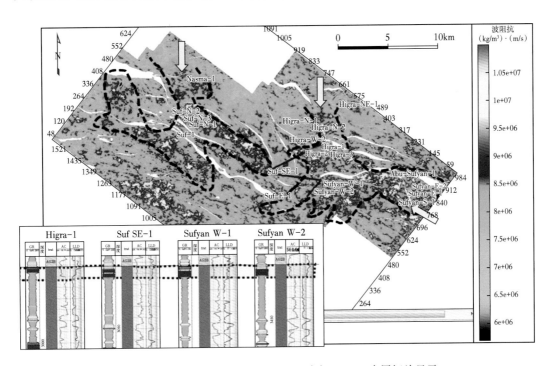

图 7-14 统计学反演 AG2oil_AG2D 内部 Layer1 小层切片显示

4）AG2Oil_AG2D 层段的 Layer17 小层

Layer17 小层在测井和录井上对应多套粒度下粗上细的正序砂岩地层，为三角洲前缘水下分流河道侧向加积沉积（图 7-15）。该套砂体平面展布呈条带状，纵向上具有侧向加积特征，具有分支河道分布特征，全区物源呈从北向南注入，可能存在东北部、西北部两个物源供给。砂岩聚集在凹陷中部地区，物性、近源条件较好。

三、叠后烃类检测技术

油气预测是通过对反映油气地质现象的资料进行统计处理、系统综合分析，寻找油气规律性，从而对油气现象的未知状况做出定性预测或定量预测。利用地震资料预测油气主要还是利用它的速度信息。如知道孔隙岩石中 v_P 与岩石骨架孔隙率、孔隙中的流体性质等有关，当孔隙中含油特别是含气时纵波的速度会明显下降，这是利用地震资料预测油气的理论基础。在储集具有相同的岩性和孔隙率的情况下，含气层的 v_P/v_s 小于非含气层的 v_P/v_s，所以同一地层沿横向 v_P/v_s 下降，可能显示该段含气。

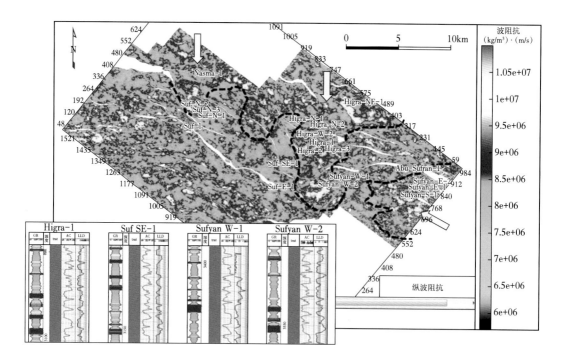

图 7-15　统计学反演 AG2oil_AG2D_Layer17 小层切片显示

影响油气预测准确性的主要因素包括原始资料的质量问题、常规处理和特殊处理、预测方法、有关基本理论及应用程度、地震地质解释人员的主观能动性，其中，原始资料的影响因素包括波在传播过程中受到地下构造、地层和岩性的影响，包括地层反射系数、反射界面的凹凸程度、薄层的微曲多次波吸收衰减、扩散等，随机干扰造成的地表、地下散射，各种随机噪声、波的干涉等，震源的激发、仪器接收等因素的影响。

叠后烃类检测的基本原则：当地震数据体高频不足时，没有高频衰减用来预测含油气性，还可以利用含油气流体砂岩出现低频异常预测储层含流体特征。Sufyan 凹陷具有主频低、信噪比低、频带窄的特点，因此适合使用低频烃类检测方法（图 7-16）。

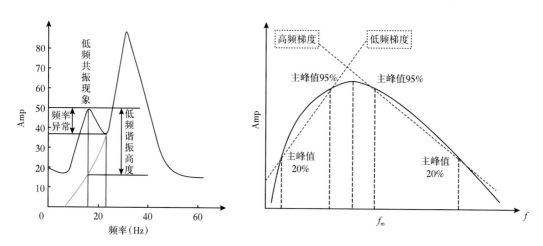

图 7-16　叠后低频烃类检测原理图

计算储层含油气响应特征主要用下列方法实现：低频异常分析方法（LFR）、频率衰减梯度分析方法（LFG、LHG）、振幅衰减梯度方法（AAG）。经过在 Sufyan 地区大量测试，LFR 方法检测结果与实钻试油结论匹配度最高，因此本研究使用该方法开展烃类检测。检测结果都是在钻前运算得到，得到钻后认识的验证，符合度高。

四、"四图叠合" 区带评价方法

根据国内勘探经验，针对 Muglad 盆地采用"构造—层序成藏区带"评价思路，编制了主要目的层三级层序单元的沉积微相分布图、有效烃源岩分布图、储集体顶面构造图、分目的层勘探程度图，利用"四图叠合"工业制图方法，很好地指导了后续的有利区带评价与目标预测工作（徐安娜等，2008；杨辉等，2009；牛嘉玉等，2013）

第四节　有利区带评价与勘探方向

国内专家学者总结了预测有利区带，即采用"四图"（烃源岩成熟范围、砂岩储层分布、构造、勘探成果）叠合技术，将各种因素在空间叠加，寻找总体评价好的区域，预测各层序岩性地层有利区带及总体岩性地层有利区带，在勘探实践中取得了良好的效果。针对 Muglad 盆地重点开展了烃源岩层系 AG 组有利区识别与预测。

一、各层序岩性地层油气藏有利区带预测

SQa5 层序、SQa4 层序、SQa3 层序、SQa2 层序、SQa1 层序的储集砂体均主要为扇三角洲前缘近端坝砂体和远端坝砂体、辫状河三角洲前缘河口坝砂体和远沙坝砂体、曲流河三角洲前缘河口坝砂体和远沙坝砂体。结合 SQa5 层序、SQa4 层序、SQa3 层序、SQa2 层序、SQa1 层序顶面埋深图，预测了各层序岩性地层有利区带。整体来看，各层序岩性地层有利区带发育位置具有继承性，如 Sufyan 凹陷西北部、Nugara 西部凹陷西部和西南部、Gato 凹陷东部及东南部、Fula 凹陷西部及东部和北部凹陷边缘地带、Kaikang 北凹陷东部及西北部、西部斜坡带和 Bamboo 凹陷东侧（图 7-17 至图 7-21）。

二、岩性地层油气藏有利勘探方向

在各层序岩性地层有利区带预测基础上，编绘了 AG 组 SQa1~SQa5 五个层序单元岩性地层有利区带叠合图，预测了岩性地层集中发育的有利区带（图 7-22）。

A 岩性地层有利区带处于东部坳陷北部，面积最大；B 岩性地层叠覆有利区带主体处于 Sufyan 凹陷；C 岩性地层叠覆有利区带主体为 Nugara 坳陷 Abu Gabra-Sharaf 凸起带；D 岩性地层叠覆有利区带处于 Kaikang 坳陷西北断阶带；E 岩性地层叠覆有利区带处于 Nugara 坳陷东北断阶带；F 岩性地层叠覆有利区带处于东部坳陷带东北部；G 岩性地层叠覆有利区带处于 Kaikang 坳陷西部边缘。

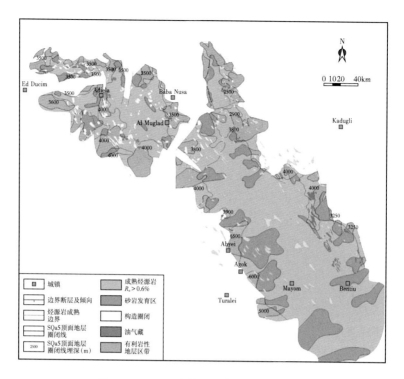

图 7-17　SQa5 岩性地层有利区带预测图

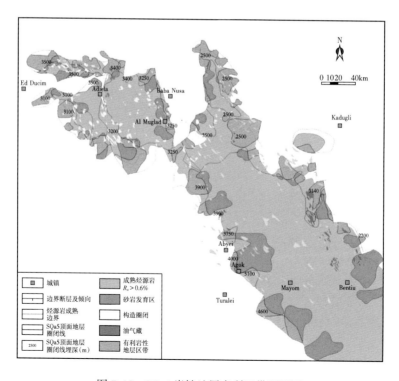

图 7-18　SQa4 岩性地层有利区带预测图

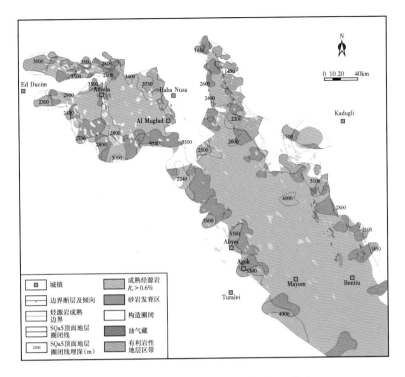

图 7-19　SQa3 岩性地层有利区带预测图

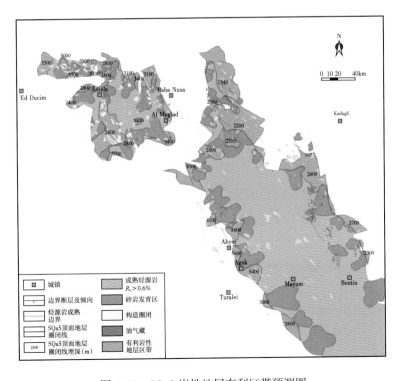

图 7-20　SQa2 岩性地层有利区带预测图

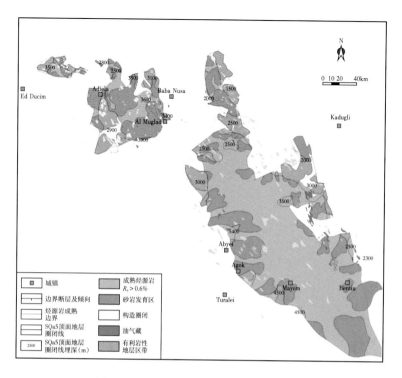

图 7-21　SQa1 岩性地层有利区带预测图

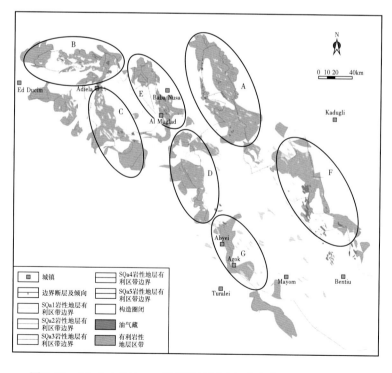

图 7-22　Muglad 盆地 AG 组岩性地层油气藏发育有利区带预测图

本章小结

通过层序地层与沉积充填、烃源岩、输导体系、保存条件等分析，认为 Muglad 盆地 AG 组发育扇三角洲、辫状河三角洲、曲流河三角洲、湖底扇等沉积相砂体，烃源岩普遍成熟，断裂、砂体与不整合面形成垂向、横向交织的有效油气运移输导体系，AG 组内部具备形成岩性地层及构造—岩性地层复合型圈闭与油气藏的条件。盆地的陡坡带、缓坡带与中央隆起带均发育岩性地层圈闭与油气藏的有利区带，包括陡坡带扇体与构造匹配形成断层—岩性地层油气藏、岩性透镜体油气藏，缓坡带与中央隆起带的扇三角洲砂体岩性上倾尖灭型油气藏、断层—岩性地层油气藏、构造—岩性地层油气藏等。岩性地层油气藏勘探核心技术体系包括层序地层学技术、高分辨率三维地震勘探处理技术和储层预测技术。针对低频、低分辨率地震资料的薄砂岩储层预测，形成了特色地震成像处理与储层预测技术体系，包括谱整形—井控提高分辨率处理技术、多参数人工智能模拟分频反演、约束地质统计学随机反演技术、低频增加（LFR）叠后烃类检测等技术。在 AG 组 5 个层序单元预测了 7 个岩性地层勘探有利区带，展示了 Muglad 盆地岩性地层油气藏具备较大的勘探潜力。

第八章　基岩油气藏勘探领域

在世界油气勘探历程中，勘探家们主要感兴趣的是寻找含油气盆地内沉积岩中形成的油气藏，而对埋藏在沉积岩之下的基底（由变质岩、岩浆岩等组成）重视不足，多认为其缺乏形成油气藏必备的基本条件。实际上，随着勘探的深入，开始在盆地基底孔隙（及裂缝）中发现了工业油气藏，甚至是大型高产油气藏，称为"基岩油气藏"。按生—储关系来说，多为"新生古储"或"新生老储"油气藏。

基岩是组成盆地基底的所有岩石的总称，它包括了各种变质岩类、火成岩类和沉积岩类；其地质时代可属于前寒武纪、古生代或者中生代。总体而言，基岩是相对于上覆年轻沉积物而言的，通常位于一个大型的不整合面或区域不整合面之下，在上覆年轻地层沉积之前就已固结成岩，与上覆地层的沉积、构造特征有明显的差别，新老地层间存在明显的沉积间断。

潜山（Buried hills）一词，较早见于赛德尼·鲍尔斯（Sidney Powers）的论文《潜山及其在石油地质学中的重要性》，后来其他地质学家也使用了这一术语。

潜山油气藏是指油气在单一潜山圈闭中的聚集，是一种特殊类型的基岩油气藏（潘钟祥，1983）。具体地说，就是油气运移至有遮挡物存在的场所，阻止了继续运移而聚集成藏。潜山油气藏的形成与常规油气藏一致，同样需要具备四项基本条件：（1）充足的油源条件；（2）良好输导系统，如断层、不整合面、渗透层等连接油源与潜山储层；（3）有效的潜山圈闭条件；（4）良好的保存条件。

国内外石油地质学家（Powers，1922；Landes，1960；潘钟祥，1983；李德生，1985；Levorsen，2001）对潜山的成因、演化、分布规律及其分类均进行过较深入的研究和总结，对指导潜山油气藏勘探发挥了积极的作用。

世界上发现的潜山油气藏不多，但分布广泛，遍布五大洲。其中，非洲发现的最大油田哈西梅萨乌德油田即是古潜山油田。

截至2019年8月（IHS，2019），非洲已累计发现基岩/潜山油气藏131个［变质岩67个，火成岩（侵入岩、火山岩）61个］，石油地质储量75.1×10^{8}t、天然气地质储量8694×10^{8}m^3。

20世纪70—80年代，雪佛龙公司在苏丹/南苏丹Muglad盆地勘探早期即开始了基岩潜山的勘探，共计钻探4口基岩井（Adila-1井、Baraka-1井、Dirak-1井、Azraq-1井），均告失利，但钻井揭示了Muglad盆地基岩发育风化壳、裂缝，证实基岩有效储层的存在，具备潜山油气藏形成的储层条件。经过四十余年的勘探，该盆地已钻遇基岩探井39口（12口油气显示集中分布在Fula和Bamboo等富油气凹陷），试油6口，仅Fula凹陷SA-4井测试获得低产油流。苏丹/南苏丹基岩/潜山油气勘探仍未取得实质性突破。

目前，随着勘探程度的深入，中国国内的潜山勘探已由大型的、明显的、简单的潜山转向更隐蔽的、复杂的潜山。加强近生油凹陷中心有利的低幅潜山带勘探，也是寻找高产富集油气藏的方向之一。而苏丹 / 南苏丹尚处在潜山勘探早期阶段，仍在探索潜山是否具备油气成藏条件和寻找有利区带等方面。

第一节 成藏条件

乍得 Bongor 盆地和苏丹 / 南苏丹 Muglad 盆地均属中非裂谷系。自 2013 年开始，Bongor 盆地的基岩潜山勘探已取得一系列重大突破，发现了一系列的古潜山油藏，而 Muglad 盆地仅在 Fula 凹陷西陡坡带取得一个低产油气发现，且难以形成规模。因此，有必要对比乍得 Bongor 盆地与 Muglad 盆地基岩潜山成藏条件，分析两个盆地基岩潜山成藏条件的优劣、差异与成因。

一、Muglad 盆地与 Bongor 盆地基岩成藏条件对比

近年来中石油对 Bongor 盆地基岩进行了持续的油气勘探，取得了一系列成功经验，具体总结 Bongor 盆地基岩成藏有利条件如下（图 8-1）：（1）基岩潜山埋藏浅：受古近纪构造反转作用影响，Bongor 盆地遭受强烈抬升剥蚀，导致上白垩统基本缺失，基岩埋深相对较浅；（2）优越的生—储—盖组合：基岩与下白垩统 P 组优质烃源岩直接接触，被下白垩统 M 组泥岩区域覆盖，形成优越的生—储—盖组合；（3）构造对圈闭、储层储集性能的改善及改造作用：构造反转对储层有明显改造，裂缝相对发育，形成储层。

Muglad 盆地基岩成藏条件：（1）构造活动相对较弱，地层发育相对完整，基岩埋深普遍较大；（2）基岩上覆 AG5 段为一套厚度较大的底砾岩，造成基岩与烃源岩非直接接触，下白垩统 AG 组局部盖层和 Aradeba 组区域盖层非直接覆盖，储盖条件明显不如 Bongor 盆地。

可见 Muglad 盆地基岩潜山的成藏条件明显差于乍得 Bongor 盆地，致使其成藏条件相对苛刻，导致实际勘探成功率低。

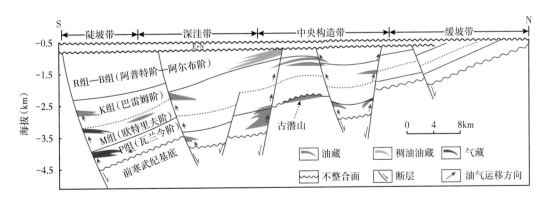

图 8-1 Bongor 盆地基岩潜山成藏条件（据张光亚等，2019）

二、Muglad 盆地基岩成藏条件

通过地震资料解释、演化史分析与基底构造成图，Muglad 盆地初步识别出早生（晚埋）型（低幅）隆起、断块，继承型盆缘单面山，晚生型地垒、断块、断阶等潜山类型。其中

早生型隆起 / 断块、继承型盆缘单面山相对有利，晚生型断垒、断块、断阶型潜山成藏条件相对较差（图 8-2 至图 8-5）。

通过分析 Muglad 盆地潜山成藏条件，早期形成的潜山经过长期的风化淋滤剥蚀作用可形成构造裂缝与风化壳均发育的储层，中后期遭受沉积埋藏，易形成潜山成藏组合。"早高、中埋、晚稳定"的古潜山有利于油气富集（图 8-2）。

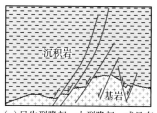

（a）早生型隆起：大型隆起，或具有完整背斜形态，或被断层复杂化

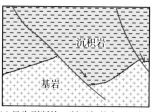

（b）早生型断块：断面与基底顶面倾斜共同构成基底凸起，属于单面山类型

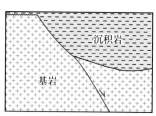

（c）继承型盆缘单面山：盆地边缘，一侧为盆地，一侧为基底，断面接触

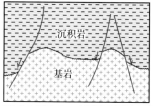

（d）晚生型地垒：大断层晚期活动形成，地垒基底顶面起伏

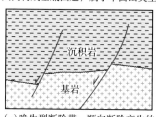

（e）晚生型断阶带：顺向断阶产生的一系列断块，局部断块高点形成潜山

图 8-2　苏丹 Muglad 盆地基岩潜山类型示意图

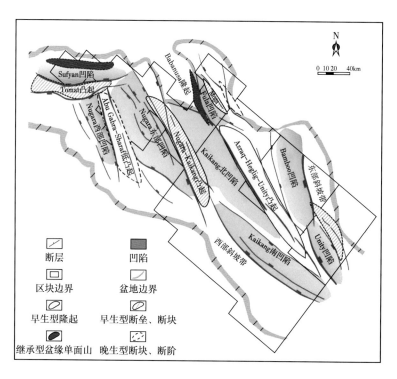

图 8-3　Muglad 盆地基岩潜山类型平面分布图

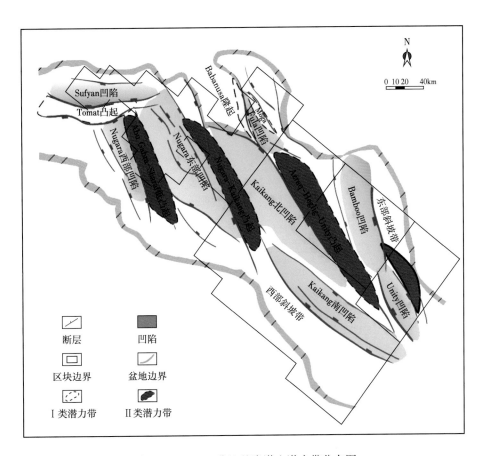

图 8-4 Muglad 盆地基岩潜山潜力带分布图

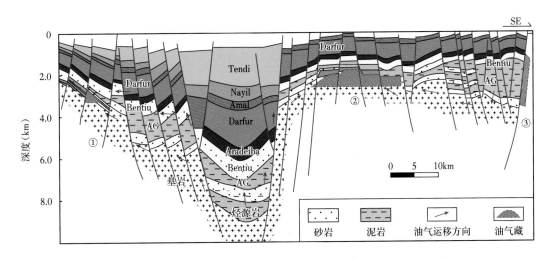

图 8-5 Muglad 盆地基岩潜山油气成藏模式预测图

①—早生型断阶/块：规模不一、埋藏适中、处在油气运移路径上、裂缝发育、侧向与顶部封盖存在风险；②—早生型隆起：规模大、埋藏浅、供油窗大、上覆直接为泥岩、有剥蚀；③—继承性盆缘断面山：规模一般、埋藏深度偏浅、与烃源岩对接、源岩作盖层、裂缝发育

在烃源条件方面，潜山位于富油凹陷内或边缘（如 Fula 凹陷周缘），利于生烃灶生成油气运移聚集（图 8-5）。相对高潜山，如古隆起及单面山、断块（如 Fula 凹陷 Moga 中央隆起带），易于提供储集空间。

长期风化和断裂作用形成的储层发育带，发育风化壳、裂缝（如 Fula 凹陷西部陡坡带 SA-2 井区），为油气聚集提供必要的条件。

侧向泥岩或基岩封挡（如 Fula 凹陷西陡坡带 SA-4 井区）可提供稳定的盖层条件。

（一）继承型基岩潜山成藏模式

该模式与济阳坳陷单斜滑脱型潜山油藏（富台、垦利、义和庄）成藏模式类似，为源边接触型成藏（图 8-6）。主要位于 Fula 凹陷西部陡坡带，是 Muglad 盆地在基岩发现油气的唯一一口井，说明 Muglad 盆地基岩具备油气成藏条件。

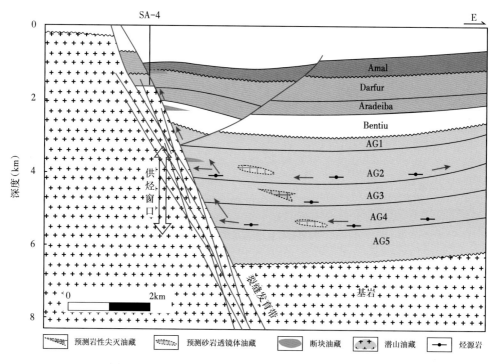

图 8-6　Muglad 盆地继承型基岩潜山油气成藏预测模式

（二）早生型基岩隆起油气成藏预测模式

遭受风化剥蚀淋滤作用影响，早生型隆起具备储集空间，且在生烃凹陷内部，易于成藏（图 8-7），如 Fula 凹陷 Moga 构造带。

（三）早生型基岩断块油气成藏预测模式

与早生型隆起类似，早期的基岩潜山遭受风化剥蚀淋滤作用和断裂作用影响，储集空间局部发育，但没有与油源直接接触，油气的运移需要良好的通道，根据油源供烃的方式，可划分为源边型潜山油藏和源外型潜山油气藏，其中源边型潜山油气藏以断层作为运移通道，而源外型潜山油气藏以砂体或者不整合等横向运移通道（图 8-8）。

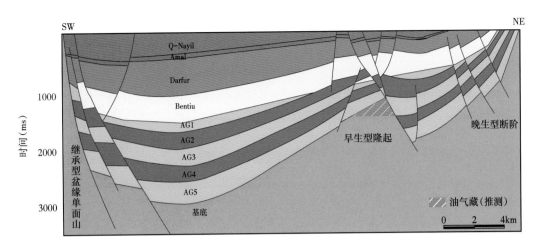

图 8-7　Muglad 盆地早生型隆起油气成藏预测模式

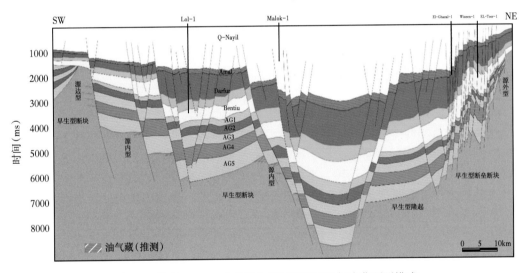

图 8-8　苏丹 Muglad 盆地早生型基岩断块油气成藏预测模式

第二节　勘探方向

一、勘探有利区带

（一）基底岩性预测

限于资料，Muglad 盆地重点研究了苏丹 6 区的基岩岩性及平面展布。苏丹 6 区共有 19 口井钻遇基底，其钻井揭示基底岩性具有多样性，岩性变化也较快，主要分布片麻岩、混合片麻岩、花岗岩和石英岩。Tomat-1 井基岩岩性以花岗岩为主，Dirak-1 井基岩岩性以片麻岩为主，而 Moga 18-2 井以石英岩为主。利用钻井揭示的基底岩性及厚度可得到全区基底岩性分布图（图 8-9）。

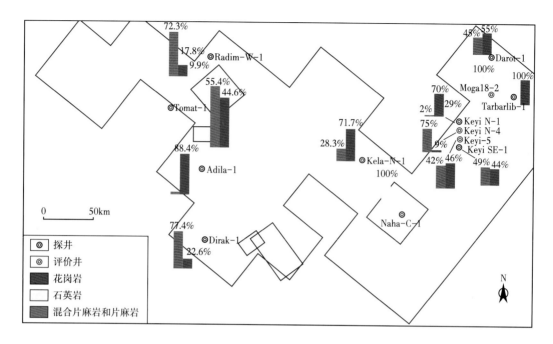

图 8-9　苏丹 6 区基底岩性分布图

　　不同种类的岩石具有不同的岩石物性特征，因而在地球物理场上就表现出不同的异常，这种由岩石物性差异引起的异常也会因岩体埋藏深度及赋存状态、规模的不同而表现出不同的异常特征，因而也必然会影响对岩性判断的可靠性。通过钻井分析可知，该区基底岩性种类多、横向变化快，平面上分布不均匀。但由于研究区基底钻井少，单从钻井上分析岩性分布难度大，需要结合地球物理方法进一步预测基岩岩性平面分布。

　　从目前国内外针对基岩岩性研究的经验看，应用不同地球物理方法取得了较为显著的效果。乍得 Bongor 盆地基岩岩性亦具有多样性。通过建立不同岩性地震反射特征模板，利用瞬时频率方法，预测出不同基岩岩性分布区带，与钻井实际结果吻合度较高，为后续石油地质条件评价打下了坚实的基础。中国西部柴达木盆地基岩勘探也取得了重大突破，而在基岩岩性的预测方法上，同样采用了地球物理方法，较为准确地预测出了基岩岩性分布区带，进一步划分出有利储层发育区，为之后的井位优选及勘探部署提供支撑。

　　岩性地震反射特征分析：在开展岩性预测之前，首先结合已钻井对不同岩性地震反射特征进行了分析，不同的岩性在地震剖面上表现出较为明显的差异。从过 Darot-1 井地震剖面上来看，基底顶面主要表现为连续的强反射特征，顶部往下则表现为弱振幅、较连续同向轴反射特征。位于 Fula 凹陷的 Tarbarlib-1 井，钻井揭示基岩岩性以花岗岩为主，从地震剖面来看，基底顶面表现为连续的中—强反射特征，而顶面以下则表现为弱反射、不连续平行反射特征。Moga18-2 井的钻井结果证实基岩岩性以石英岩为主，从地震剖面来看，基底顶部地震反射特征表现为不连续的弱反射特征，顶部以下则表现为弱振幅、杂乱的反射特征。综合来看，苏丹 6 区三种主要基岩岩性具有明显的地震反射差异性，片麻岩为强振幅，同相轴连续性好；花岗岩为中振幅，同相轴中等连续；石英岩则为弱振幅，同相轴杂乱反射。基于以上地球物理特征分析，预测了苏丹 6 区基底岩性分布（图 8-10）。

针对不同基岩岩性在地震反射特征上的差异，利用均方根振幅可以预测岩性分布。通过提取过井地震资料的与振幅有关的多种地震属性，把属性剖面和该井的岩性剖面进行对比，发现均方根振幅最能表现岩性的成层性，且和岩性变化关系最为密切。以 Fula 凹陷为例，结合井资料和 RMS 均方根属性图，可以得到 Fula 凹陷基地顶面的岩性分布（图 8-10）。

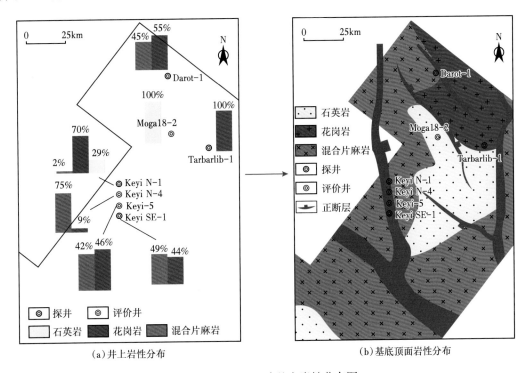

（a）井上岩性分布　　　　　　　　　（b）基底顶面岩性分布

图 8-10　Fula 凹陷基底岩性分布图

同理，用井标定结合 RMS 均方根振幅属性图，可得到 Sufyan 坳陷和 Nugara 坳陷、Kaikang 坳陷基底顶面的岩性分布图（图 8-11）。并综合以上结果，可得到苏丹 6 区的基底岩性分布图。从钻井结果来看，有油气显示的井在三种岩性中都存在，说明 6 区基底的三种岩性都可能发育储层。

（二）基底储层条件评价

苏丹 6 区 Keyi N-3 井、Keyi N-6 井、Keyi N-8 井、Keyi-5 井、Darot-1 井、Moga 18-2 井及 Tomat-1 井在基岩段见油气显示，并在基岩三种岩性发育区带均见油气显示，表明在苏丹 6 区片麻岩、花岗岩及石英岩三种主要岩性均具备油气储集条件。从单井分析看，7 口显示井基岩顶部有风化壳及断裂带发育，显示风化作用对于储层改造具有较为重要的控制作用。

从相邻地区基岩勘探成功经验来看，风化带对于基岩有利储层发育十分重要。借鉴乍得基岩勘探经验，利用交会图对井中储层进行识别（图 8-12），发现钻遇基底的 Adila-1 井、Keyi SE-1 井及 Tomat-1 井在基底顶面可能存在风化壳和裂缝发育带。

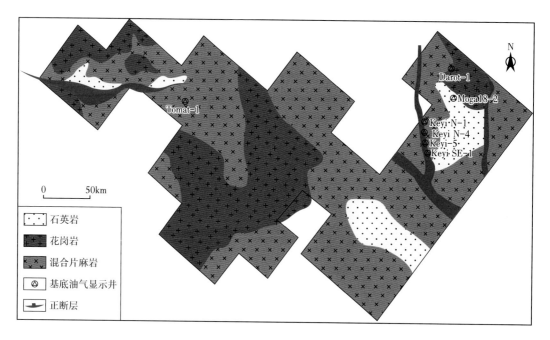

图 8-11　苏丹 6 区基底岩性分布图

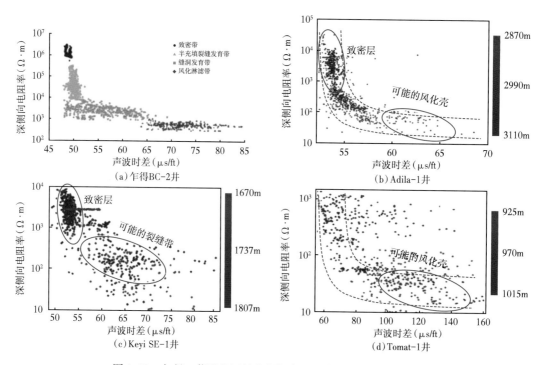

图 8-12　乍得、苏丹地区基岩深侧向电阻率—声波时差交会图

　　为了研究基底顶面低速层厚度与地震反射特征的关系，利用 Moga18-2 井主测线的构造框架和井速度建立正演模型，并在模型的基底顶面加入了低速层（可能的风化带）。通

过正演模型研究，发现低速层大于一定厚度时在低速层顶面会出现多个地震反射轴，说明可以利用地震资料来对低速层进行识别，即可利用基底顶面地震反射特征（特别是振幅属性）来识别基地顶面可能的风化层。

在 Fula 凹陷利用地震均方根 RMS 属性对全区进行研究，并利用 Moga18-2 井进行标定，发现地震属性的高值区代表了潜在的风化带发育区。从图 8-13 上也可以看出，Fula 凹陷的属性高值区（可能的风化层）主要位于西部陡坡带、Fula-Moga 构造带及北部地区。同理，对 Sufyan 坳陷、Nugara 坳陷和 Kaikang 坳陷进行均方根 RMS 属性研究，可以得到强振幅区域指示了可能的风化层发育区。综合各凹陷钻井和地震属性分析结果，可得到全区基底岩性和风化层分布（图 8-13）。图中风化壳主要发育于 Sufyan-Tomat-Radim 地区、Adila 地区、Kela-Naha 构造带及 Fula-Moga 地区，且与重力图进行对比可以看出，风化带主要位于构造高部位。

以 Fula 凹陷为例，发育两种类型的裂缝：第一种为在 Fula-Moga 构造带的风化壳内部形成的裂缝发育带，第二种为在西部边界大断层位置，由于断层两侧强烈的构造运动形成的构造缝。用裂缝密度等特殊属性对基底裂缝发育带进行预测，Moga 地区显示基底裂缝带沿基底顶面高部位的两侧分布。利用地质力学计算局部变形强度的方法对 Fula 凹陷西部边界大断层地区的基底裂缝进行预测，结果显示在大断层南部（Keyi 地区和 Bara 地区），由于强烈的构造运动，可能发育基底构造缝并形成有利的储层。利用岩性对接方法来对 Fula 凹陷西部边界大断层的断层封堵性进行分析，结果显示边界大断层的基底侧向封堵性较好。

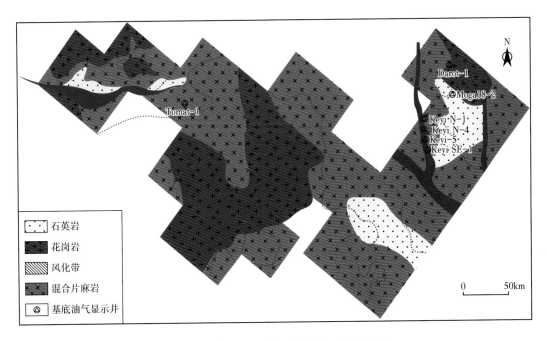

图 8-13　苏丹 6 区基底岩性和风化层分布图

（三）盖层封堵性分析

基岩风化带有利储层主要发育在基岩顶部，基岩自身并不具备盖层条件，需要上部地层形成有效的遮挡，才能形成有效的储—盖组合。

截至 2022 年，苏丹 6 区共有 19 口井钻至基底，其中 6 口井上覆地层为 AG5 段，3 口井上覆地层为 AG2 段，4 口井上覆地层为 AG1 段。从 AG5 段整体分布来看，AG5 段在 6 区分布范围较广，因此 AG5 段是 6 区最主要的基岩上覆地层，在局部出现沉积缺失的区域，上覆盖层包括 AG2 段、AG1 段、Aradeiba 组、Zarqa 组及 Bentiu 组。

从钻井结果分析发现，Nugara 坳陷上覆地层砂泥岩百分比与地震反射特征有对应关系，可以利用地震属性对基底盖层进行评价。Radim W-1 井基底上部 AG5 段发育一套泥岩为主的地层，从过井地震剖面上来看，具备弱振幅、不连续的地震反射特征；Dirak-1 井基底上部 AG5 段则发育大套的砂层，从过井地震剖面上来看，具备强振幅和连续的地震反射特征；Kela N-1 井基底上部 AG2 段砂泥岩互层，从过井地震剖面上来看，具备中强振幅和不连续的地震反射特征（图 8-14）。

砂泥岩百分比 （上覆地层100m）	地震反射特征 （基底往上80ms）	地震反射特征与砂泥岩 分布关系	
Radim-W-1 泥岩：79% 砂岩：21%	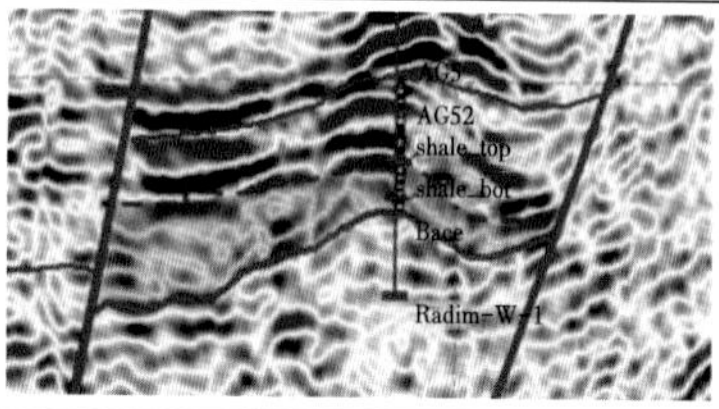	不连续的弱反射	泥岩较发育
Dirak-1 泥岩：6% 砂岩：94%	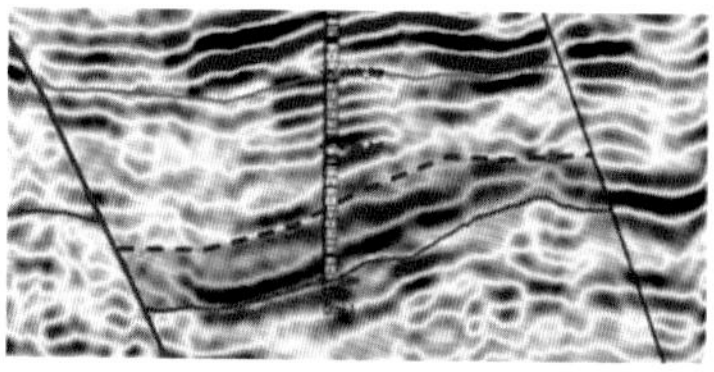	连续的强反射	砂岩较发育
Kela-N-1 泥岩：46% 砂岩：54%	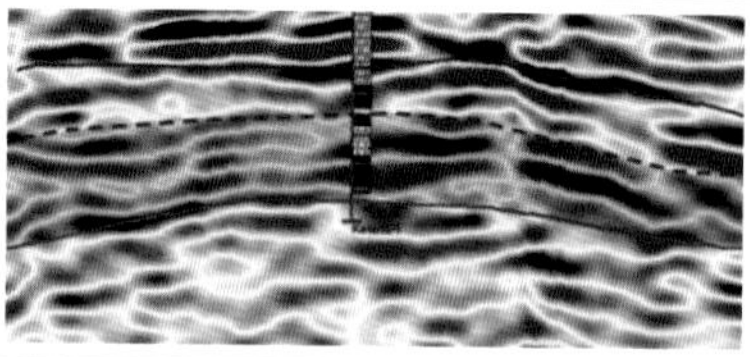	连续—不连续的 中强反射	砂泥互层

图 8-14 已钻井基底盖层反射特征

基于以上钻井结果及地震反射特征分析，可以选取合适的时窗，利用多种地震属性来对盖层进行预测。通过实验多种属性分析方法，包括振幅、频率和相位，发现视极性地震属性在 Nugara 坳陷、Kaikang 坳陷与井资料比较吻合，可用于对该地区的盖层进行评价，而在 Fula 地区和 Sufyan 地区，均方根（RMS）地震属性与井资料比较吻合，通过地震属性综合分析认为 Sufyan 凹陷南部、Tomat-Radim 地区、Kela N-1 地区、Naha 以南地区以及 Fula 地区三维地震勘探东南部是比较有利的盖层发育区（图 8-15）。

（四）勘探有利区带预测

综合基岩储层、基岩盖层泥岩含量和烃源岩与基岩油气显示关系的研究结果（图 8-15、图 8-16），可预测基岩勘探有利区带。在苏丹 6 区可识别出 6 个基岩有利区带：一类为

Fula–FNE–Moga 构造带；二类为 Suyfan–Tomat 构造带、Keyi 地区；三类为 Adila 地区、Kela 地区和 Naha–Kurru 构造带。

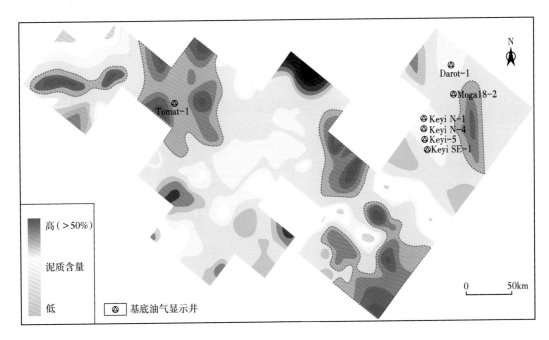

图 8-15　苏丹 6 区基底盖层泥岩含量分布图

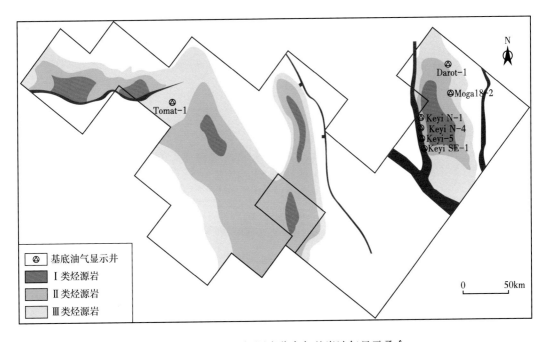

图 8-16　苏丹 6 区烃源岩分布与基岩油气显示叠合

二、目标评价

（一）精细构造解释及圈闭识别

利用已钻井进行控制，在全区搭建了 15 条构造解释骨干剖面，分别完成 Fula 凹陷、Sufyan 凹陷和 Nugara 坳陷的基底顶面构造解释，并在此基础上，完成了苏丹 6 区基底顶面构造图。

在全区基底顶面构造图上共识别出 54 个圈闭，其中圈闭埋深小于 5000m 的共有 19 个圈闭：Fula 凹陷 5 个、Sufyan 凹陷 3 个、Nugara 坳陷 11 个。

（二）风险评估及圈闭排序

通过对烃源岩、储层、盖层、圈闭及运移与圈闭形成时间匹配等 5 个地质风险因素的评估，建立了基岩圈闭评价体系。综合地质风险因子（Pg）是各因子的乘积，公式如下：$Pg=SR \times R \times SE \times T \times M$，其中 Pg 为综合地质风险，SR 为烃源岩风险因素，R 为储层风险因素，SE 为盖层风险因素，T 为圈闭风险因素，M 为运移、圈闭形成时间匹配风险因素。

1. 烃源岩风险因素

烃源岩的风险因素有很多，比如烃源岩的厚度、TOC 等因素都直接影响到烃源岩的评价。烃源岩对圈闭影响主要是源岩与圈闭的距离。可以通过绘制苏丹 6 区烃源岩分布图（图 8-16）来分析烃源岩与圈闭距离及其风险因素。

2. 储层风险因素

储层主要受风化带和裂缝发育程度的影响，根据前述苏丹 6 区基底岩性和风化带分布图，结合已钻井资料，可以通过风化带及其厚度分布来评价储层风险。

3. 盖层风险因素

封堵风险考虑封盖（顶封）和侧向岩性对接关系。顶封主要考虑上覆盖层泥岩含量。对于断层侧向封闭，可借鉴前述分析。

4. 圈闭风险因素

主要考虑地震测线测网密度、地震资料品质及断层对圈闭的控制三个子因素。

5. 运移及圈闭形成匹配时间

主要考虑油气生成时间、运移通道、圈闭形成时间和相邻井油气显示等因素。

根据以上五个风险因素计算综合地质风险系数，可得出苏丹 6 区基岩圈闭风险系数，结合资源量计算结果，可对圈闭进行评价和分类、排序。

本章小结

Muglad 盆地基岩潜山的成藏条件较为复杂，表现为：（1）盆地发育过程中，断块构造活动相对较弱，基岩潜山及风化壳储层发育条件较差；（2）基底上覆地层发育相对完整、一致，基岩埋深普遍较大；（3）基岩上覆 AG5 段为一套厚度较大的底砾岩，造成基岩与烃源岩非直接接触，基岩直接盖层条件差，AG 组局部盖层和 Aradeba 组区域盖层未直接覆盖于基岩之上。

Muglad 盆地初步识别出早生（晚埋）型（低幅）隆起、断块，继承型盆缘单面山，晚生型地垒、断块、断阶等潜山类型。其中，早生型隆起／断块、继承型盆缘单面山成藏相对有利，晚生型断垒、断块、断阶型潜山成藏条件较差。

综合评价结果认为，苏丹6区发育6个基岩潜山成藏有利区带：一类为 Fula-FNE-Moga 构造带；二类为 Suyfan-Tomat 构造带、Keyi 地区；三类为 Adila 地区、Kela 地区和 Naha-Kurru 构造带。

第九章 低阻油层评价

研究表明，Muglad 盆地 Darfur 群内 Aradeiba 组为砂岩和泥岩互层，发育层状油藏；Bentiu 组以块状砂岩为主，为块状底水油藏，油质稠；AG 组储层多为薄砂层，油气水系统和流体类型非常复杂，发育多套油气水系统。其中，Aradeiba 组和 AG 组低阻油气层均有发育。

从低阻油层广义概念出发，可分为两类，即低阻油层和低对比油层。低阻油层指相同测井环境下，同一沉积时期内油层电阻率与相邻水层电阻率（即电阻增大率）之比小于 2 的油层，低对比油层为油层的电阻率与邻近泥岩的电阻率相近的油层（欧阳健等，2009）。Muglad 盆地低阻油层成因复杂，多种因素交织在一起，致使电阻率值与邻近的泥岩、水层电阻率值相近，加之测井系列简单，可利用的资料有限，在油层识别中容易被漏失。利用测井、录井、RFT、试油等资料，在分析研究低阻油层测井响应和成因机理的基础上，建立了综合评价技术，能够有效地识别 Muglad 盆地不同类型低阻油层，在海外勘探开发中发挥了重要作用。

本章总体研究思路是，以岩石物理实验为基础，利用测井、录井、试油等资料，开展 Muglad 盆地低阻油层成因机理研究；在储层电性与岩性、物性、含油性等 "四性关系" 研究的基础上，建立低阻油层的测井解释参数模型，并开发一套适用于研究区的低阻油层处理模块；在进行低阻油层测、录井曲线敏感性分析的基础上，结合精细小层对比，提出低阻油层综合评价方法；通过研究成果的实际应用，明确了低阻油层的分布规律。

第一节 低阻油层测井响应特征

Muglad 盆地低阻油层存在多种测井响应特征，主要为：高 GR，低电阻率，电阻率与邻近水层相近或远远低于常规油层；低 GR，电阻率值与同一套水层比值小于 2；GR 与邻近水层、正常油层相近，电阻率与邻近水层、泥岩层相近，或远远低于常规油层等。以上不同测井响应的低阻油层均表现为 SP 正异常、中低密度、中高声波时差和中子孔隙度。基于本次研究中对低电阻率油气层的定义，总结出 6 种典型的低电阻率油气层的理论模式图（图 9-1）。

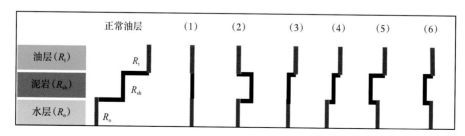

图 9-1 Muglad 盆地低阻油层测井响应特征示意图

图 9-2 为 Nugara 坳陷 Hadida-1 井 AG 组（2）型低阻油层测井响应图。低阻油层 GR 值较低，与常规油层和水层相近；电阻率远低于正常油层，与下部水层相近，即低阻油层电阻率 $R_T \approx 22\Omega \cdot m$，下部水层 $R_T \approx 30\Omega \cdot m$，常规油层电阻率 $R_T \approx 80\Omega \cdot m$，泥岩电阻率 $R_T \approx 50\Omega \cdot m$，为典型的（2）型低阻油层。

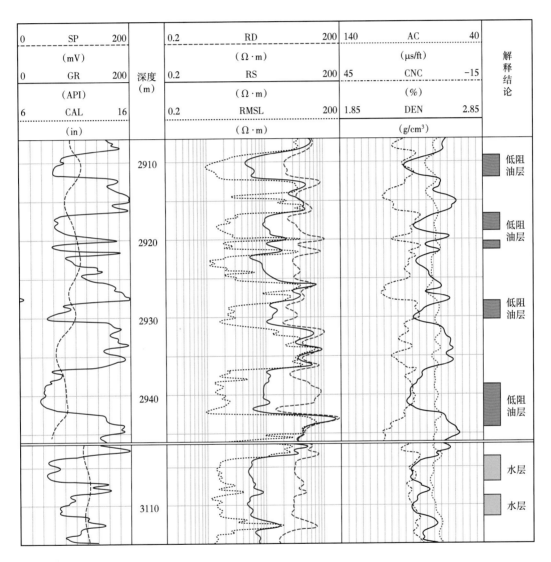

图 9-2　Hadida-1 井 AG 组（2）型低阻油层测井响应

图 9-3 为 Nugara 坳陷 Hadida-1 井 Aradeiba 组（5）型低阻油层测井响应图。低阻油层 GR 高，电阻率 $R_T \approx 11\Omega \cdot m$，下部水层 $R_T \approx 11\Omega \cdot m$，泥岩电阻率 $R_T \approx 2\Omega \cdot m$，为典型的（5）型低阻油层。

图 9-4 为 Azraq-Neem 低凸起 Hilba-1 井 Aradeiba 组（6）型低阻油层测井响应图。低阻油层 GR 高，与下部水层相近，电阻率 $R_T \approx 15\Omega \cdot m$，下部水层 $R_T \approx 17\Omega \cdot m$，泥岩电阻率 $R_T \approx 2\Omega \cdot m$，为典型的（6）型低阻油层。

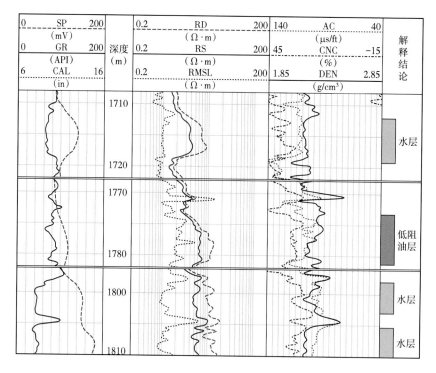

图 9-3 Hadida-1 井 Aradeiba 组（5）型低阻油层测井响应

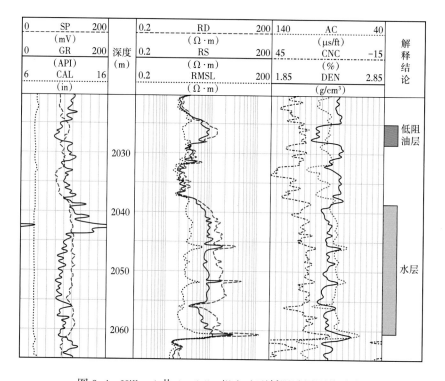

图 9-4 Hilba-1 井 Aradeiba 组（6）型低阻油层测井响应

第二节　低阻油层成因机理

低阻油气层的成因复杂、类型多样。单一的低阻油气层成因包括薄层的围岩影响、储层中的导电矿物（黄铁矿）、高矿化度钻井液侵入、复杂孔隙结构中的高束缚水、黏土矿物的附加导电效应、较低的成藏构造幅度等。实际工作中，上述各类成因往往同时存在，从而将低阻油气层现象复杂化。目前许多文献较为详尽地论述了储层沉积、油气成藏、成岩作用和钻井工程四大类因素导致的油气层低阻现象，如层薄、岩性细、毛细管束缚水含量高、地层水矿化度高、特殊导电矿物等属于储层沉积成因，低构造幅度属于油气成藏成因，黏土矿物附加导电等属于沉积成岩作用成因，高矿化度钻井液侵入、井径影响则属于钻井工程因素一类。按微观机理和宏观成因可归纳为两类，沉积和成岩作用属于微观成因，油气藏成因和钻井工程属于宏观成因，关于低阻油气层成因的认识也基本成熟。根据Muglad盆地低阻油层成因的研究成果，本章主要按微观和宏观两类成因论述研究区低阻油气层的主控因素。

利用89块岩心、岩屑、井壁取心、地层水、钻井液滤液等合计170项化验分析和112口测井资料，开展了低阻油层成因机理研究。首先找出正常油层和低阻油层段，然后根据薄片、X射线衍射、扫描电子显微镜、阴极发光、核磁、CT等资料对比正常油层段和低阻油层段的储层微观特征，包括粒度、泥质含量、矿物成分等，从而得到导致油层低电阻的微观机理；根据对地层的储—盖关系研究、小层对比、油藏分析、地层水及钻井液滤液矿化度、生产动态等资料综合分析研究低阻油层的宏观影响因素。

研究结果明确Muglad盆地低阻油层的成因机理主要有以下4种：（1）储层岩石颗粒细、微孔隙发育及黏土含量高导致束缚水饱和度高（Aradeiba组、AG组）；（2）黏土矿物阳离子交换产生的附加导电作用（Aradeiba组）；（3）咸水钻井液侵入（Aradeiba组、AG组）；（4）油藏幅度低（Aradeiba组、AG组）。以上成因相互交织、共同作用，导致该盆地低阻油层的发育。

一、高束缚水饱和度

储集层泥质含量较高，颗粒较细，孔隙结构复杂，微孔隙发育及岩石具有较强的亲水性，均导致束缚水饱和度增高，形成低阻油气层。研究区上述因素均存在，并且相互交织。

（一）颗粒细

一般来说，岩石颗粒越小，岩石比表面积就越大（表9-1），岩石颗粒表面吸附水含量就越多，吸附在颗粒表面的束缚水越多（图9-5），使地层电阻率降低；另外，岩石颗粒细，形成的孔隙和喉道就很小，小孔隙和小喉道越发育，使岩层中残余水（束缚水）含量急剧升高，进一步增强了岩石的导电性，使地层电阻率下降。

表9-2为Azraq-Neem地区Hilba油田低阻油层粒度分析统计表，显示颗粒粒度中值小于0.2mm，为粉砂岩，岩性偏细，导致束缚水高，是该区低阻油层形成的因素之一。

表 9-1　不同颗粒表面积统计（据 Hamada，2001）

岩石表面积（假设岩石由直径为 d 的纯石英组成，孔隙度为 35%）		
直径（μm）	比表面积（m²/g）	备注
1	1.47	与黏土颗粒大小相同的砂
2	0.74	
30	0.05	
60	0.025	细颗粒
黏土表面积（m²/g）		
蒙脱石	500~750	
伊利石	30~70	
高岭石	10~40	

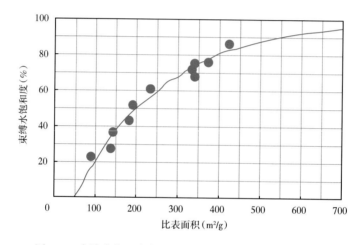

图 9-5　束缚水饱和度与比表面积关系（据 Hamada，2001）

表 9-2　Azraq-Neem 地区 Hilba 地区粒度分析统计表

井名	样品深度（m）	平均粒径（μm）	粒度中值（mm）
Hilba K-1	1786	3.58	0.12
	1852	3.92	0.1
Hilba C-1	1558	2.37	0.19
	1595	2.88	0.15
	1670	3.00	0.13
	1735	2.85	0.14

（二）微孔隙发育

从油气运移角度考虑，当油气从生油层运移到砂岩储层时，由于油、气、水对岩石的润湿性差异和毛细管力作用，会有一定量的水残存在岩石孔隙中。这些水多数残存在岩石颗粒接触处角隅和微细孔隙中或吸附在岩石骨架颗粒表面。岩石细粒成分（粉砂）增多和

（或）黏土矿物的充填富集，导致地层中微孔隙十分发育，微孔隙发育的地层，束缚水含量明显增大，导致油层电阻率降低。

图 9-6 为 Azraq-Neem 地区 Neem 油田不同孔喉半径岩心束缚水饱和度与孔隙度和渗透率关系图。图 9-6 中显示，孔喉半径分别为 0.859μm、1.435μm 和 7.11μm 时的束缚水饱和度与孔隙度和渗透率的关系，三条曲线从上至下分别表示孔隙结构复杂、中等和较好的储层。三类储层相同的孔隙度对应的束缚水饱和度相差很大。如孔隙度为 18% 时，好储层束缚水饱和度为 28%，而差储层束缚水饱和度高达 44%。孔隙结构复杂储层的高束缚水必然导致电阻率降低。同样，孔喉结构（毛细管半径粗细）直接影响渗透率和束缚水饱和度的关系，孔喉结构好的储层其渗透率好于孔喉结构复杂的储层。

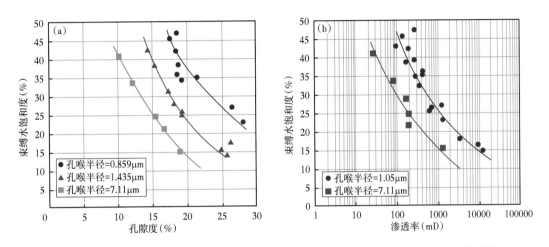

图 9-6　Neem 油田不同孔喉半径岩心束缚水饱和度与孔隙度（a）和渗透率（b）关系图

图 9-7 为 Azraq-Neem 低凸起 Neem 油田低阻油层岩心孔喉半径分布图。图 9-7 中可见孔喉半径呈多峰分布，且小孔喉分布面积所占比例近 80%。表明该盆地低阻油层孔喉半径多样化、孔隙结构复杂、微孔隙发育，导致束缚水含量高，引起油层电阻率降低。

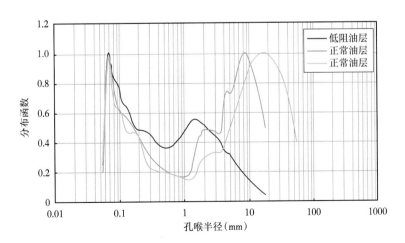

图 9-7　Neem 油田油层岩心孔喉半径分布图

（三）黏土含量高

由图 9-5 可见黏土的比表面积大，表面吸附的束缚水多，除此之外，还存在层间水和结构水，且结构水只有在高温下结构破坏时才失去。因此，当储层黏土含量较高时，束缚水饱和度增高，导致电阻率降低。图 9-8 为 Fula 凹陷 Arad W-1 井 Aradeiba 组测井综合图，表 9-3 为图 9-8 中低电阻率段储层岩心矿物分析表，图表显示低阻段储层黏土含量较高，最高达 24.33%。可见，黏土含量高是导致低阻油层的关键因素之一。

表 9-3　Arad W-1 井低阻油层岩心薄片矿物分析结果

深度（m）	岩石类型	碎屑矿物含量（%）							自生矿物（%）			孔隙（%）	
		多晶石英	单晶石英	钾长石	斜长石	云母	暗色矿物	黏土矿物	菱铁矿	石英加大	铁氧胶结物	原生孔隙	次生孔隙
523.5	长石质砂岩	11.33	25.00	16.33	2.33	0.66	2.33	8.33	1.33	1.00	4.00	15.33	12.00
521.5	长石质砂岩	11.33	25.33	13.00	1.66	2.33	0.33	22.35	0.66	2.66	3.66	12.00	4.66
519.8	长石质砂岩	4.00	17.33	16.33	4.00	7.33	2.33	24.33	3.33	0.66	5.33	10.00	5.00
519.5	长石质砂岩	5.66	26.00	11.33	3.33	4.00	3.00	12.00	1.66	0.66	5.66	16.66	10.00
519.1	长石质砂岩	6.00	21.33	14.66	4.00	3.33	0.33	24.00	1.33	0.66	6.33	10.66	7.00

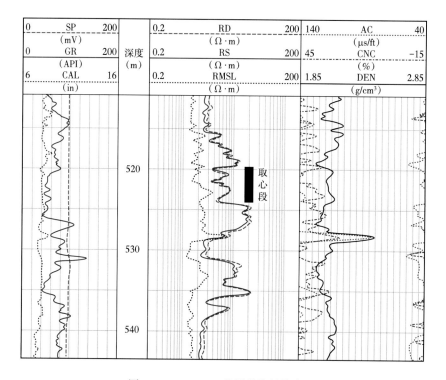

图 9-8　Arad W-1 井测井资料综合图

二、黏土矿物阳离子附加导电

黏土矿物除具有亲水特性，引起束缚水饱和度增大外，还具有吸附某些阳离子和阴离子并保持交换状态特性。扩散双电层理论模型认为黏土矿物表面带有负电荷，蒙脱石、伊/蒙混层等黏土矿物由于其本身的不饱和电性特点，黏土颗粒表面会吸附岩石孔隙内地层水中的金属阳离子，以保持平衡。在外界电场作用下，被吸附的阳离子沿黏土颗粒表面交换位置，从而产生附加导电现象。由于黏土矿物的种类不同，阳离子交换吸附的容量有很大不同。一般来说蒙脱石的比表面积大，阳离子交换容量大，伊利石次之，高岭石最弱，这种交换吸附作用的产生，形成了离子导电网络，导致整个储层电阻率降低，形成低阻油层。表9-4为图9-8中低阻段储层黏土X射线衍射黏土矿物分析统计表，结果显示该段储层黏土以蒙脱石为主，最高含量达82.9%。因此，黏土矿物的阳离子交换作用是Aradeiba组低阻油层成因之一。

表 9-4　Arad W-1 井 Aradeiba 组岩心分析黏土矿物含量分析统计表

样品深度（m）	黏土矿物含量（%）				
	高岭石	蒙脱石	伊利石	伊/蒙混层	绿泥石
519.1	68.8	16.1	0.3	0.4	14.4
519.45	52.9	37.6	0.3	0.3	8.9
519.8	30.5	56.7	2.2	0.6	10.1
521.5	14.5	82.9	2.2	0.4	0.1
523.5	75.9	0.7	3.6	0.2	19.7

三、咸水钻井液侵入

钻井过程中，钻井液的流体静压力一般保持大于地层原始压力，由于钻头对滤饼的反复破坏作用，使得钻井液滤液侵入到储层中，形成侵入带，储层电阻率受到严重影响（李早红等，2018，2000）。咸水钻井液侵入油层会使油层的测井电阻率大幅降低，明显低于地层的真电阻率，具有电阻率绝对值及其增大率随钻井液矿化度增高及浸泡时间增长而降低的特点，在一定条件下形成低对比度油气层。不同的含油（气）饱和度储层在盐水钻井液侵入后，其测井电阻率下降幅度各异；相同含油饱和度、不同钻井液矿化度条件下，其下降幅度也各不相同。

Muglad盆地钻井过程中均使用咸水钻井液，钻井液滤液矿化度大于20000mg/L，最大可达120000mg/L，而地层水矿化度大部分分布在3000mg/L以内，钻井液矿化度是原始地层水矿化度6倍以上。

图9-9为Fula凹陷Fula N-2井与Fula N-4井测井曲线图。两井的构造位置相近，物性相近，图9-9中显示的储层为同一套砂层。由图9-9可见，Fula N-2井钻井液浸泡5d左右测井，深电阻率值为$R_T \approx 10000\Omega \cdot m$，Fula N-4井的钻井液浸泡30d左右测井，深电阻率值为$R_T \approx 1000\Omega \cdot m$，Fula N-4井比Fula N-2井的钻井液多浸泡25d，电阻率下降约10倍。由此可见，咸水钻井液侵入对油层深电阻率产生的减阻侵入的影响较大，对水层影响很小。

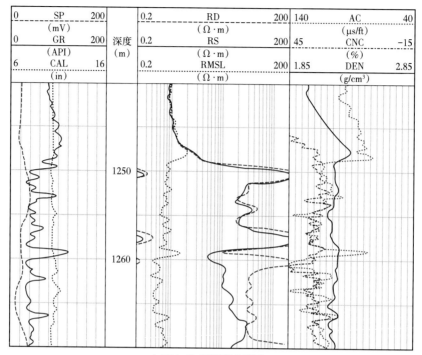

（a）Fula N-2 井测井曲线图

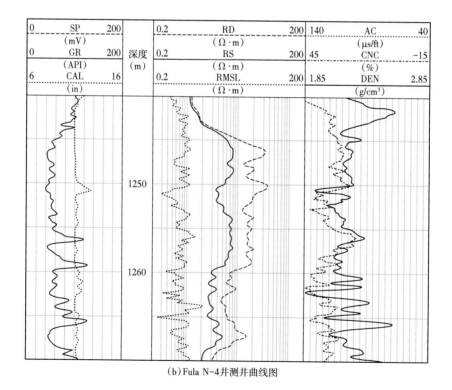

（b）Fula N-4 井测井曲线图

图 9-9　Fula 凹陷 Fula N-2 井与 Fula N-4 井测井曲线图

四、油藏幅度低

油藏形成过程中，油首先进入与较大孔隙喉道连接的大孔隙中，然后随着烃类驱替力增加，油将逐步进入较小的孔隙喉道中。油藏中油、水分布反映毛细管压力与油、水两相压力差平衡的结果，距自由水平面之上越高的位置油气饱和度越大，反之则越小。油藏内不同位置处的含油饱和度受自由水平面之上的高度、孔隙结构以及油、水密度差等因素控制。可用毛细管理论描述这一规律：

$$p_c = (\rho_w - \rho_o) g h \tag{9-1}$$

液体与毛细管内壁之间的作用力为：

$$p_c = 2\sigma_{ow} \cos\theta_{ow} / r \tag{9-2}$$

将式（9-2）代入式（9-1）得：

$$r = 2\sigma_{ow} \cos\theta_{ow} / [h(\rho_w - \rho_o)] \tag{9-3}$$

式中　p_c——地层条件下（如油—水）的毛细管压力，MPa；

　　　　ρ_w、ρ_o——分别为地层条件下水的密度、油的密度，g/cm³；

　　　　h——油水界面以上非湿相的液柱高度，m；

　　　　σ_{ow}——油水两相间的界面张力，mN/m；

　　　　θ_{ow}——润湿接触角；

　　　　r——毛细管压力为 p_c 时所对应的喉道半径，μm。

由此可见，含油高度越大，油水密度差越大，烃类驱替力越大，油越会进入到更小的毛细管中，含油饱和度越大。驱替力相同时，储层的孔隙结构越好，含油饱和度越大。此外，表面张力和接触角也影响着油、水分布。

Muglad 盆地普遍发育多套油水系统，油气藏幅度低，尤其是苏丹 6 区 AG 组，油气藏幅度一般都小于 50m。图 9-10 为 Fula 凹陷 Fula N-4 井油藏高度与深电阻率关系图。由

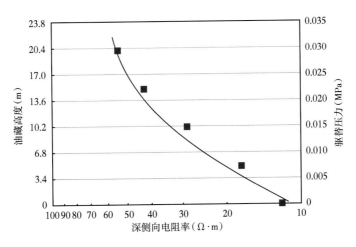

图 9-10　Fula N-4 井油藏高度与深电阻率关系图

图可见，油层电阻率值与油藏高度正相关，油藏高度小，引起油层电阻率值低。因此，油藏幅度低是形成研究区低阻油层的主要原因之一。

第三节　低阻油层识别技术

一、基础资料的应用

研究区没有使用特殊测井系列和高端录井仪器，井筒资料仅为常规的测井、录井等资料。对于研究区复杂的油气水关系和流体性质的评价，只能充分利用和挖掘现有井筒资料信息，深入分析研究，使研究成果在生产应用中发挥最大作用。

（一）常规测井资料

常规测井具有准确、连续、成本低和实效高等特点。根据地层岩性、地层水与钻井液滤液的性质等特征，在正确选择测井系列的基础上，以岩心刻度的测井资料不仅能够划分岩性、评价油（气、水）层，而且能够定量地提供准确、详细的地层岩性、物性和含油性资料。

测井系列的选择主要遵循以下原则：（1）能够确定岩性的成分，清楚地划分渗透层；（2）能够比较完整地提供地层岩性、物性及含油性等主要地质参数；（3）能够比较清楚地区分油层、气层和水层，确定油气层的有效厚度；（4）能够尽量减少和克服井眼、围岩和钻井液侵入的影响；（5）能够进一步扩大测井系列在解决地质问题方面的能力；（6）在解决预期的地质目的前提下，力求测井系列简单化和经济化。鉴于研究区为陆相地层，地层水矿化度小于 3000mg/L，钻井使用的钻井液滤液矿化度大于 20000mg/L，选择使用侧向测井和三孔隙度测井系列能够满足以上测井系列选择的原则，且实际生产证实应用效果良好。

（二）常规录井及井壁取心资料

录井资料与井壁取心资料是来自地层的第一手资料，这两种资料能够直观地显示地层岩性和含油性。在测井综合评价中起到非常重要的参考作用。两种资料来源不同、表现形式不同，但反映的信息相似。录井、气测资料以图面直观显示，井壁取心以文字描述的形式反映信息。

（三）RFT 资料

RFT 为电缆地层重复测试，最简单的模式可以提供地层压力和流体取样资料。在正确设计指导下完成的测试和取样结果，加以分析研究能够为油气层的评价提供重要参考依据。

二、低阻油层测井识别技术

（一）四性关系研究

本文依据岩心分析及测井资料分凹陷、分油田研究了区内储层岩性、物性及含油性特征及在测井曲线上的响应特征，建立了储层及含油性评价参数与测井响应特征的关系，为储层评价参数模型的建立奠定基础。图 9-11 为 Fula 凹陷 Moga 21-2 井 AG 组岩心资料岩石矿物分析图。由图 9-11 可见，AG 组储层岩性主要为长石质砂岩，黏土类型以高岭土为主、绿泥石次之。图 9-12 为 Moga 21-2 井 AG 组储层物性统计图，其储层储集空间主要为粒间孔、次生粒间孔及粒内孔；孔隙度与渗透率分布范围较大，其中孔隙度分布在 7%~29% 之间，集中在 13%~27% 之间；渗透率分布在 0.1~10000mD 之间，集中在 0.1~1000mD 之间。可见孔隙结构复杂，大小孔隙均有发育，渗透率变化范围大，储层物性非均质性强。

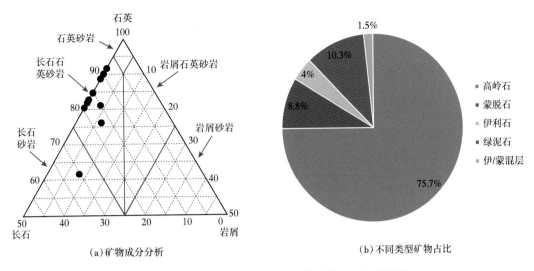

（a）矿物成分分析

（b）不同类型矿物占比

图 9-11 Moga 21-2 井 AG 组岩心资料岩石矿物分析图

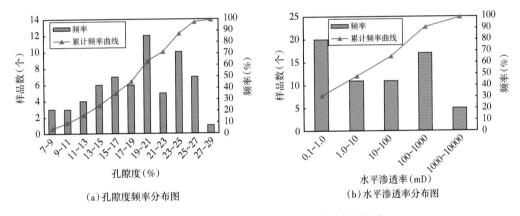

（a）孔隙度频率分布图

（b）水平渗透率分布图

图 9-12 Moga 21-2 井 AG 组储层物性统计图

（二）储层参数模型的建立

测井资料是计算储层参数的基础资料，特别是经过一定数量的岩心实测数据的分析刻度，以及积累一定的地区经验并建立经验性转换关系之后，就能比较充分地显示出测井资料的连续性、完整性、综合性强及宏观精度较高的特点。储层参数的准确与否，直接影响到油（气、水）层的评价结果。因此，求准储层参数是十分必要。

1.泥质含量模型

岩石物理资料表明，本地区岩石矿物组分以石英为主，含少量的斜长石和黏土矿物。斜长石的放射性低，对测井 GR 的贡献值小，GR 曲线基本上反映了本区储层的泥质含量状况。所以采用以 GR 为主进行本区泥质含量的计算。但也不排除个别层段砂岩的放射性增大的情况，故同时需要关注中子孔隙度—密度曲线的特征，在个别、少量的高 GR 砂层段采用中子孔隙度—密度交会的方法计算泥质含量。

泥质含量计算模型采用传统的公式，式（9-4）、式（9-5）为 GR 计算泥质含量的传统公式，式（9-6）、式（9-7）分别为中子孔隙度、密度计算泥质含量的公式。具体计算时，通过综合分析，根据曲线特征优选最佳测井曲线进行泥质含量计算。

$$\Delta \mathrm{GR} = \frac{\mathrm{GR} - \mathrm{GR}_{\min}}{\mathrm{GR}_{\max} - \mathrm{GR}_{\min}} \qquad (9\text{-}4)$$

$$V_{\mathrm{sh}} = \frac{2^{2 \times \Delta \mathrm{GR}} - 1}{2^2 - 1} \qquad (9\text{-}5)$$

式中　GR——目的层自然伽马测量值；

　　　$\mathrm{GR}_{\min}$——纯砂岩地层自然伽马最小值；

　　　$\mathrm{GR}_{\max}$——纯泥岩地层自然伽马最大值。

$$\mathrm{NPHI} = \mathrm{NPHIMA} \times (1 - V_{\mathrm{sh}} - \phi) + \mathrm{NPHIFL} \times \phi + \mathrm{NPHISH} \times V_{\mathrm{sh}} \qquad (9\text{-}6)$$

$$\mathrm{RHOB} = \mathrm{RHOBMA} \times (1 - V_{\mathrm{sh}} - \phi) + \mathrm{RHOBFL} \times \phi + \mathrm{RHOBSH} \times V_{\mathrm{sh}} \qquad (9\text{-}7)$$

式中　RHOB、NPHI——分别为密度、中子孔隙度的测量值；

　　　RHOBMA、NPHIMA——分别为岩石骨架的密度、中子孔隙度测井响应值；

　　　RHOBFL、NPHIFL——分别为地层流体的密度、中子孔隙度测井响应值；

　　　RHOBSH、NPHISH——分别为泥岩的密度、中子孔隙度测井响应值；

　　　ϕ——地层孔隙度；

　　　V_{sh}——储层的泥质含量。

2. 孔隙度模型

对于岩心资料充分的地区，利用岩心资料建立储层参数模型，岩心资料覆盖率很低的地区，采用以有限的资料刻度理论模型，选取合理的参数模型。研究认为在缺少岩心的地区，中子孔隙度—密度交会计算的孔隙度更准确，并得到少量岩心资料的验证。方程为下式：

$$\phi_\rho = \frac{\mathrm{RHOB} - \mathrm{RHOB}_{\mathrm{MA}}}{\mathrm{RHOB}_{\mathrm{FL}} - \mathrm{RHOB}_{\mathrm{MA}}} - V_{\mathrm{sh}} \times \frac{\mathrm{RHOB}_{\mathrm{sh}} - \mathrm{RHOB}_{\mathrm{MA}}}{\mathrm{RHOB}_{\mathrm{FL}} - \mathrm{RHOB}_{\mathrm{MA}}} \qquad (9\text{-}8)$$

$$\phi_{\mathrm{N}} = \frac{\mathrm{NPHI} - \mathrm{NPHI}_{\mathrm{MA}}}{\mathrm{NPHI}_{\mathrm{FL}} - \mathrm{NPHI}_{\mathrm{MA}}} - V_{\mathrm{sh}} \times \frac{\mathrm{NPHI}_{\mathrm{sh}} - \mathrm{NPHI}_{\mathrm{MA}}}{\mathrm{NPHI}_{\mathrm{FL}} - \mathrm{NPHI}_{\mathrm{MA}}} \qquad (9\text{-}9)$$

$$\phi = \frac{\phi_{\rho\max} \times \mathrm{NPHI} - \phi_\rho \times \phi_{\mathrm{N}}}{\phi_\rho - \phi_{\mathrm{N}}} \qquad (9\text{-}10)$$

式中　ϕ_ρ——密度计算孔隙度；

　　　RHOB——密度测量值；

　　　$\mathrm{RHOB}_{\mathrm{FL}}$——地层流体的密度测井响应值；

　　　$\mathrm{RHOB}_{\mathrm{SH}}$——泥岩的密度测井响应值；

　　　$\mathrm{RHOB}_{\mathrm{MA}}$——岩石骨架的密度测井响应值；

　　　ϕ_{N}——中子计算的孔隙度；

　　　NPHI——中子孔隙度测量值；

　　　$\mathrm{NPHI}_{\mathrm{FL}}$——地层流体的中子孔隙度测井响应值；

　　　$\mathrm{NPHI}_{\mathrm{SH}}$——泥岩的中子孔隙度测井响应值；

NPHI$_{MA}$——岩石骨架的中子孔隙度测井响应值；

ϕ——储层孔隙度。

坏井眼井段用受井眼影响小的声波时差曲线计算，公式为：

$$\phi = \frac{DT - DT_{MA}}{DT_{FL} - DT_{MA}} \times \frac{1}{C_p} - V_{sh} \times \frac{DT_{sh} - DT_{MA}}{DT_{FL} - DT_{MA}} \qquad (9\text{-}11)$$

式中　ϕ——储层孔隙度；

　　　DT——声波时差测量值；

　　　DT$_{FL}$——地层流体的声波时差测井响应值；

　　　DT$_{SH}$——泥岩的声波时差测井响应值；

　　　DT$_{MA}$——岩石骨架的声波时差测井响应值。

对于有岩心分析资料的地区，利用岩心资料建立适合本地区的储层参数模型。由图 9-13 和图 9-14 得到 Fula N 等油田孔隙度和渗透率模型。

Fula N 油田：

$$\phi = 154.87 - 59.08 \times RHOB，\quad R^2 = 0.82$$

Moga 油田：

$$\phi = -49.049 \times RHOB + 136.09，\quad R^2 = 0.6785$$

Jaka S 油田：

$$\phi = -71.06 \times RHOB + 188.9，\quad R^2 = 0.874$$

Sufyan 油田：

$$\phi = 75.406 + 0.56 \times NPHI - 28.12 \times RHOB，\quad R^2 = 0.74$$

式中　ϕ——储层孔隙度；

　　　RHOB——密度测量值；

　　　NPHI——中子孔隙度测量值；

　　　R——相关系数。

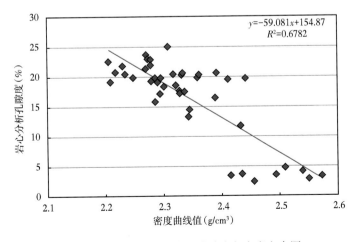

图 9-13　Fula N 油田岩心孔隙度与密度交会图

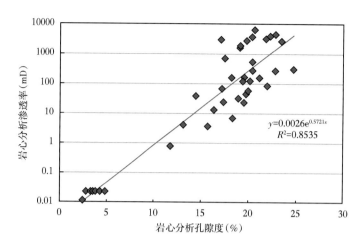

图 9-14　Fula N 油田岩心渗透率与孔隙度交会图

3. 渗透率模型

渗透率是评价储层渗透能力至关重要的参数。由于影响渗透率的因素较多，而且多呈非线性关系，因此在进行渗透率计算时，一般利用岩心实测资料与渗透率的主要影响因素建立渗透率的计算模型。但该盆地缺少岩心分析资料，在本课题研究中利用理论公式计算储层渗透率，方程如下：

$$K = \frac{\phi^a}{C \times S_{\mathrm{wir}}{}^b}$$ （9-12）

式中　K——地层渗透率值；

ϕ——地层孔隙度；

S_{wir}——地层束缚水饱和度；

a、b、C——指数和系数。

Fula N 油田：

$$K = 0.0026^{0.57\phi}$$

Moga 油田：

$$\lg K = 5.33\lg\phi - 3.65\mathrm{DGR} - 3.97，\ R^2 = 0.53$$

Jake S 油田：

$$K = 0.004\mathrm{e}^{0.492}，\ R^2 = 0.783$$

Sufyan 油田：

$$\lg K = 3.26\lg\phi - 1.82\mathrm{DGR} - 2.15$$

4. 含水饱和度模型

Muglad 盆地没有密闭取心资料，无法建立含油饱和度（含水饱和度）模型。根据岩心资料分析研究可知，该盆地低阻油层岩性细、泥质含量高，适合印度尼西亚方程求取含水饱和度。方程为：

$$S_w^{\frac{N}{2}} = \frac{\left(\dfrac{1}{R_T}\right)^{0.5}}{\dfrac{S_H\left(1-\dfrac{S_H}{2}\right)}{R_{SH}^{0.5}} + \dfrac{\phi^{\frac{M}{2}}}{(a \times R_w)^{0.5}}} \qquad (9\text{-}13)$$

Suf 油田：

$$a=1,\ m=1.79,\ n=1.89$$

Sufyan 油田：

$$a=1,\ m=1.48,\ n=1.53$$

Fula N 油田：

$$a=1,\ m=1.71,\ n=1.83$$

Moga 油田：

$$a=1,\ m=1.88,\ n=1.89$$

岩—电实验分析结果可得到各油田岩—电参数值。

对于饱和度公式中 R_w 的求取，本次研究共进行了 4 种求取地层水电阻率方法的遴选，通过对比分析认为简化阿尔奇公式法的计算结果较好（图 9-15）。

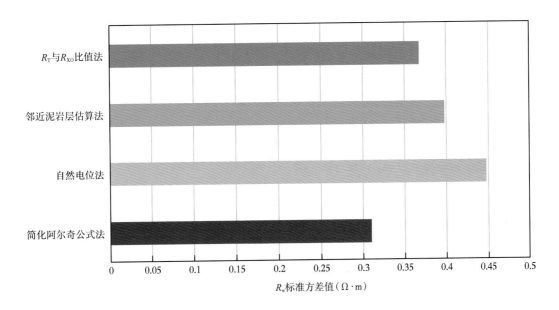

图 9-15　不同方法计算的地层水电阻率（R_w）标准方差统计

图 9-16 为 Fula 凹陷 Fula N-67 井新建储层参数模型计算结果和岩心分析对比图，图中黑色曲线为理论模型计算的孔隙度、渗透率曲线，绿色曲线为新建模型计算的孔隙度、渗透率曲线；由图可见，新建模型计算结果与岩心数据更接近。

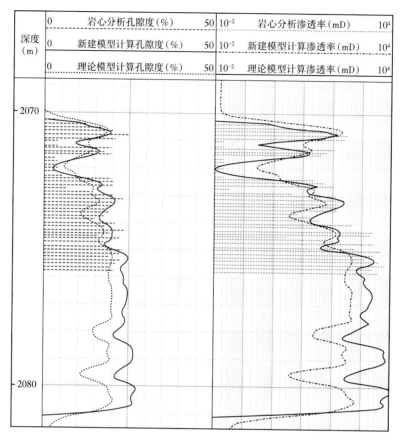

图 9-16　Fula N-67 井理论模型、新建模型计算结果与岩心分析储层物性对比图

5. 低阻油层指示参数模型

根据对低阻油层敏感曲线和参数的分析研究，建立了低阻油层指示参数模型 PI，并建立了低阻油层的评价标准，即油层：PI > 0。

$$PI = \phi \times \left[\lg\left(\frac{R}{R_{\text{基线}}} \right) + 0.02 \times \left(\Delta t - \Delta t_{\text{基线}} \right) \right] \qquad (9\text{-}14)$$

式中　PI——低阻油层指示参数；

　　　ϕ——储层孔隙度；

　　　R——深电阻率；

　　　$R_{\text{基线}}$——深电阻率基线值；

　　　Δt——声波时差；

　　　$\Delta t_{\text{基线}}$——声波时差基线值。

（三）低阻油层处理模块

将上述不同油田孔隙度、渗透率、饱和度模型及低阻油层指示参数 PI 编程，完成 Muglad 盆地低阻油层处理模块 LowResEvalute 的研发（图 9-17），实现低阻油层储层参数和低阻油层指示参数的连续计算。

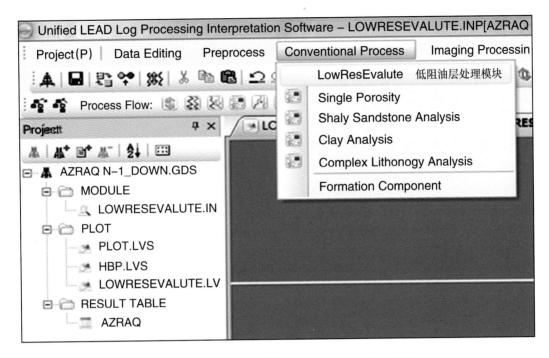

图 9-17　低阻油层处理模块 LowResEvalute 平台界面

LowResEvalute 程序要求输入曲线最多 10 条。考虑到孔隙度及泥质含量通常计算误差不大，故程序中支持直接引用已有泥质含量及孔隙度数据信息。分别为：

Rd——深电阻率，$\Omega \cdot m$；

Rs——浅电阻率，$\Omega \cdot m$；

Rxo——冲洗带电阻率，$\Omega \cdot m$；

RHOB——补偿密度，g/cm^3；

DT——声波时差，$\mu s/m$；

CNL——补偿中子孔隙度，%；

GR——自然伽马，API；

SP——自然电位，mV；

Por——孔隙度，%；

VSH——泥质含量，%。

LowResEvalute 程序要求输入参数最多 13 个。分别为：

a，b，m，n——岩—电参数，默认 1.0、1.0、2.26、1.6，无量纲；

Rwish——黏土束缚水电阻率，默认 0.2，$\Omega \cdot m$；

Rwicap——毛细管束缚水电阻率，默认 0.5，$\Omega \cdot m$；

Rw——自由水电阻率，默认 2.0，$\Omega \cdot m$；

Rmf——钻井液滤液电阻率，默认 0.05，$\Omega \cdot m$；

VSHFLG——泥质含量计算旗标，VSHFLG =0 采用已有的泥质含量曲线（VSH）作为输入；VSHFLG =1 采用地区岩石物理刻度的公式；

PORFLG——孔隙度计算旗标，PORFLG =0 采用地区岩石物理刻度的公式；PORFLG=1 采用已有的孔隙度曲线（POR）作为输入；

SHCT——泥岩截止值，默认 40；

DTFlag——声波时差单位选取旗标，DTFlag =0 为英制，其他为公制；

SwFlag——饱和度模型选取旗标，SwFlag =0 时为 Simandoux 模型改进式，SwFlag=1 时为混合泥质的饱和度模型，SwFlag =2 时为双水泥质骨架导电模型（潘和平，2001）。

LowResEvalute 程序要求输出曲线最多 13 条。分别为：

SwLR——低阻法含水饱和度，%；

SxoLR——低阻法可动水饱和度，%；

PorTst——实验模型孔隙度，%；

Swish——黏土束缚水饱和度，%；

Swicap——毛细管束缚水饱和度，%；

VshTst——实验模型泥质含量，%；

RDm/RSm/RXOm——整层最优反演方法中模拟计算的深电阻率、浅电阻率、冲洗带电阻率，$\Omega \cdot m$；

PorWLR——水总孔隙度，%；

PorFLR——可动水孔隙度，%；

PorWB——束缚水孔隙度，%；

PI——低阻油层指示参数。

初始配置及模板文件：

配置环境：核心方法动态库文件 LowResEvalute.dll、配置文件 LowResEvalute.xml、初始化文件 LowResEvalute.ini 以及绘图模板文件 LowResEvalute.ptt 等。

运行环境：作为方法模块，挂接在 lead3.0 测井一体化软件平台上，实现数据处理与实时成图。

图 9-18 为 Azraq-Neem 地区 Hilba C-2 井 LowResEvalute 低阻模块处理结果，图中红色的曲线为 LowResEvalute 模块处理的储层参数，孔隙度和渗透率与理论模型计算结果相近，但含油饱和度较理论模型略高，尤其是 PI 值，油层明显大于 0，水层为 0，评价低阻油层效果良好。

（四）低阻油层测井评价方法

1. 曲线敏感性分析

由于凹陷、油田、层组、成因不同，低阻油层测、录井响应特征不同，需针对性地进行测井、录井资料对油气水层的敏感性分析，分凹陷、分油田、分层组优选低阻油层敏感曲线，建立综合识别低阻油层评价的测井、录井交会图。图 9-19 为 Fula 凹陷 Jake-2 井 Aradeiba 组测井综合图，可见上部低阻油层深电阻率 $R_T \approx 15\Omega \cdot m$，孔隙度 $\phi \approx 28\%$，$\Delta SP \approx 30mV$，$GR \approx 80API$，下部水层深电阻率 $R_T \approx 20 \sim 40\Omega \cdot m$，孔隙度 $\phi \approx 28\%$，$\Delta SP \approx 30mV$，$GR \approx 60API$，除电阻率 R_T 与 GR 值不同外，低阻油层其他测井响应特征均相似，即 GR 在油层、水层存在明显差异，为该井该层识别油层、水层的敏感性曲线。

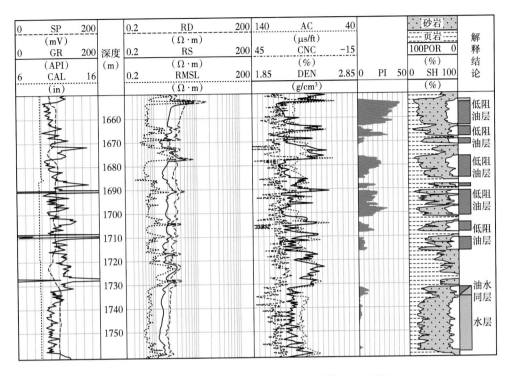

图 9-18 Hilba C-2 井 LowResEvalute 模块处理成果图

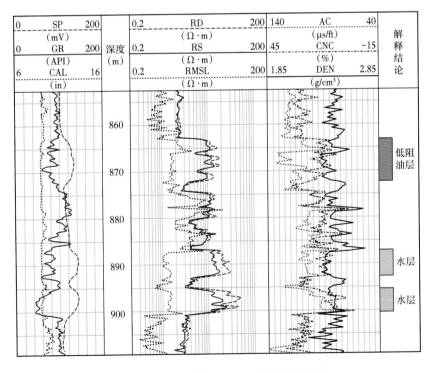

图 9-19 Jake-2 井 Aradeiba 组测井综合图

图 9-20 为 Fula 凹陷 Moga-10 井 Aradeiba 组测井、录井综合图，可见下部低阻油层与上部水层相比岩屑录井含油显示中等，气测值高，且碳组分全，该井该层段岩屑录井和气测曲线对油层识别均敏感。

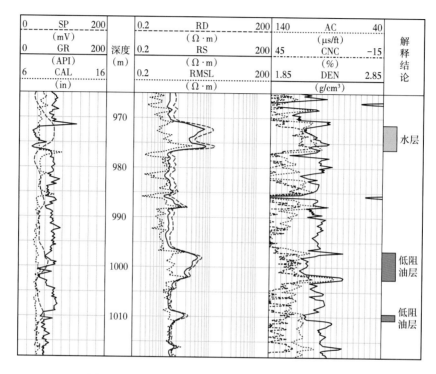

图 9-20　Moga-10 井 Aradeiba 组测井、录井综合图

2. 测井交会图

研究认为 Muglad 盆地不同油田、不同层组的沉积环境不同、地层水不同，引起测井响应特征不同。因此，低阻油气层在测井、录井响应特征上具有多种表现形式。在曲线敏感性分析和精细小层对比的基础上，应用测井、录井及试油等资料，可分油田、分层组建立针对不同类型低阻油气层的测井评价交会图。

应用测井、地震等资料，在沉积旋回研究基础上，对每一个区块进行精细小层对比，为分凹陷、分油田、分层组建立测井评价交会图奠定基础。图 9-21 为 Nugara 坳陷 Hadida 油田 AG1 段 R_D 和 ΔSP 交会图，该图能够有效地识别低阻油层。

（五）低阻油层录井评价技术

综合录井图包含很多有关油气显示的信息。首先，根据荧光级别的好、中、差显示，直接指示了含油率的大小。其次，利用气测组分比确定油层、气层、水层（侯平等，2008），其原则是：气层甲烷含量高，重烃较低或接近于零，无明显荧光显示，钻速快；油层全烃、重烃明显增高，重烃气较多，丙烷含量可能相对增高；不含溶解气和残余原油的水层，气测无显示；含有溶解气的水层，其特点是以甲烷为主，重烃含量低，气测曲线与气层类似，在大多数情况下不易与纯气层相区别。再者，可利用气相色谱比值识别油气层，标准见表 9-5。

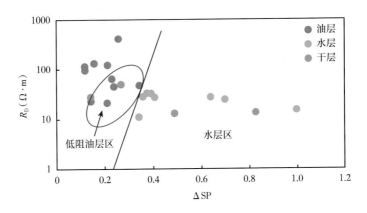

图 9-21　Hadida 油田 AG1 段 R_D 和 ΔSP 交会图

表 9-5　气测色谱比值法识别油气层标准

比值	油	气	非生产层
C_1/C_2	2~10	10~35	< 2 和 > 35
C_1/C_3	2~14	14~82	< 2 和 > 82
C_1/C_4	2~21	21~200	< 2 和 > 200

　　录井、气测能够定性评价油（气、水）层，但利用单一资料总会有不确定性，将录井显示赋予标准定量化，分别与其他资料组合识别油气层效果要好于单一资料。其方法为：在使用荧光资料评价油气储层时，将荧光定性描述进行量化处理，生成表征油气显示级别的综合指数 GEOFI，可以综合反映单井含烃丰度的变化。GEOFI 可以单独使用，也可以与气测、测井数据及处理结果一起绘成测井、录井解释图，结合测井孔隙度等资料，用于综合判断储层性质。定性描述量化处理依据表 9-6 进行，根据表中的对应关系，将含油面积、直接荧光、溶剂荧光产状等数值化的原始值与分值之间建立数学关系进行计算，其他单项按照表中的对应关系取其分值。

表 9-6　常规荧光录井定性描述资料量化处理分值表（据骆福贵，2006）

分值	油味	自然光下的描述			紫外光下的描述			溶剂荧光描述	残余油描述
		含油岩屑比例	含油性描述	原油颜色	荧光岩屑比例	荧光颜色	荧光强度	溶剂荧光产状	
0	无	0%	无可见油	—	0%	—	—	—	无
1	—	3%	痕量	—	3%	棕色	很弱	慢速溪流状扩散	痕量
2	—	5%	—	黑色	5%	橙棕色	弱	—	—
3	淡	10%	星点状	深棕	10%	橙色	—	中速溪流状扩散	薄环状
4	—	20%	棕色	棕色	20%	金色	中等	—	中等环状
5	—	30%	斑状分布	浅棕	30%	黄色	—	快速溪流状扩散	良环状
6	—	40%	—	黄棕	40%	浅黄	中等—强	慢速开花状扩散	厚环状

续表

分值	油味	自然光下的描述			紫外光下的描述			溶剂荧光描述	残余油描述
		含油岩屑比例	含油性描述	原油颜色	荧光岩屑比例	荧光颜色	荧光强度	溶剂荧光产状	
7	中等	50%	带状分布	棕黄	50%	奶黄	—	—	—
8	—	60%	—	黄	60%	黄白色	强	中速开花状扩散	薄膜状
9	—	70%	片状分布	—	70%	白色	—	—	—
10	强	80%	—	浅黄	80%	蓝色	很强	快速开花状扩散	厚膜状
11	—	90%	—	—	90%	—	—	—	—
12	—	100%	均匀分布	透明	100%	—	—	瞬间开花状扩散	—

含油岩屑百分比：

$$M_{stain}=0.5966 \cdot [OilStaining\%]^{0.6412} \tag{9-15}$$

式中　M_{stain}——含油岩屑百分比；

　　　$OilStaining\%$——油斑百分比。

直接荧光岩屑百分比：

$$M_{dirfluo}=0.5966 \cdot [DirFluo\%]^{0.6412} \tag{9-16}$$

式中　$M_{dirflou}$——直接荧光岩屑百分比；

　　　$DirFluo\%$——直照荧光百分比。

由于不同性质的油气层气测值和录井显示亦不相同，总碳相对值（ΔTG）与录井荧光定量化的 GEOFI 交会图能够识别油（水）层。该技术的优点是利用第一性资料识别油（气）层，克服了油（气）层电阻率低带来的在测井资料上难以识别的问题，有效地评价不同类型的低阻油（气）层。图 9-22 为 Fula 凹陷 Fula 油田油气综合指数 GEOFI 与气测总烃 ΔTG 交会图，图中低阻油层能够被有效识别。

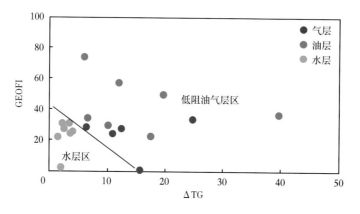

图 9-22　Fula 油田 AG 组 GEOFI 和 ΔTG 交会图

（六）低阻油层测井、录井综合评价技术

由于 Muglad 盆地不同凹陷、不同层位低阻油气层测井电阻率响应特征及录井、气测

响应特征具有多样性，仅仅依赖单一测井资料或单一录井资料评价是非常困难的。因此，对于低阻油气层的识别，在分析其主要成因及敏感性的基础上，分凹陷、分层位建立测井、录井综合评价技术能有效地识别低阻油层。

图 9-23（a）、（b）分别为 Fula 凹陷 AG 组及 Sufyan 凹陷 AG 组低阻油层测井、录识别图版，由图可知，测井深电阻率 R_D 与录井油气显示级别的综合指数 GEOFI 交会（R_D & GEOFI）能够有效地识别 Fula 凹陷 AG 组低阻油层。测井深电阻率 R_D 与气测总烃相对值 ΔTG 交会（GEOFI 和 ΔTG）识别 Sufyan 凹陷 AG 组低阻油层具有良好应用效果。

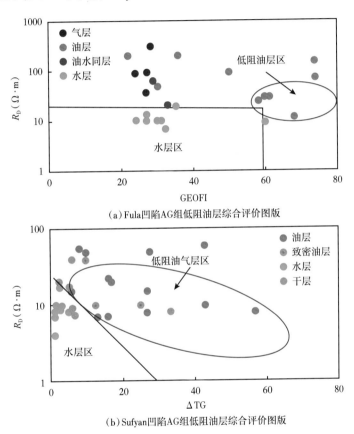

（a）Fula凹陷AG组低阻油层综合评价图版

（b）Sufyan凹陷AG组低阻油层综合评价图版

图 9-23　Fula 凹陷 AG 组和 Sufyan 凹陷 AG 组低阻油层综合评价图版

（七）RFT 评价低阻油气层技术

研究区 RFT 资料为流体取样和地层压力资料。可以利用流体取样中取出的油气含量、流体的各种离子浓度、流体电阻率等综合定性识别油气层。利用 RFT 地层压力资料，可通过建立单井压力曲线，进而分析油气层动用情况、地层连通情况、断层封闭程度、流体性质、储层渗透率等，是油藏动态监测最重要的方法之一。本次主要利用储层内部点测的压力资料，确定层内流体密度（图 9-24），进而判断储层内部流体性质。通过地层压力确定流体性质的公式为（耿全喜等，1992）：

$$\rho_f = \frac{\Delta p}{\Delta H \times 1.422} \qquad (9\text{-}17)$$

式中 ρ_f——流体密度，g/cm³；

  Δp——压力差，psi；

  ΔH——厚度，m。

需要注意的是，除了换算出来的流体密度之外，还需要注意其变化趋势，不是所有 ρ_f 较小的层都为油气层，而应该是高压背景下的低密度储层，流体才更可能是油气层，否则可能是由于测量误差引起的。

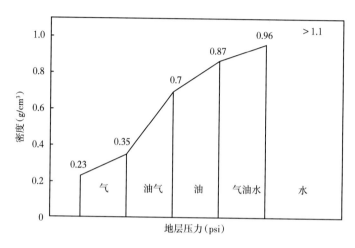

图 9-24 不同流体密度差异分布示意图

地层流体密度的计算步骤为：

（1）在同一层位或是垂向上具有连通性的地层中选择有效测压点（至少两点，如果流体性质没有变化，最好选取地层压力系数变化不大的点）；

（2）将测压深度转换为真垂直深度；

（3）建立压力—深度剖面；

（4）对选择的有效测压点进行线性拟合，求取直线斜率 k；

（5）计算地层流体密度。

图 9-25 为 Azraq-Neem 地区 Azraq N-2 井测井综合图，图中低阻油层深电阻率小于 10Ω·m，应用 RFT 压力资料计算的流体密度等于 0.76g/cm³，为油的密度（图 9-26）。因此解释为低阻油层，试油结果，产油 75.8~650bbl/d，产气 23927.02~87977.8m³/d。

（八）综合地质识别低阻油气层技术

在缺少测压、流体取样、取心等资料的地区，综合地质识别评价技术是必然选择。这项技术是基于小层对比的精细地质和油藏特征研究，包括地层学、沉积和微相特征、构造特征、盖层特征、运聚成藏规律、岩石学、岩石物理特征、低阻成因分析、精细测录试资料分析等，通过综合分析，找到可能的低阻油层。具体研究思路为：首先通过井震结合进行精细小层对比；然后根据测井、录井及试油等资料，进行油藏分析；再进行储—盖组合、圈闭、断层侧向封堵等地质影响因素分析；最后依据综合地质分析识别油藏，明确油水界面，评价油水界面以上的低阻油层。

以 Muglad 盆地 Azraq-Neem 地区 Hilba 复杂断块 Baraka 组低阻油层综合地质评价为例，Hilba C-2 井 Baraka 组试油结果证实，Hilba 断块存在高孔隙度、厚层低阻油层；在此认识基础上，对该断块的井进行精细小层对比，并开展综合地质研究，识别油藏，明确油水界面，评价油水界面以上的低阻油层。

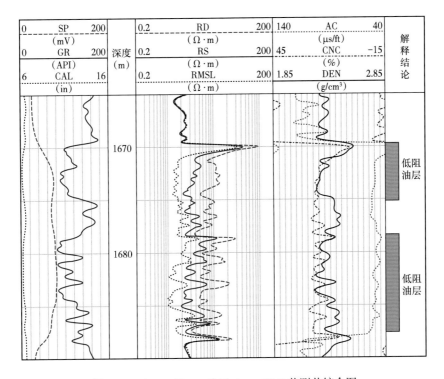

图 9-25　Azraq-Neem 地区 Azraq N-2 井测井综合图

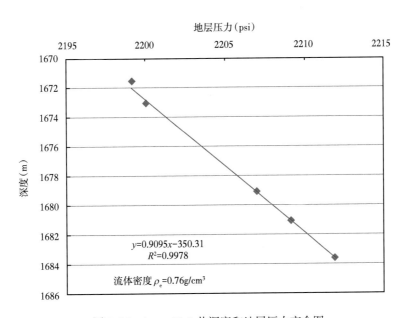

图 9-26　Azraq N-2 井深度和地层压力交会图

255

研究结果认为，Azraq-Neem 地区 Hilba 断块 Baraka 组厚层低阻油层在 Hilba C-1 井、Hilba C-2 井和 Hilba N-1 井三口井中可能连片，建议对 Hilba N-1 井进行试油，试油结果证实了厚层低阻油层的存在，解释成功率 100%。据此明确了 Hilba 断块 Baraka 组和油水关系（图 9-27），为评价井部署和开发方案设计提供了指导。

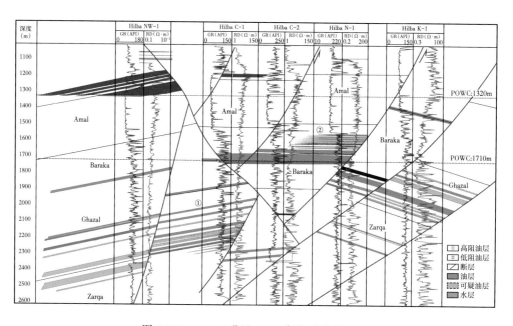

图 9-27　Muglad 盆地 Hilba 断块油藏剖面图

第四节　低阻油层分布

油层的低阻现象是不同地质因素共同作用的结果，这些因素主要受沉积、成岩、构造及成藏作用等宏观地质条件控制。

低阻油层与沉积环境有很大关系，在弱水动力的低能环境下如三角洲前缘小型水下河道、河口坝、滨浅湖滩坝、远沙坝、深湖相—半深湖相浊流沉积，沉积物的岩性以细砂岩、粉砂岩为主，微孔隙发育，泥质含量较高。岩石的结构成熟度和成分成熟度较低，低阻油层相对发育。Muglad 盆地 Neem-Azraq 地区 Baraka 组及 Fula 凹陷 Aradeiba 组普遍发育三角洲前缘沉积，这些区域储层岩性偏细，易形成低阻油层。

另外，低阻油层与沉积旋回也有很大关系，正旋回沉积自下而上水流能量由强到弱，沉积颗粒由粗到细；反旋回沉积自下而上水流能量由弱到强，沉积颗粒由细到粗。正旋回沉积上部及反旋回沉积底部，由于岩性相对变细、泥质含量相对较重或储层变薄，容易形成低阻油气层。图 9-28 所示 Azraq N-1 井该套油层呈现反旋回沉积，上部岩性较粗，油层电阻率 20Ω·m，下部岩性偏细，形成低阻油层电阻率 10Ω·m。

Muglad 盆地为砂岩储层，存在多套油气水系统，流体类型复杂。低阻油层平面上分布广泛，分布在 Azraq-Neem 地区、Fula 凹陷、Nugara 坳陷和 Sufyan 坳陷的众多油田中；纵向上主要集中在上白垩统 Darfur 群、Aradeiba 组和下白垩统 AG 组的砂泥岩互层中。应用低阻油层综合识别技术，Muglad 盆地内低阻油层解释符合率达 75% 以上。

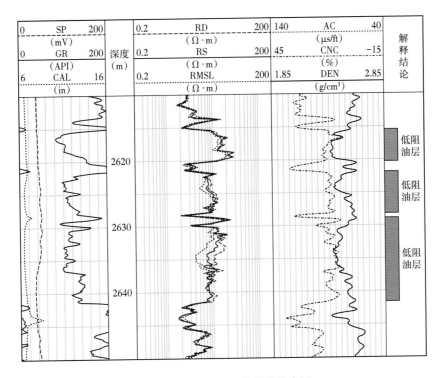

图 9-28　Azraq N-1 井测井综合图

第五节　技术应用

近年来，低阻油层综合评价技术研究和推广应用在研究区内取得了良好的效果。综合利用反映油气信息的资料，针对性地研究不同成因类型低阻油层的评价方法，不仅能够识别正常油气层，更重要的是解决了不同类型低阻油层的流体评价问题，实际应用结果显示新井解释符合率达 75.8% 以上，老井复查解释符合率 100%，取得了良好的应用效果，为储量增长和油田上产做出了贡献，为评价井部署和开发方案设计提供了指导。

一、新钻探井

Suf S-1 井为 Sufyan 凹陷南部陡坡带 Suf S 构造的一口风险探井，主要目的层 AG2 段，完钻井深 4100m。AG2 段为断块圈闭类型，圈闭面积 8.95km²。图 9-29 为 Suf S-1 井 AG2 段测井综合评价图，可见低阻油层电阻率值在 20Ω·m 左右，自然伽马值在 50~60API 之间，孔隙度在 13% 左右；下部正常油层电阻率值为 90Ω·m，自然伽马值为 45API，孔隙度 10%，油水同层电阻率值在 12~20Ω·m，自然伽马值在 50API 左右，孔隙度 13%~15%。低阻油层、油水同层电阻率值和物性响应特征均相近，电阻率值低于正常油层 5 倍，气测值与碳组分油水层相近，根据测井及录井气测响应特征无法定性和定量识别。通过建立该区该层组低阻油层识别图版，能够有效地识别低阻油层。由于 Sufyan 凹陷 AG2 段储层非均质性强，首先要解决的是有效储层的识别，其次是油气水层的识别。R_D 和 GR 交会图显示，AG2 段 C 小层、D 小层、E 小层的 GR > 75API，为干层，GR < 75API 为有效储层。在识别有效储层的基础上，应用测井、录井交会图（R_D 和 ΔSP 和 R_D 和 ΔTG 交会图，图 9-29）能够有效

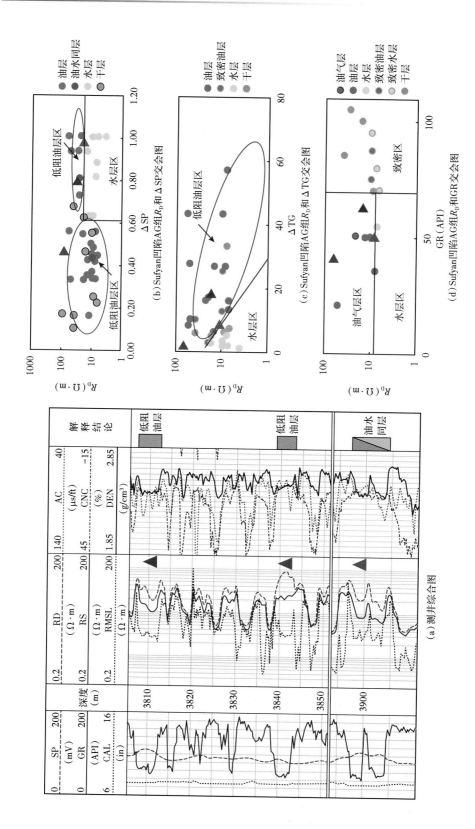

图 9-29　Suf S-1井低阻油层综合评价图

识别低阻油层。利用该区低阻油层综合评价技术，在 AG2 段共解释低阻油气层 9.9m/3 层。试油自喷油层 460bbl/d 和 282.24bbl/d，新增 3P 地质储量 1076×10^{4}t。

二、老井复查

（一）Azraq-Neem 地区 Hilba 地区老井复查

在 Hilba C-2 井发现高产稀油的同时，通过精细小层对比、油藏整体认识和精细构造分析、开展与标准水层对比，采用低阻油层识别技术，推断 Baraka 组可能存在低阻油层，建议对低阻油层段 1678~1682m 试油，获正常原油，Hilba 地区首次证实厚层低阻油层。Hilba C-1 井解释低阻油层 36.1m/9 层，使 Hilba C 构造新增 2P 石油地质储量近 470×10^{4}t。通过老井复查，在该区 4 口井中识别出被"漏掉"的低阻油层近 200m（表 9-7）。

通过对表 9-7 中 Hilba N-1 井低阻油层测试，证实油层 44m、油水同层 10m，新增 2P 地质储量近 1000×10^{4}t。

表 9-7　Hilba 地区老井复查识别低阻油层简表

井名	层组	顶深（m）	底深（m）	净厚（m）	低阻油层电阻率（Ω·m）	泥岩电阻率（Ω·m）
Hilba N-1	Baraka	1552	1578	24	20~30	15~20
	Baraka	1653	1710	45	20~30	15~20
	Baraka	1780	1810	28	15~20	13~18
Hilba C-2	Baraka	1653.5	1672	18.5	10~12	9~10
	Baraka	1678	1730	26	6~10	9~10
Hilba C-1	Baraka	1666	1730	35	4~8	8~30
Azraq ON-1	AG	1575	1578	3	17~30	13~20

（二）Fula 凹陷老井复查

Moga 4-1 井位于 Fula 凹陷 Moga-4 断块，其主要目的层是 Aradeiba 组 D 小层，次要目的层是 AG2 段。该井 Aradeiba 组 D 小层顶部电阻率值低于高阻油层 5 倍，曾被解释为可疑层，通过应用低阻油层综合评价技术，复查后解释为油层（表 9-8），补孔测试日产油 80bbl。

表 9-8　Moga 4-1 井低阻油层复查成果表

井名	层位	顶深（m）	底深（m）	厚度（m）	有效厚度（m）	原解释结论	现解释结论	试油结果
Moga 4-1	Aradeiba-D	881.6	886.6	5.0	5.0	可疑油层	油层	油层
	Aradeiba-D	888.3	892	3.7	3.7	可疑油层	油层	
	Aradeiba-D	893.1	895.4	2.3	2.3	可疑油层	油层	
	AG	1992.3	1996.4	4.1	4.1	水层	可疑油层	待试油

本章小结

本章以岩石物理实验为基础，利用测、录井、试油等资料，结合油藏分析，开展 Muglad 盆地低阻油层的测井响应特征、成因机理综合评价。该技术在新钻井和老井复查应用中取得了良好效果。

通过对低阻油层测井响应的分析研究，厘清 Muglad 盆地低阻油层测井响应主要为以下特征：（1）高 GR，低电阻率，电阻率与邻近水层相近或远低于常规油层；（2）低 GR，电阻率值与同一套含水储层比值小于 2；（3）GR 与邻近水层、正常油层相近，电阻率与邻近水层、泥岩层相近或远低于常规油层。根据已钻井资料分析研究，总结出 6 种典型的低电阻率油气层的理论模式图。

利用岩心分析，结合钻井、油藏分析等，研究了低阻油层的成因机理，明确该盆地低阻油层的主要微观机理为：（1）岩石颗粒细、微孔隙发育、黏土含量高导致的束缚水饱和度高；（2）黏土矿物阳离子附加导电导致油层电阻率降低。主要宏观影响因素为：（1）咸水钻井液侵入；（2）油藏幅度低。

在明确了低阻油层成因和四性关系研究基础上，建立了 Muglad 盆地不同油田、不同层组低阻油层储层参数模型，并研发了低对比度油层处理模块 LowResEvalute，实现低阻油层储层参数和低阻油层指示参数的连续计算，建立了定量评价标准。将录井油气显示定性描述进行量化处理，生成表征油气显示级别的综合指数 GEOFI 及低阻油层测、录井曲线敏感性分析的基础上，结合油藏分析，应用交会图技术，针对不同地区、不同层组，建立了应用测、录井资料综合评价低阻油层的各种交会图，包括：R_D 和 ΔSP、油气综合指数 GEOFI 与气测总烃 ΔTG 交会图、R_D 和 ΔTG、R_D 和 GEOFI、R_D 和 GR、R_{XO} 和 GR。

低阻油层平面上分布广泛，纵向上主要集中在 Aradeiba 组和 AG 组的砂泥岩互层中。低阻油层综合识别技术在该盆地应用效果显著，新井解释符合率达 75.8% 以上，老井复查解释符合率 100%，为储量增长和油田上产做出了贡献。

结　语

本书阐述了对 Muglad 盆地构造演化、沉积充填及油气地质理论研究深化取得的新认识、形成的针对性特色勘探技术，以及推动了勘探新发现和油气储量增长、明确了未来重点油气勘探领域等成果。

（1）通过 Muglad 盆地构造特征分析及盆地重要演化阶段原型盆地恢复，明确将 Muglad 盆地划分为 Sufyan 坳陷（Ⅰ）、Nugara 坳陷（Ⅱ）、东部坳陷（Ⅲ）、西部斜坡带（Ⅳ）和 Kaikang 坳陷（Ⅴ）五个一级构造单元，构成凹凸相间、整体呈北西—南东向展布的构造格局。盆地形成演化过程可以划分为三个裂谷旋回，每个旋回由两个阶段组成：早期为断裂控制的断陷阶段，形成狭义的裂谷盆地；晚期为较大范围的热沉降阶段，形成上覆于断陷之上的坳陷盆地。第一裂谷旋回和第二裂谷旋回代表中西非中生代裂谷作用，第三裂谷旋回是东非新生代裂谷同期作用在 Muglad 盆地的体现和叠加。

（2）盆地早白垩世、晚白垩世及古近纪三期裂谷旋回差异性演化形成"早断型、继承型、活动型"三类叠加凹陷，差异性控制了油气平面和纵向分布，继承型油气最为富集。受大西洋张裂、中非剪切带影响，盆地经历三期断—坳旋回，造成垂向继承、叠合与叠加，早断型叠加凹陷意指第一期裂谷断裂活动强烈，断距大，控制了凹陷主体结构，第二期和第三期断裂活动弱，断距小，使凹陷内次级构造带复杂化。继承型叠加凹陷指第一期裂谷断裂活动强烈，断距大，控制了凹陷主体结构，第二期断裂活动也较为强烈，断距较大，可以是第一期断裂的持续发育，也可是新生断裂，受区域伸展应力场方向变化影响，新生断裂方向较第一期断裂往往发生了偏转，使凹陷内次级构造带进一步复杂化，第三期断裂活动弱。活动型叠加凹陷指第一期裂谷断裂活动强烈，断距大，控制了凹陷主体结构，第二期和第三期断裂活动也较为强烈，断距较大，新生断裂的方向往往发生了一定的变化，使凹陷内次级构造带复杂化。各构造单元三期裂谷强度的差异性，导致各凹陷沉积充填特征和地层厚度差异，形成不同的主力成藏组合，造成不同地区油气差异富集。

（3）基于岩石地层、测井响应、地震反射、层序地层等多重地层划分和对比，建立了全盆地统一的地层格架，明确了 AG 组发育完整的二级层序及其沉积相分布。

（4）盆地内主力烃源岩发育于 AG 组层序中部湖泛期，具有有机质丰度高、生烃潜力大、平面分布广的特征；烃源岩有机质类型主要为Ⅰ型和Ⅱ$_1$型，成熟度高，生烃潜力大；烃源岩生物标志化合物组成显示淡水湖相弱氧化—弱还原的沉积环境，水生生物繁盛，原始母质主要为藻类和水生生物，生烃母质优越；油源对比表明其生烃贡献占绝对优势；主力烃源岩在盆地内 70% 以上区域达到成熟至高成熟阶段。晚白垩世第二裂谷旋回期沉积的 Baraka 组为低成熟—成熟烃源岩，有机质丰度中等，烃源岩生物标志化合物组成显示微咸水局限湖相强还原沉积环境，水生生物不甚发育，以高等陆生植物输入为主，生烃母质偏腐殖型，有机质类型主要为Ⅱ$_2$型和Ⅲ型；成熟度偏低，且仅发育于 Kaikang 坳陷中，油源对比表明其生烃潜力小，生烃贡献有限。

（5）Muglad 盆地 AG 组发育辫状河三角洲、曲流河三角洲、扇三角洲、深湖相—半深湖相、滨浅湖相等沉积体系，以不同类型的三角洲沉积体系为主。三角洲沉积体系下的三角洲前缘水下分流河道、席状砂、河口坝、远沙坝是 AG 组分布最广、最有勘探潜力、油气发现最多的砂岩储层。建立了 AG 组沉积时期断陷缓坡、陡坡、盆内隆起等不同构造部位沉积相模式，为开展储层预测奠定地质基础。

（6）分析了 Muglad 盆地油气富集规律，明确了未来油气勘探的主要领域。

（7）创新形成了复杂断块精细勘探技术，在 Fula 凹陷和 Sufyan 凹陷发现 12 个常规解释未发现的断块圈闭群，推动了 Fula 凹陷 AG2 段和 Sufyan 凹陷中部、南部构造带勘探的突破。

（8）探讨了 Muglad 盆地岩性地层油气藏形成条件、勘探技术，预测了有利勘探方向，在重点地区优选了有利勘探目标。

（9）分析了 Muglad 盆地基岩潜山油气藏形成的有利条件，包括位于富油凹陷内或边缘的相对高潜山、储层发育及稳定的盖层条件。结合 Muglad 盆地潜山类型，预测了潜山勘探有利构造带。

（10）明确了 Muglad 盆地低阻油层成因机理，包括岩石颗粒细导致束缚水饱和度高等微观因素及咸水钻井液侵入等宏观因素，形成了低阻油层识别技术，应用取得良好效果。

参考文献

蔡希源, 2014. 成熟探区油气精细勘探理论与实践 [M]. 北京: 地质出版社.

陈发景, 汪新文, 陈昭年, 等, 2004. 伸展断陷盆地分析 [M]. 北京: 地质出版社, 32-47.

陈昭年, 陈发景, 1995. 反转构造与油气圈闭 [J]. 地学前缘, 2 (3): 96-101.

邓宏文, 1995. 美国层序地层研究中的新学派——高分辨率层序地层学 [J]. 石油与天然气地质, 16 (2): 89-97.

窦立荣, 程顶胜, 李志, 2004. 苏丹 Muglad 盆地 FN 油田沥青垫的确认及成因分析 [J]. 地球化学, 33 (3): 309-316.

窦立荣, 程顶胜, 张志伟, 2002. 利用油藏地质地球化学特征综合划分含油气系统 [J]. 地质科学, 37 (4): 495-501.

窦立荣, 张志伟, 程顶胜, 2006. 苏丹 Muglad 盆地区域盖层对油藏特征的控制作用 [J]. 石油学报, 27 (3): 22-26.

窦立荣, 潘校华, 田作基, 等, 2006. 苏丹裂谷盆地油气藏的形成与分布——兼与中国东部裂谷盆地对比分析 [J]. 石油勘探与开发, 33 (3): 255-261.

窦立荣, 2005. 苏丹被动裂谷盆地的油气成藏模式 [J]. 矿物岩石地球化学通报, 24 (增刊): 359.

窦立荣, 2005. 苏丹迈努特盆地油气成藏机理和成藏模式 [J]. 矿物岩石地球化学通报, 24 (1): 50-57.

窦立荣, 等, 2007. 高酸值原油的成因与分布 [J]. 石油学报, 28 (1): 8-13.

范乐元, 温银宇, 金博, 等, 2013. 穆格莱德盆地凯康坳陷西斜坡地层剥蚀与埋藏史研究 [J]. 西安石油大学学报 (自然科学版), 28 (3): 21-27.

耿全喜, 钟兴水, 1992. 油田开发测井技术 [M]. 东营: 石油大学出版社.

何碧竹, 汪望泉, 吕延仓, 2010. 苏丹穆格莱德盆地福拉凹陷油气成藏特征及勘探启示 [J]. 现代地质, 24 (4): 709-718.

侯平, 史卜庆, 郑俊章, 2008. 应用录井资料综合判别油、气、水层方法 [J]. 录井工程, 19 (3): 1-8.

胡望水, 刘学锋, 吕新华, 等, 2000. 论正反转构造的分类 [J]. 新疆石油地质, 21 (1): 5-8.

黄彤飞, 张光亚, 刘爱香, 等, 2019. 中非 Muglad 盆地 Sufyan 凹陷现今地层残余结构特征与成因 [J]. 岩石学报, 35 (4): 1225-1237.

黄彤飞, 张光亚, 刘爱香, 等, 2017, 苏丹—南苏丹穆格莱德盆地苏夫焉凹陷构造特征及演化 [J]. 地质科学, 52 (1): 34-45.

贾承造, 等, 2008. 岩性地层油气藏地质理论与勘探技术 [M]. 北京: 石油工业出版社.

李春昱, 郭令智, 朱夏, 等, 1986. 板块构造基本问题 [M]. 北京: 地震出版社.

李德生, 1985. 倾斜断块—潜山油气藏——拉张型断陷盆地内新的油气圈闭类型 [J]. 石油与天然气地质, 6 (4): 386-39.

李江海, 王洪浩, 李维波, 等, 2014. 显生宙全球古板块再造及构造演化 [J]. 石油学报, 35 (2): 207-218.

李娟, 陈红汉, 张光亚, 等, 2018. Muglad 盆地凯康坳陷生长断层活动定量分析及对油气成藏的控制 [J]. 地学前缘, 25 (2): 51-61.

李早红, 常静春, 丁娱娇, 等, 2000. 钻井液侵入油层机理及影响因素研究. 渤海湾地区低电阻率油气层测井技术与解释方法 [M]. 北京: 石油工业出版社.

李早红, 程小岛, 姜虹, 等, 2018. 尼日尔 Termit 盆地低阻油层成因机理及综合识别技术 [J]. 地学前缘, 25 (2): 99-111.

刘哲，吕延防，付晓飞，等，2012. 贝尔凹陷断层侧向封闭能力定量研究 [J]. 吉林大学学报（地球科学版），42（2）：354-360.

陆基孟，王永刚，2009. 地震勘探原理 [M]. 东营：石油大学出版社.

陆克政，朱筱敏，漆家福，2003. 含油气盆地分析 [M]. 东营：石油大学出版社.

骆福贵，2006. 定量荧光录井解释方法研究及应用 [J]. 录井工程，17（3）：43-46.

吕延仓，何碧竹，王秀林，等，2001. 中非穆格莱德盆地福拉凹陷石油地质特征及勘探前景 [J]. 石油勘探与开发，28（3）：95-98.

吕延防，付广，付晓飞，等，2013. 断层对油气的输导与封堵作用研究 [M]. 北京：石油工业出版社.

聂昌谋，陈发景，白洋，等，2004. 苏丹 Fula 油田油藏地质特征 [J]. 石油与天然气地质，25（6）：671-676.

牛嘉玉，姜雪竹，刘海涛，等，成熟探区精细勘探分层系区带评价方法 [J]. 石油勘探与开发，2013，40（1）：27-35.

欧阳健，毛志强，修立军，等，2009. 测井低对比度油层成因机理与评价方法 [M]. 北京：石油工业出版社.

潘校华，程顶胜，刘计国，2006. 被动裂谷的形成机制及其对油气聚集的影响——以苏丹被动裂谷盆地为例 [A]. 跨国油气勘探开发国际研讨会论文集 [C]. 石油工业出版社，98-114.

潘钟祥，1983. 不整合对于油气运移聚集的重要性及寻找不整合面下的某些油气藏 [J]. 地质论评，29（4）：374-381.

漆家福，夏义平，杨桥，2006. 油区构造解析 [M]. 北京：石油工业出版社.

沈平，申歧祥，王先彬，等，1987. 气态烃同位素组成特征及煤型气判识 [J]. 中国科学 B 辑，6：647-656.

史忠生，方乐华，王天琦，等，2014. 苏丹—南苏丹 Muglad 盆地构造对油气成藏控制作用研究 [J]. 地质论评，60（2）：389-396.

孙海涛，钟大康，张思梦，2010. 非洲东西部被动大陆边缘盆地油气分布差异 [J]. 石油勘探与开发，37（5）：561-567.

陶文芳，朱筱敏，范乐元，等，2014. 苏丹穆格莱德盆地 X 区西斜坡 AG 组—Tendi 组沉积体系分析 [J]. 岩性油气藏，26（3）：51-58.

童晓光，窦立荣，田作基，等，2004. 苏丹穆格莱特盆地的地质模式和成藏模式 [J]. 石油学报，25（1）：19-24.

童晓光，何登发，2001. 油气勘探原理和方法 [M]. 北京：石油工业出版社.

童晓光，李浩武，李浩武，2009a. 成藏组合快速分析技术在海外低勘探程度盆地的应用 [J]. 石油学报，30（3）：317-323.

童晓光，2009b. 论成藏组合在勘探评价中的意义 [J]. 西南石油大学学报（自然科学版），31（6）：1-8.

汪望泉，窦立荣，樊太亮，等，2007. 中非穆格莱德盆地福拉凹陷构造特征与油气聚集 [J]. 新疆石油地质，28（3）：386-390.

王国林，汪望泉，郑永林，等，2018. 苏丹穆格莱德盆地油气地质新进展与勘探新领域 [J]. 地学前缘，25（2），33-41.

魏永佩，刘池阳，2003. 位于巨型走滑断裂端部盆地演化的地质模型——以苏丹穆格莱德盆地为例 [J]. 石油实验地质，25（2）：129-142.

温志新，童晓光，张光亚，等，2012. 全球沉积盆地动态分类方法：从原型盆地及其叠加发展过程讨论 [J]. 地学前缘，19（1）：239-252.

温志新，徐洪，王兆明，等，2016. 被动大陆边缘盆地分类及其油气分布规律 [J]. 石油勘探与开发，43（5）：678-688.

熊利平，王骏，殷进垠，等，2005. 西非构造演化及其对油气成藏的控制作用 [J]. 石油与天然气地质，26（5）：641-646.

徐安娜，董月霞，邹才能，等，2008. 南堡凹陷岩性—地层油气藏区带划分与评价 [J]. 石油勘探与开发，35（3）：272-280.

杨辉，文百红，张研，等，2009. 准噶尔盆地火山岩油气藏分布规律及区带目标优选——以陆东—五彩湾地区为例 [J]. 石油勘探与开发（4）：419-427.

杨明慧，刘池阳，赵红格，等，2001. 穆格莱德盆地的沉积充填与油气（英文）[J]. 西北大学学报（自然科学版），31（2）：162-166.

叶先灯，马明福，史卜庆，2005. 苏丹穆格莱德盆地古近系储层微观特征分析 [J]. 石油大学学报：自然科学版，29（6）：6-10.

余朝华，肖坤叶，张桂林，等，2018. 乍得 Bongor 盆地反转构造特征及形成机制分析 [J]. 中国石油勘探，23（3）：90-98.

张光亚，黄彤飞，刘计国，等，2019c. 非洲 Muglad 多旋回陆内被动裂谷盆地演化及其控油气作用 [J]. 岩石学报，35（4）：1194-1212.

张光亚，童晓光，辛仁臣，等，2019a. 全球岩相古地理演化与油气分布（一）[J]. 石油勘探与开发，46（4）：633-652.

张光亚，童晓光，辛仁臣，等，2019b. 全球岩相古地理演化与油气分布（二）[J]. 石油勘探与开发，46（5）：848-868.

张光亚，余朝华，陈忠民，等，2018. 非洲地区盆地演化与油气分布 [J]. 地学前缘，25（2）：1-14.

张光亚，刘伟，张磊，等，2015. 塔里木克拉通寒武纪—奥陶纪原型盆地、岩相古地理与油气 [J]. 地学前缘，22（3）：269-276.

张光亚，温志新，刘小兵，等，2020. 全球原型盆地演化与油气分布 [J]. 石油学报，41（12）：1538-1554.

张善文，王永诗，石砥石，等，2003. 网毯式油气成藏体系——以济阳坳陷新近系为例 [J]. 石油勘探与开发，30（1），1-10.

张亚敏，陈发景，2002. 穆格莱德盆地形成特点与勘探潜力 [J]. 石油与天然气地质，23（3）：236-240.

张亚敏，陈发景，2006. 穆格莱德盆地构造调节带与勘探前景 [J]. 中国石油勘探，11（3）：79-83.

张亚敏，漆家福，2007a. 穆格莱德盆地构造地质特征与油气富集 [J]. 石油与天然气地质，28（5）：669-674.

张亚敏，赵万优，陈向军，等，2008a. 苏丹穆格莱德盆地 Fula 凹陷油气富集特征 [J]. 现代地质，22（4）：633-639.

张亚敏，2007b. 苏丹国努加拉凹陷含油气系统特征与勘探 [J]. 西北大学学报（自然科学版），37（4）：631-635.

张亚敏，2007c. 苏丹穆格莱德盆地苏夫焉凹陷含油气系统特征 [J]. 石油实验地质，29（6）：572-576.

张亚敏，2008b. 苏丹国穆格莱德盆地构造特征及演化 [J]. 西安石油大学学报（自然科学版），23（3）：38-42.

Allan U S, 1989. Model for hydrocarbon migration and entrapment with in faulted structures [J]. AAPG Bulletin, 73（4）：803-811.

Andy Roberts, 2001. Curvature attributes and their application to 3D interpreted horizons[J]. Technical article, first break, volume 19.

Award M Z A, 1999. Generalized stratigraphic scheme for the Muglad Basin, Unpublished report [R]. GNPOC, Sudan.

Berg R B, Avery A H, 1995. Sealing properties of tertiary growth faults, Texas Gulf Coast [J]. AAPG Bulletin, 79：375-393.

Caine J S, Forster C B, Evans J P, 1996. A classification scheme for permeability structures in fault zones [J]. Eos（Transactions, American Geophysical Union），74：676-677.

Castagna J P, Sun S J, Robert W S, 2003. Instantaneous spectral analysis: Detection of lowfrequency shadows associated with hydrocarbons[J]. The Leading Edge, 2: 120-127.

Condie K C, 1982. Plate Tectonics and Crustal Evolution [M]. New York: Pergamon Press, 135-139.

Cowie P A, Schilz C H, 1992. Displacement-length scaling relationship for faults: Data synthesis and discussion [J]. Journal of Structural Geology, 14: 1149-1156.

Crovelli R A, 1987. Probability theory versus simulation of petroleum potential in play analysis [J].Annals of Operations Research, 8（1）: 363-381.

Dewey J F, 1989. Kinematics and dynamics of basin inversion [A]. In Cooper M A and Williams G D. eds., Inversion tectonics [C]. London: Geological Society Special Publication, 1989, 44: 352.

Dou L, Xiao K, Cheng D, et al., 2007. Petroleum geology of the Melut Basin and the Great Palogue Field, Sudan[J].Marine and Petroleum Geology, 24（3）: 130-144.

Fairhead J D, Binks R M, 1991. Differential opening of the Central and South Atlantic Oceans and the opening of the West African rift system[J]. Tectonophysics, 187（1）: 191-203.

Faulkner D R, Lewis A C, Rutter E H, 2003. On the internal architecture and mechanics of large strike-slip fault zones: field observations of the Carboneras fault in southeastern Spain [J].Tectonophysics, 367: 235-251.

Genik G J, 1992. Regional framework and structural aspects of rift basins in Niger, Chad and the Central African Republic（C.A.R.）[A]. In: P.A. Ziegler（Editor）, Geodynamics of Rifting, Volume 11. Case History Studies on Rifts: North and South America and Africa. Tectonophysics, 213: 169-185.

Genik G J, 1993. Petroleum geology of Cretaceous Tertiary rift basins in Niger, Chad and the Central African Republic [J]. AAPG Bulletin, 77（8）, 1405-1434.

Geraud Y, Diraison M, Orellana N, 2006. Fault zone geometry of a mature active normal fault: a potential high permeability channel（Pirgaki fault, Corinth rift, Greece）[J]. Tectonophysics, 426（1-2）: 61-76.

Guiraud R, Maurin J C, 1992. Early Cretaceous of western and Central Africa: An overview [J]. Tectonophysics, 213（12）: 153-168.

Hamada GM, Al-Awad MNJ, Almalik MS, 2001. Log evaluation of low-resistivity sandstone reservoirs[R]. SPE 70040.

Haq B U, 2014. Cretaceous eustasy revisited[J]. Global and Planetary Change, 113: 44-58.

Hoecker C, Fehmers G, 2002. Fast structural interpretation with structure-oriented filtering[J]. The Leading Edge, 21, 238-243.

Ke Weili, Zhang Guangya, Yang Cang, et al., 2018. A Kind of Effective Oil Layer Prediction Method in Pre-drilling Stage in Low Exploration Rift Basin[C]. AAPG/EDGE/SEG 2018 Middle East Technical Conference, Bahrain.

Ke Weili, Zhang Guangya, Yu Yongjun, et al., 2017. Thin-layer Reservoir Prediction Method of Rifted Basin Based on Low-resolution Seismic Data[C]. AAPG 2017 Technical Conference, Bandung.

Keller G R, Wendlandt R F, Bott M H P, 2006. Chapter 13 West and central african rift system[J]. Developments in Geotectonics, 25（6）: 437-449.

Kidd G, 1999. Fundamentals of 3-D seismic volume visualization[J]. The Leading Edge, 702-710.

Kim Y S, Peacock D C, Sanderson D J, 2004, Fault damage zone [J]. Journal of Structural Geology, 26: 503-517.

Knipe R J, 1992. Faulting processes, seal evolution and reservoir discontinuities: An integrated analysis of the ULA field, Central Graben, North Sea[R].Abstracts of the petroleum group meeting on collaborative research programme in petroleum geoscience between UK Higher Education Institutes and the Petroleum Industry. London: Geological Society, 55-67.

Landes K, Amoruso J, Charlesworth Jr L J, et al., 1960. Petroleum resources in basement rocks[J]. AAPG Bulletin, 44 (10): 1682-1691.

Lee P J, Gill D, 1990. Comparison of discovery process methods for estimating undiscovered resources[J]. Bullet in of Canada Pet roleum Geology, 47 (1): 19-30.

Leighton M W, Kolata D R, 1991. Example of introcraton basin and its significance in the globe tectonic [J]. AAPG Bulletin, 51: 309-310.

Levorsen A I, 2001.Geology of Petroleum[M]. 2nd Edition. Tulsa, Oklahoma: AAPG, 286-348.

Makeen Y M, Abdullah W H, Ayinla H A, et al., 2016a. Sedimentology, diagenesis and reservoir quality of the upper Abu Gabra Formation sandstones in the Fula Sub-basin, Muglad Basin, Sudan[J].Marine and Petroleum Geology, 77: 1227-1242.

Makeen Y M, Abdullah W H, Hakimi M H, et al., 2015a. Geochemical characteristics of crude oils, their asphaltene and related organic matter source inputs from Fula oilfields in the Muglad Basin, Sudan[J].Marine and Petroleum Geology, 67: 816-828.

Makeen Y M, Abdullah W H, Hakimi M H, et al., 2015b. Source rock characteristics of the Lower Cretaceous Abu Gabra Formation in the Muglad Basin, Sudan, and its relevance to oil generation studies[J].Marine and Petroleum Geology, 59: 505-516.

Makeen Y M, Abdullah W H, Pearson M J, et al., 2016b. History of hydrocarbon generation, migration and accumulation in the Fula sub-basin, Muglad Basin, Sudan: Implications of a 2D basin modeling study[J]. Marine and Petroleum Geology, 77: 931-941.

Makeen Y M, Hakimi M H, Abdullah W H., 2015c. The origin type and preservation of organic matter of the Barremian-Aptian organic-rich shales in the Muglad Basin, Southern Sudan, and their relation to paleoenvironmental and paleoclimate conditions[J].Marine and Petroleum Geology, 65: 187-197.

Mansinhaa R G, Stockwellb R P, Loweb M, et al., 1997. Local S-spectrum analysis of 1-D and 2-D data[J]. Physics of The Earth and Planetary Interiors, 103 (3-4): 329-336.

Marfurt K J, Kirlin R L., 2001. Narrow-band spectral analysis and thin-bed tuning[J]. Geophysics, 4: 1274-1283.

Mazzoli S, Helman M, 1994. Neogene patterns of relative plate motion for Africa-Europe: some implications of recent central Mediterranean tectonics [J]. Geologische Rundschau, 83 (2): 464-468.

McGrath A G, Davison I, 1995. Damage zone geometry around fault tips [J]. Journal of structural geology, 17: 1011-1024.

Mchargue T R, Heidrick T L, Jack E Livingston, 1992. Tectonostratigraphic development of the Interior Sudan rifts, Central Africa[J]. Tectonophysics, 213: 187-202.

Miller B M, 1982. Application of explorati on play-analysis techniques to the assessment of conven tional pet roleum resources by the U. S.[J] .Geological Survey, 47 (1): 101-109.

Mohamed A Y, Ashcroft W A, Whiteman A J, 2001. Structural development and crustal stretching in the Muglad Basin, southern Sudan[J]. Journal of African Earth Sciences, 32 (2): 179-191.

Neff D, et al., 2000. Seismic interpretation using true 3-D visualization[J]. The Leading Edge, 523-525.

Parsley A J, 1983. North Sea hydrocarbon plays[M]. Glennie K W. Introduction to the petroleum geology of the North Sea. London: Blackwell Scientific Publishing: 205-209.

Partyka G J, Gridley, Lopez, 1999. Interpretational applications of spectral decompostion in reservoir characterization[J]. The Leading Edge, 18: 353-360.

Peters K E, Moldowan J M, 1993. The biomarker guide: Interpreting molecular fossils in petroleum and ancient sediments[M]. Prentice Hall, Englewood Cliffs. 1-133.

Podruski J A, Fitzgerald-Moore P, 1988.Conventi onal oil resources of western Canada (light and medium) [R]. Geology Survey of Canada : 58-72.

Powers S, 1922. Reflected buried hills and their importance in petroleum geology[J]. Economic Geology, 17(4): 233-259

Rasoul Sorkhabi, Yoshihiro Tsuji, 2005. The place of faults in petroleum traps// Rasoul Sorkhabi, Yoshihiro Tsuji. Faults, Fluid Flowand Petroleum Traps [C]. AAPG Memoir 85: 1-31.

Rosenbaum G, Lister G S, Duboz C, 2002. Relative Motions of Africa, Iberia and Europe during Alpine orogeny [J]. Tectonophysics, 359 (1-2): 117-129.

Satinder Chopra, Kurt J. Marfurt, 2007. Seismic Attributes for Fault/Fracture Characterization[C]. 2007 CSPG CSEG Convention.

Scholz C H, Dawers N H, Yu J Z, et al, 1993. Fault growth and fault scaling laws: preliminary results [J]. Journal of Geophysical Researsh, 98: 21951-21961.

Schull T J, 1988. Rift basins of interior Sudan, petroleum exploration and discovery[J]. AAPG Bulletin, 72: 1128-1142.

Sheffield T M, et al, 1999. Geovolume visualization interpretation: Color in 3-D volumes[J]. The Leading Edge, 668-674.

Wernicke B, Burchfiel B C, 1982.Modes of extensional tectonics[J].Journal of Structural Geology, 4 (2): 105-115.

White D A, 1988. Oil and gas play maps in exploration and assessment[J].AAPG Bulletin, 72 (8): 944-949.

White D A, 1980. A ssessing oil and gas plays in faces-cycle wedges[J].AAPG Bulletin, 64 (8): 1158-1178.

Wilson J T, 1966. Did the Atlantic close and then reopen? [J]. Nature , 211 : 676.

Wu D, Zhu X, Li Z, et al., 2015a. Depositional models in Cretaceous rift stage of Fula sag, Muglad Basin, Sudan[J]. Petroleum Exploration and Development, 42 (3): 348-357.

Wu D, Zhu X, Su Y, et al., 2015b. Tectono-sequence stratigraphic analysis of the Lower Cretaceous Abu Gabra Formation in the Fula Sub-basin, Muglad Basin, Southern Sudan[J].Marine and Petroleum Geology, 67: 286-306.

Wei X D, 2010. Interpretational Applications of Spectral Decomposition in Identifying Minor Faults[C]. 72nd EAGE Conference & Exhibition incorporating SPE EUROPEC 2010 Barcelona, Spain, 14 - 17 June 2010.

Yassin M A, Hariri M M, Abdullatif O M, et al., 2017. Evolution history of transtensional pull-apart, oblique rift basin and its implication on hydrocarbon exploration: A case study from Sufyan Sub-basin, Muglad Basin, Sudan[J]. Marine and Petroleum Geology, 79: 282-299.

Yielding G, Freeman B, Needham, D T, 1997. Quantitative fault seal prediction [J]. AAPG Bulletin, 81: 896-917.

Yielding G, 2002, Shale Gouge Ratio—Calibration by Geohistory //Koestler A G, Hunsdale R. Hydrocarbon Seal Quantification [C]. NPF Special Publication, 11: 1-15.

Zabihi N E, Siahkoohi H R, 2006, Single Frequency Seismic Attribute Based on Short Time Fourier Transform, Continuous Wavelet Transform, and S Transform[C]. 6th International Conference & Exposition on Petroleum Geophysics Kolkata 2006.

Zhang Guangya et al., 2018. Exploration Potential Analysis on Stratigraphic Trap of Abu Gabra Formations, Fula Sub-basin, Muglad Basin[C]. 13th Middle East Geosciences Conference and Exhibition GEO2018.